青少年科普阅读丛书

需求：激励发明之路

（第二版）

雷仕湛　薛慧彬　著

上海科学技术出版社

内 容 提 要

人类的文明历史，实质上是科学的挑战史。本书通过介绍影响人类社会的，包括能源、光电子、航空航天、生物医学等领域的16件重大科学发明和发现的事例，以故事的形式具体生动地向读者展示了它们付之实现的曲折经历和科学家们的功绩，并指出需求是推动科学发现和技术发明的主要动力。

本书既是广大科技工作者和管理人员提升科研创新能力和科学管理能力的学习资料，也可作为青少年提高科学素质的参考教材。

图书在版编目(CIP)数据

需求：激励发明之路/雷仕湛，薛慧彬著. —2版. —上海：上海科学技术出版社，2011.12(2019.4重印)
(青少年科普阅读丛书)
ISBN 978-7-5478-1130-6

Ⅰ. ①需… Ⅱ. ①雷… ②薛… Ⅲ. ①创造发明—青年读物②创造发明—少年读物 Ⅳ. ①N19-49

中国版本图书馆CIP数据核字(2012)第006873号

责任编辑　张毅颖
封面设计　戚永昌

上海世纪出版股份有限公司
上 海 科 学 技 术 出 版 社 出版、发行
(上海钦州南路71号　邮政编码200235)
新华书店上海发行所经销
三河市元兴印务有限公司印刷
开本 690×980　1/16　印张：16.5
字数：120千字
2011年12月第2版　2019年4月第8次印刷
ISBN 978-7-5478-1130-6/N·23
定价：45.00元

序 言

科学技术是第一生产力，是推动社会向前发展的动力，而科学发现和技术发明是科学技术不断获得发展的力量源泉。科学技术推动了人类文明前进的步伐，人类的文明历史在一定程度上是科学技术进步的历史。在几千年的科学技术发展进程中，人类挑战陈旧概念、挑战习惯思维、挑战权威，人类对物质世界的认识水平不断提高、认识程度不断加深。如今我们在享受科学技术带来的巨大社会进步和物质文明时，更需要了解它们付之实现的曲折经历。

本书列举了一些世界重大发现和发明，重点介绍了问题的提出、遇到的技术难题及其破解的过程，以及遇到不同的意见时如何坚持信念和坚持不懈地努力，也介绍了这些发现和发明给社会带来的效益等。本书包括了科学历史方面内容，也涵盖了现代科学知识内容，力图让人们对一项发现或发明有一个比较完整的认识。

本书旨在启示科学工作者，特别是年轻的科学工作者和青少年读者：创新和发明需要不畏困难、坚定信念，需要在不可知的天地领域中探索前进。同时也强调了社会和老科学家们的责任，对及时发现的新的科学技术苗子给予大力扶持和帮助。

提高自主创新能力，是建设创新型国家的重要关键。我们要重视科技创新，重视创新性发现和发明，重视科技创新人才的培养。本书关注创造发明中的创新思路来源，揭示需求激励创新的主导作用，关注破解技术难题和达到目的的信念，有较好的可读性和现实意义。它将是一份对青少年和广大青年科学工作者进行自主创新素质教育的优秀参考材料。

中国科学院院士、上海市科普作家协会理事长

前言

在1978年3月18日召开的全国科学大会开幕式上，邓小平明确指出，“科学技术是第一生产力，这是马克思主义历来的观点”。生产力的提高和社会文明的提高得益于科学技术的支撑，而科学技术创新是科学技术不断获得发展的动力。我们党和政府都很重视科技创新，科技创新人才培养则是科技创新的基础。要培养出创新人才，就要在社会中营造科技创新气氛，引导和教育青少年和年轻科学工作者勇于开拓、大胆探索科学；激励他们有勇气突破人类对物质世界的现有认识深度，敢于挑战习惯思维准则和权威；鼓励他们要有自信，有信心克服各种困难。

学校的教育工作应以培养学生的创新能力和实践能力为重点。为此，福建师范大学谢树森教授策划了一本较为系统的以介绍科学家发现发明故事、科学技术发展史、科学技术成果、科技常识为要点的科普读物，试图让读者尤其是青少年在欣赏科学发现、发明给生产和社会文明带来巨大贡献的时候，知道它们的提出和付之实现的曲折过程。书中既包括了科学发展历史内容，又涵盖了现代科学知识内容，力求让读者对一项发现或发明有比较系统的认识。本书提示科学工作者特别是年轻的科学工作者，对微小事物要仔细观察，且需具有坚韧不拔的追求精神，不畏困难和不怕嘲笑，并提倡社会要恰当地预见新的科学技术苗子，给予扶持使之成长，明确了社会的责任和老科学家们的责任。

本书的出版得到了上海科学技术出版社科学编辑部编辑的大力支持，他们提出了许多有益的建议。在撰写过程中，谢树森教授在内容选择和叙述方式等方面也给了我们许多有益的建议和指导。在此，我们对他们致以由衷的感谢。

我们希望这本书对提高青少年和青年科学工作者的创新意识有所帮助。不妥之处敬请广大读者不吝赐教，待有机会再版时改正。

雷仕湛　薛慧彬

2010年4月于上海

目录

第 1 章　印刷技术的两次革命

——发明活字排版和激光照排

我们在幼时就开始接触书和报纸，并从中获得了许多科学、技术和文化知识。在现代生活中，没有印刷那是不可想象的。印刷物的品种和数量，在一定意义上是一个国家或者一个时代科学文化繁荣的重要标志之一。印刷技术是我国古代的四大发明之一，在今天，我们又有了新发明，引发了汉字印刷技术第二次革命。

雕 版 印 刷

在没有发明印刷技术之前，奴隶主、首领们采用在鼎上铸字公告刑律，记录祭奠大事，这些“铸字”现在通常称为“金文”或者“钟鼎文”。显然，用这种办法做出来的公告很难传往各地，能够看到公告的老百姓不会多，因而往往就有“令不能行”的境遇。大约到了汉代，人们发明了纸和笔，开始用笔在纸上书写文字，记载文书资料，发布政令，这种做法比先前在兽骨上刻字和在钟鼎上铸字方便很多，也经济得多，而且携带方便和便于流通。但是，这种用笔和纸抄写的做法依然存在问题，一个字一个字地在纸上抄写，写一份公告、一篇文章还不觉得什么，若要抄写多份就会感到不耐烦，如果是抄写一部书就更费功夫，抄写一本内容很多的书籍，往往需要花费几个月甚至几年时间，而且一次还只能抄写一本。到了唐代，随着文化教育的发展，需要大量的书，于是社会上便有一批专门代人抄写的文人。但是，长时间的抄写往往会出现漏写、错写，抄写出来的文件、著作错误繁多。唐代是佛教广泛传播的时期，佛经和佛像的需要量很大，特别是佛像，靠人工画，不同的人画出来的形态会不一样，就是同一个人在不同时段画的也不全一样。显然，为了使文化交流真正活跃起来，以及让佛教更好地传播，有必要改掉这种重复“抄写”的工作方式，理想的做法是能够大量“复制”文章样本和画样本。

人们从刻印章得到启发，把文字或者图像雕刻在木板上，把它压在纸上就能获得一份复印件，这就是雕版印刷术。将文件、书稿等先用笔在纸上书写好，然后把写有文字的一面贴在一块比较容易雕刻的平滑木板上，比如枣木板或者梨木板上，再用不同类形的刻刀在木版上按图雕刻，然后把雕版上面没有墨迹的那些空白部分剔除掉，便得到了文字、图形凸起的阳文雕刻版。印刷时，用刷子蘸上墨汁均匀地刷雕刻板的表面，然后小心地把纸覆盖在板面上，用刷子轻轻地刷纸，在纸上便印出文字或图画。

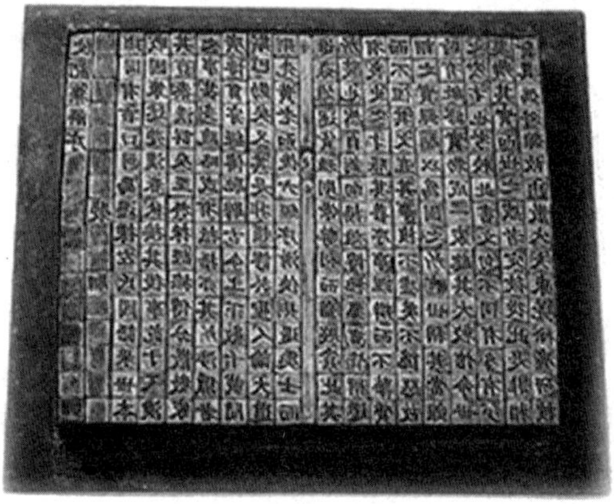

雕版印刷用的雕版

雕版印刷比起手工抄写来说是一大进步。当然，如果只印两三本书，它的优越性还不明显，若是印几百本上千本，它“复制”文章和图书的速度便算得上神速了。一块这样的雕刻版能印几百张甚至几千张，一个工人一天就可印 1 500～2 000张，“复制”文章的速度比人工抄写不知快多少倍。只要刻一次板，就可以印出一大批同样的书来。一块雕刻板可连印万次，获得文章或者书的成本比先前手工抄写低廉许多，一般普通人便都可以买得起书本，而且不少文人也乐意用这个办法印制出版自己的文章、书籍，送给自己的朋友。据说，唐太宗曾利用雕版印刷了他的皇后长孙氏所撰写的“女则”十篇。

一些经书也采用这种印刷技术印制。1900 年 5 月，我国甘肃省敦煌看守千佛洞的一位王姓道士在清除洞内泥沙时，无意中发现一个小洞，他钻进去一看，里面藏有一捆捆纸卷，其中就有一卷称为《金刚经》的经书。作为佛教重要经典，《金刚经》在我国文化中是极具影响的一部佛经。在敦煌千佛洞发现的这部《金刚经》是由 7 个印张粘连而成的卷子，卷首是一幅画着释迦牟尼给他的弟子讲法故事的画像，后面是《金刚经》的全文。这卷《金刚经》之所以引人瞩目，重要原因之一是，它是一件历史悠久的、采用雕版印刷的古代印刷品，距今已有1 000多年，堪称迄今为止世界上所发现的最早印刷品。它的发现让世人领略了我国古代精湛的雕版印刷技术。

为适应雕版印刷技术的迅速发展需要，当时出现了许多专门从事雕版印刷的印书坊。在我国闽西连城、长汀、清流、宁化四县交界处的一个偏僻山区小镇四堡，现在还存有建于南宋时期的数十幢印书坊，在这里保存有数以千计的古代印刷雕版、印刷工具、古书籍，可以说这是目前世界上仅存的古代雕版印刷基地。雕版印刷技术的发明，对我国古代文化知识传播起了重要作用，也受到世界各国的瞩目，2009 年 9 月，我国的雕版印刷技艺入选《人类非物质文化遗产代表作名录》。

雕版印刷技术虽然取得了进步，但它也存在着一些缺陷。用这种方法印一篇文章或一种书，就得雕一回木板，颇费时费工。有些字数比较多的文章和书，需要雕刻的板数量更多，往往需要花几个月时间，甚至几年时间才能够完全雕好。在宋代开宝四年(公元 971 年)，官府在成都主持雕刻印刷《大藏经》，费时 12 年才完成，雕刻版数量达 13 万块。受限于雕刻版的制作速度，文章和书无法迅速出版。此外，如果这部书以后不再重印，那些雕刻好的木板便完全没有了用场，造成了人力、物力资源浪费。同时，在印刷时也不能窜版更换字，如果发现雕刻版上有错字别字，整块版只得报废，必须重新雕刻。如果不重新刻版，照样用它印的话，印刷出来的文章或者书的质量就会很差，错误很多。另外，存放那些雕刻印刷版也需要很大的地方，这些木板还常发生变形、虫蛀、腐蚀等损坏情况。

活字排版印刷

有什么办法可以解决雕版印刷存在的这些问题呢？宋代时期在杭州一家印书坊当工人的毕昇终于想出一个好办法，发明了一种更进步的印刷方法，叫作“活字印刷术”。毕昇约在 970 年出生于蕲州蕲水县直河乡(今湖北省黄冈市英山县草盘地镇五桂墩村)。1990 年秋，湖北省英山县草盘地镇五桂墩村睡狮山麓出土了一方墓碑，据考证它是毕昇的墓碑。据说毕昇发明活字印刷技术还是受到一次印刷事故的启发。

有一次，他所在的印书坊要赶印一本书；可是，一位刻字工人由于一时粗心大意，刻错了几个字，结果整块雕刻印版不得不报废，重新刻

活字印刷术发明者毕昇

版，书当然不能如期印出来。这次事故给毕昇很大触动，他想，如果制造一些“活字”，用它们做成印刷的版子，就可以避免因雕刻错一个字而导致全盘报废的情况了。毕昇用胶泥做成一个个四方长柱体，在每个四方长柱体的一个面刻上单字，再用火把它烧硬，做成一个个“活字”。印书的时候，先预备好一块铁板，四周围着一个铁框，在铁板上放上松香或蜡之类的东西，然后在铁框范围内密密地排满做好的活字，排满一铁框为一版，再用火在铁板底下烤，使松香或蜡熔化，最后用一块平板在排好的活字上面压一压，把它们压平。待松香或蜡冷却后，一排排活字就粘牢在铁板上，一块印刷版就制作成功了。与用雕版印刷一样，将印刷版涂上墨，就可以进行印刷了。印刷完成之后，再给铁板加热，熔化松香或蜡，把字拆下来，供下一次排版时再用。为了提高印刷效率，可以准备两套这样的铁板，一块板用于印刷，另一块用于装活字排版，待第一块板印刷完毕，第二块板也已经排好版，接班印刷。两块铁板互相交替着使用，印刷速度就加快了。采用活字排版的办法，能够克服雕版印刷的缺陷，而且还能够提高印刷效率和降低印刷成本，只要事先准备好足够的单个活字，就可随时拼版、拆版，大大地缩短了制版时间。印版在完成印刷后可以拆版，活字能够重复使用。因此,用这个办法可以大大降低印刷成本,节约大量的人力物力,还能够避免出现错别字,提高了印刷品的质量。而且使用活字之后,存放印版所需要的空间比存放雕版小得多,也比较容易存储和保管。毕昇发明的活字印刷技术,被称为印刷技术第一次革命,它将印刷技术大大提高了一步。

现在发现的泥活字印本有多种,1965 年在浙江温州白象塔内发现的刊本《佛说观无量寿佛经》,经鉴定是 1100—1103 年间的活字印刷本,历史学家说这是毕昇活字印刷技术的历史见证。最使人振奋的是近年发现并经考古专家考证的《维摩诘所说经》,它被确认是西夏时期采用毕昇发明的泥活字印刷术创制的西夏文泥活字印刷品。甘肃省武威市古称凉州,乃是我国西部一座重要历史古城,1987 年 5 月,武威市新华乡钟山村的群众正在亥母洞寺遗址施工,他们在小殿后部坍落的土石中发现了大批西夏文物,其中有纸张泛黄的印刷品,最重要的当属那册名为《维摩诘所说经》的西夏文佛经。全书为经折装,共 54 页,长 28 厘米,宽 12 厘米,每页有 7 行字,每行有 17 个字,总共达 6 400多字。书首页的题款有西夏仁宗的尊号,这说明《维摩诘所说经》是西夏时期的印刷品。西夏仁宗在位的时间是公元 1130—1193 年,这表明这册经书是在毕昇发明活字印刷术后的 100 年里印刷的。此外,在我国其他地方也先后发现了多种采用泥活字印刷的印本,其中较为引人瞩目的有安徽泾县翟金生在 1844 年印成的《泥版试印初编》。翟金生 1774 年出生在安徽泾县水东村,从小就喜欢钻研科学技术。他在嘉庆年间考了个秀才,之后在家以教书为业。他对活字印刷

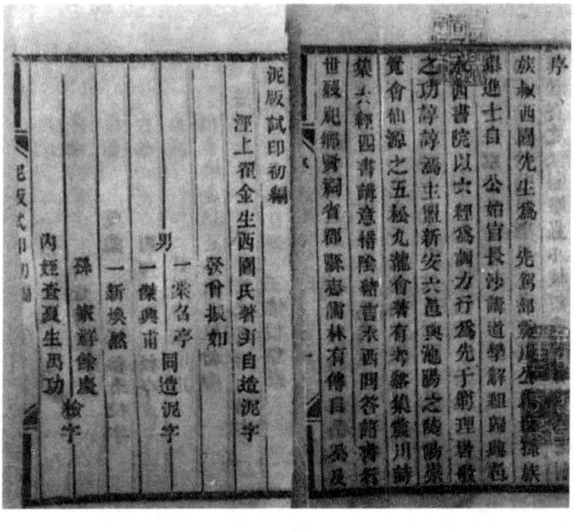
泥版試印初編
涇上翟金生西園氏著并自造泥字

翟金生用泥活字印刷的《泥版试印初编》

技术有浓厚兴趣，先后花了30年时间不断进行研制，制造出大、中、小、次小、再小等五种不同字号的泥活字，共约十万多个。20世纪60、70年代在泾县发现了翟金生当年所制的泥活字数千枚，有大小五种字号。70岁时，翟金生用自己造的泥活字排印了他的诗集，定名为《泥版试印初编》，简称为《试印编》，后来又排印了《泥版试印续编》和《仙屏书屋初集诗录》，它们的大小相当于今天图书的32开本，双页相背装订，有七八十页，竖排，全书十多万字，内容均系翟金生自己创作的诗集。

用泥做的活字牢固性不够好、容易损坏、不够耐用，于是人们又想到用木头做活字，元代著名学者王桢在这方面作出了杰出贡献。王桢大约在1271年出生于东平（今属山东），于1295年被派往旌德（今属安徽）做县尹时，发明木活字印刷术。他先在一块木板上粘好字样，待在上面雕刻好字后用小锯子把每个字锯开，每个字成为单独一小块，再用刀四面修光，每一块都修得一样大小。排版的时候，把木活字一个个排到木盘里去，排好一行就用削好的竹片隔开。一版排满了，又用削好的竹片将有空隙的地方塞紧，嵌紧这些木活字。活字有高低不平的地方也用竹片垫平，一块印刷版便这样做好，可以用去印书。印刷时用棕刷顺界行竖刷，不采取横刷。王桢发明的木活字印刷工艺，在他写的《王桢农书》中作为附录记载了下来。《王桢农书》是王桢用了17年的时间撰写的一本有关农务的书，全书大约14万字，插图306幅，有37卷，书中所介绍的各种机械工具多达一百余种。大约在1298年，王桢制造了三万多个木活字，他用这套木活字排印了自己纂修的《大德旌德县志》，全书六万多字，不到一个月，就印成了一百部。这样的印刷速度在当时令人惊叹。到了清代，木活字印刷技术由于得到政府的支持，获得空前的发展，在乾隆年间出版的《武英殿聚珍版丛书》就是采用木活字印刷的。为印制该书，制作的大小枣木木活字超过253 000个。共印成《武英殿聚珍版丛书》134种、2 389卷，这是我国历史上规模最大的一次用木活字印的书。

不过，木活字同样存在比较明显的缺点，它们用过几次之后往往会出现裂纹或者磨损，印出来的字迹模糊。

金属材料比木材料坚硬，不易磨损，也不容易出现裂纹，于是人们也自然设想采用金属材料做活字。在我国元朝，就有人采用金属锡做活字，可以说这是世界上最早的金属活字。但是，锡不沾墨，印出来的字往往也不够清晰，因此这种活字难以推广。后来采用铜做活字，清代印刷数量达万卷的《古今图书集成》便是采用铜活字印刷的。为了印刷这部大著作，制作了铜活字达100～200万个。同样，铜的沾墨性能也不好，印出来的文字墨色往往出现浓淡不匀，印刷质量比较差。

真正成功开发金属活字印刷的是德国发明家谷登堡(J. Gutenberg)，他发明的金属活字制造技术在社会上广泛流行使用。谷登堡大约在1400年出生于德国南部美因茨市(Mainz)的贵族和商人家庭中。在1450年之前，谷登堡有机会在修道院研究珍贵的手写书籍。当时一个修士要花好几年的时间才能抄写完一本圣经，这样慢的抄写速度，要让每个人有机会获知上帝的思想、言词显然是很困难的。因此，谷登堡开始设想一种能够快速"复制"书本的办法，他产生了采用金属制作活字进行印书的想法。他发明铸造金属活字印刷技术，大概与他的经历有一些关系。他虽然出生在贵族家庭，但很早就家道中落，他做过首饰匠和宝玉石工匠，还做过制镜工匠。金匠是制作金银首饰的，而制作这些首饰所用材料并非纯金、纯银，实际上大多是金、银、铜的合金，视三种金属比例的不同，合金的颜色、光泽、硬度、韧性也相应不同。而在制镜过程中，一项重要的工艺是往玻璃板上涂敷反光材料(通常是银汞剂)。这些工作经历不仅使他手巧，而且让他获得了相当多的冶金知识。基于做金匠时累积的合金制造知识，谷登堡发明了由铅、锡、锑合金作为材料的活字制造技术，这种合金材料冷却的速度非常快，而且承受印刷时产生的压力的能力较强。他为每个字母及每个符号制作一个钢模，压在软铜块上便形成一个铜模，熔化的合金倒进去就可以浇铸出各个字母和符号，而且可以大量铸造。用这个办法制造的字母活字笔画清晰，又牢固耐用，印刷质量的确比泥活字或者木活字好得多。此外，谷登堡还首创了脂肪性油墨，大大地提高了印刷质量，脂肪性油墨一直沿用至今。谷登堡发明的印书机，虽然结构简单，但改进了印刷的操作，它是后世印刷机的样本。大约在1455年，谷登堡在他的家乡用自己发明的金属活字和印刷机，印成了著名的拉丁文著作《42行圣经》，这是西方第一部完整的活字印刷书籍，当时的印数不详，现在尚存47部。谷登堡的发明又使印刷术跃进了一大步，印刷的速度提高了许多，印刷品种类和数量大幅增加，在最初的50年中用他的新技术就已经印刷了三万余种共1 200多万份的印刷品，欧洲的文盲人数也因此大量减少。为纪念他在15世纪中叶发明活字印刷术所作出的杰出贡献，在谷登堡的故乡——德国美因兹市的中心广场，建有一座谷登堡的高大铜铸雕像，距广场不远的国家印刷博物馆里陈列着他发明的印刷机。在完全按当时状况复制的作坊里,身着中世纪服装、围着皮制围裙的工匠为参观者演示操作由榨油机改装的印刷机,并用熔化的金属和手动冲压字模浇铸出铅字。

印刷用的金属活字

德国美因兹市中心广场的谷登堡铜铸雕像

照相排版印刷

金属活字排版取得了很大的成就,但同时也存在不少问题。对于汉字印刷来说,汉字数量巨大,这意味着需要制造大量的活字。铸字是一项繁重的工作,先在铅坯上刻出铅字,经电镀,再手工镶模。落后的手工生产方式导致活字产量低,我国先后建了许多活字制造厂,但总满足不了印刷业生产发展的需求。而且,在熔化铅合金铸字过程中,还会产生铅污染的公害,生产工人的职业病非常严重。排版工作也不轻松,拣字工人面对至少盛装几万只铅活字的排字架,左手持着文稿并拿着手托,眼到手到,在字架前面来回频繁走动,从字架上把需要的铅字一一拣出来,按顺序放在手托上。劳动强度大,工作效率又低,一个拣字工人8小时才平均拣10 000个左右的字,每天要走几十里路。所以出版一本书的时间比较长,至少半年甚至一年才能完成。

金属活字印刷的困境到20世纪初开始有了转机,人们看到了能够摆脱落后排版印刷的曙光。20世纪初照相机问世,人们开始设想利用照相成像的办法制造印刷用的版。把打字机和照相机结合起来,开发出了称为“照相排版”的新技术。起先是以透明字板代替铅字,用感光底片或照相纸代替铅版,利用光学成像的方法把规范的文字和符号,按照文稿和版式的要求复制到感光材料上,制成原稿的图文,用它制造印刷的版。这种排版技术不再需要铸造铅活字,故又称“冷排”技术。在采用这种排版技术的设备中,透明字板上面是照相镜头,下面是光源。排版时需要用哪个字,就移动字模盘,把这个字对准镜头,然后按动快门,进行1次曝光拍摄,底片或照相纸随即作相应的移动,拍摄下一个字。如此逐字逐行地拍摄下去,拍满一页就制作成一页书的底片。将这种底片晒制在涂有感光液的铝板上,就制成用来印刷的版子。照相排字机装有20多种不同的镜头,能将透明字模板上的文字和符号进行放大或缩小。在主透镜通道上还装有变形透镜,使字形变化成不同比例的长体、扁体或斜体。这种手动照相排版技术被称为“第一代照相排版技术”。1946年,美国仿照勒德洛排铸机的结构原理,研制出第一代照相排版机,一台这样的排版机一分钟可排20个字。

第一代照相排版机也不够理想,它要求操作人员熟记字模板上每一个字的位置,逐个字拍摄的“找字”工作效率显然不高,造成排版速度慢。随着光学技术和电子计算机技术的发展,人们开发出了一种新型照相排版技术——半电子自动照排技术,它也称为“第二代照排技术”,采用这种排版技术的设备一半使用电子装置,一半使用光学装置。半电子自动照排技术不需要人工找字,而是改为由电子计算机根据输入的信息自动寻找文章需要的字并进行排版。排版人员操作汉字键盘穿孔机,将文章上的文字符号换成二进制代码记录在纸带上,然后输入电子计算机,同时将排版格式输入计算机,计算机随后就会根据输入的指令在字库中寻找所需要的字,同时按排版指令控制光源的启闭,让所选出来的字符在照相底片相应部位感光,这样便制作出可用于印刷的字版。这种排版技术比第一代照排技术有了很大进步,不仅减轻了劳动强度,排版速度也获得很大提高,每分钟能排6 000个字,大约是第一代照排设备的300倍。第二代照排设备的主要组成部分包括手工操作汉字键盘、纸带穿孔机、程序设计计算机、自动拍摄机、自动显影机和校样复印机等。不过,这种照排技术在用于中文排版时遇到了麻烦问题,由于汉字字符的数量太多,计算机做排版工作显得“力不从心”,所以我国的印刷部门无法采用这种先进技术。

随着光电子技术的发展,照排技术又上新台阶。到20世纪60年代,人们利用电视机屏上显示字符和图像的原理,又设计出一种新式照排技术，称为“阴极射线管(CRT)照排”技术：将字符和排版信息输入电子计算机，经计算机处理后控制阴极射线管中的电子枪，让它根据计算机的指令发射电子，照射到底片上并使其感光，生成文章的版面。在这种照排设备中，已经见不到排版的字版了。排版运作过程中机械动作少，排版速度更高，每秒可排 500～1 000个字，而且还可以同时制作黑白图片。德国科学家对这种照排技术又做了改进，将字符的矩阵简化到二进位制，存储在计算机的存储器里，1965 年研制成功数字化照排机，其排版速度更快，每秒排字超过 3 000 个。不过，这种照排技术还有不足，由于电子是带电粒子，容易散焦，不易形成大幅面的清晰图像，在进行报纸等大幅面印刷品的排版时，一般需要先排出局部版面，再经手工拼贴成整版。为克服电子易散焦的缺点，使其能够完成大版面的排版，1976 年英国蒙纳公司采用激光替代电子束，推出了激光照排技术，这就是“第四代照排技术”。目前还有人正在研制第五代照排技术，即不需要经过感光材料而能直接制成印刷版的激光照排技术。

汉字激光照排印刷

从 20 世纪 40 年代开始，世界印刷技术不断创新发展，并融合了当代机械、电子、光学领域的新技术。使用计算机对字稿进行处理和存储，让印刷工人免去了制造字模的繁重工作。计算机处理字稿速度快，字库容量大，字体创设和字体品种扩大易于实现，计算机进行排版轻松快捷，彻底告别已经沿用了多年的活字排版技术。

相比之下，我国的印刷技术还是处于落后地位，依然采用 15 世纪时发明的活字印刷技术：以火熔铅、以铅铸字、以铅排版、以版印刷。从 20 世纪 60 年代开始，我国不少印刷技术专家也在探讨采用先进的电子技术、电子计算机技术和光学技术研制照排技术，提升我国的印刷技术水平。但是，计算机面临着严重挑战：需要处理数量巨大的汉字。对于拼音文字，它们使用的字母数量很少，大约二三十个，比如英语只有 26 个字母，加上各种大小的字体，印刷字模也不过一百多个，自然容易进入电子计算机世界，能够使用先进的光电子技术。汉字是笔画文字，数量巨大，后汉许慎著的《说文解字》收录汉字 9 353 个，清康熙年间编的《康熙字典》收录汉字47 035个，1915 年出版的《中华大字典》共收录汉字48 000个，1968 年台湾出版的《中文大辞典》共收录汉字49 905个。常用的汉字超过 3 000 个，一般书刊印刷厂备有7 000个左右的汉字，这还不包括宋、楷、黑等不同类型的字体和大小不一的字号。数量如此众多的汉字，将它们“落户”于电子计算机是困难重重。

起初，采用计算机处理汉字的设想是，汉字字形以数字化的方式存储在计算机的存储器中，把汉字图像预先分割为许多小方块，组成一个“点阵”。若用“0”表示白点，“1”表示黑点，这个汉字字形的点阵就可以用二进制表示，成为电子计算机能“听懂”的语言，计算机可立即对其进行汉字处理。这种汉字处理方法称为“点阵数字化”。在理论上，这种做法能够使用计算机进行汉字排版，但计算机存储能力有限，因此，事实上完成不了这项工作。就以文章正文使用的五号字来说，按照前面设想的处理办法，一个字由 100×100 个以上的点组成，文章标题若用大号字，则需要由1 000×1 000个以上的点来构成。由此算来，计算机需要处理的汉字文字信息量就大得惊人，达几百亿位。于是，国外便有人说：“中国的汉字文化固然灿烂多彩，富有韵味，形成了世界上独一无二的书法艺术，但是，在现代文化面前，它却成了巨大的障碍和沉重负担，无法跨上飞快的时代列车。”

为了能够紧跟时代，用计算机进行汉字排版，在 20 世纪 70 年代初，我国一些著名的科研单位提出进行汉字照排机研究。1972 年，文化部投资 50 万元，由北京新华印刷厂、清华大学等单位研制第二代照相排字机。1974 年 8 月，国家科学技术委员会又决定集中北京大学等单位的科研力量研制第二代照排机，并选择模拟方式存储汉字，这一科技攻关任务定名为“七四八工程”。为了配合这项照相排字机的研制，1975 年北京新华印刷厂及清华大学等单位对汉字在出版物中的使用频度做了大量调查统计工作，统计内容涵盖工业、农业、军事、科技、经济、文学、艺术、教育、体育、医学、天文、地理、化学、考古等领域出版的 86 本图书、104 本期刊和7 075篇文章，计 21 629 372 个字。在这些出版物中，共用汉字 6 360 个，其中 2 400 个汉字的使用频度达 99%，其余 3 960 个字的使用频度只占 1%。这项统计的结果为活字排版的字架、照相排字的字版、计算机的字库设计提供了科学依据。

在研制我国照排机的过程中出现了一位关键人物——王选。王选当时还是北京大学的一名助教，经过调研后他发现，第二代照排机在国外已属落后机型，当时世界上流行的是阴极射线(CRT)扫描输出的第三代照排机。于是王选大胆提出，要跨越国外的第二代、第三代照排技术，“一步登天”直接研制激光输出记录的第四代照排机即激光照排机，并且他认为采用模拟方式存储汉字不是好的办法。

王选是中国科学院院士、中国工程院院士、第三世界科学院院士，荣获 2001 年度国家最高科学技术奖，曾任全国政协副主席。1937 年 2 月，他出生于上海市一个知识分子家庭，在家中排行老五，是最小的孩子。王选 1954 年考入北京大学数学系，二年级时面临专业选择，方向有数学专业、力学专业和计算数学专业，他的很多同学当时选择数学专业，不愿意和计算机打交道，他却毅然选择了计算数学专业，尽管这是一门新兴学科，但他认为越是新的领域，留给人们的创造空间就越大，而且计算机在今后社会发展中会有不可估量的作用。1958 年，王选毕业后留在学校担任助教，这一年我国进入“大跃进”时代，北京大学决定研制一台中型计算机，并为它起了一个火红的名字——红旗机。王选参加了这台计算机的研制工作。

王选在“七四八工程”中提出的跨越第二代照排机和第三代照排机、研制第四代照排机的主张，以及否定采用模拟方式存储汉字的意见，遭到了种种质疑。那时王选仅是一个小助教，一点名气都没有，当时世界上只有英国的蒙纳公司在研制第四代激光照排机，而且尚未最终研制成功。国际上技术较为成熟的还是第二代和第三代照排机，保险的做法当然是按部就班，先从第二代照排机做起，所以王选提出的“一步登天”立即研制激光照排机的意见，在一些人的概念中的确是太冒失了。当时同意王选主张的人极少，而且认为他是在纸上谈兵，甚至有人还讽刺他在玩弄骗人的数学游戏。但王选并没有因此放弃自己的主张和信念，坚持开展他的研究。

改革开放后，王选又遇到一个更大的挑战，国外一些著名的大公司已经研制出激光照排样机，他们来到了中国，开始抢占这块巨大的印刷出版市场。短短几年，我国已经有几十家报社用大量的外汇购买了他们的这些产品。此时，更没有什么人相信王选能够造出激光照排机，甚至一些人还放话，即使他能够造出来，也是“土得很”，不好用，还是用进口的设备好。在国内外的压力下，王选并没有屈服，他把压力变成动力，加倍努力地开展自己的研制工作。王选知道，不管是第二代机、第三代机还是第四代机，它们都会面临解决汉字的计算机存入和输出的难题。王选经过分析后发现，汉字虽然繁多，但有规律可循。每个汉字都可以细分为规则笔划和不规则笔划，规则笔划可以用参数精确表示，不规则笔画可以用轮廓表示。把汉字中大约占一半的规则笔划列出来，用轮廓加参数的方法就能够使汉字字形信息以 1∶500 的比例高倍压缩。于是，他发明了高分辨率字形高倍率信息压缩技术和高速复原技术，终于解决了汉字的计算机输入和输出的关键性难题。接着，王选又提出用参数附加信息来描述笔划特性，解决了计算机输出的汉字分辨率会因为字号不同造成的粗细不均、文字失真等问题，保证了计算机输出时字号大小不同的字完全不失真。至此，汉字激光照排技术的核心技术已经完成，激光照排机大有希望制造成功。

还有一个重要环节是制造计算机的输出设备，王选了解到邮电部杭州通讯设备厂研制成功报纸传真机，它采用录影灯作光源，具有照排机类似的功能。这个消息启发了他，在北京大学物理系的老师协助下，他与杭州通讯设备厂合作，把报纸传真机的光源改成激光光源，制造出了汉字激光照排输出机。最初研制出来的样机输出速度并不比第二代照排机快多少，为了提高输出速度，王选提出将在滚筒上进行扫描的激光束由一路变为四路，结果扫描速度一下提高了四倍，大大加快了输出的速度。现在的激光照排机使用的扫描激光束有 4 路(束)、8 路、16 路、32 路等，信息输出速度更快了。

王选根据上述构思设计的激光照排控制器后来被称为栅格图像处理器，成为汉字激光照排系统的核心组成部分。1979 年，他主持研制成功汉字激光照排系统的主体工程，从激光照排机上输出了一张八开报纸的底片。1980 年夏，王选他们研制成功了原理性样机，命名为“华光Ⅰ型”，并用这台样机排印出第一本样书——《伍豪之剑》。这时，国家经委决定要选一家全国性报纸进行激光照排试点，《经济日报》被选中第一个试验使用这种国产激光照排机。

《经济日报》的前身是《大公报》，“文革”期间停刊，1983 年经中央批准改名为《经济日报》。在改革开放的大好形势下，《经济日报》承担的任务日益繁重，铅活字排版老工艺很难适应，加上每天熔铅铸字制版烟熏火燎、污染环境，因此必须寻找新技术。于是，《经济日报》决定试用“华光”激光照排系统，或许这会走出一条发展的新路子。当然，这个决定也要冒各种因出版质量问题带来的风险。果然试排一开始就出现问题，印出来的报纸有串行的、漏行的、大段空白的，有的版面上所有句号都丢失。甚至由于质量问题还造成几次报纸延误出版两三个小时，各种责难意见涌向了《经济日报》，编辑部承受了巨大压力。在汉字激光照排机使用成败的重要关头，王选他们沉着应战，排除了一个又一个技术问题，排版印刷质量一天比一天好，终于获得了社会

王选在看激光照排胶片

认可。经济日报社也决定釜底抽薪，卖掉印刷厂的全部铅字，成为世界上第一家彻底废除使用中文铅字的印刷厂。激光照排机给《经济日报》带来了非常好的经济效益和社会效益，报纸排版速度获得大幅度提高。1987 年 10 月，第十三届全国人民代表大会召开，长达 34 000 余字的大会工作报告，《经济日报》用激光照排系统仅用 20 分钟就排好版，而其他大报召集了最熟练的铅字工人，花了三四个小时才完成排版任务。1988 年，该报社的排字量比过去铅排提高了 2 倍，产值和利润翻了一番。《经济日报》试点成功的消息一传出，国内就有 20 多家报社决定采用我国自己研制的激光照排系统排版印刷，到 1995 年全国 1 500多家报社全部采用了这种系统。

现代的激光照排机都装有微型计算机，操作员坐在汉字终端前面，像使用打字机一样，把书稿中的文字输入到计算机，通过电子计算机编辑排版系统进行加工处理。书稿内容经过计算机转换成点阵信息，并用它们去控制激光束在感光底片上扫描，感光底片上所曝光出来的一行接一行的点阵信息就形成了文字的照排版，这种照排版俗称胶片，用它就可以制版印刷了。这种排版技术大大地缩短了制版周期，而且版面设计灵活，供排版的字库大，字体字号齐全，给我国排版印刷行业带来了蓬勃生机。起先运用这项技术的是一些汉字排版量很大的报社，随着汉字输入法的普及，现在整个出版印刷行业都采用了激光照排技术，传统铅字排版印刷已成为历史。

王选的汉字激光照排技术引领了我国印刷术的第二次革命，开创了汉字印刷的一个崭新时代，告别了往日的“铅与火”，迈入了光与电的时代。我国的排版印刷技术终于站到了世界先进行列！

第2章　比太阳还明亮亿倍的光源

——激光器

普通光源中的发光原子是自由行动的，光辐射发射的方向、时间和频率等均不受任何约束。因此，在空间的任何方向都可以接收到光源发出的光辐射，在辐射频谱上可以找到任一个频率。这样的光辐射，空间相干性谈不上，时间相干性也谈不上。20世纪60年代，科学家改变了光源中原子发光的这种无序状态，获得了世界上原本没有的光性质——相干性，光源的光子简并度和亮度得到成亿倍的提高，往日普通光源无法完成或完成不好的任务，由这种新光源来替代却可以完成得很出色。

大胆的设想

在第二次世界大战期间，雷达被誉为部队的“千里眼”，人的眼睛或者耳朵还毫无感觉时，雷达却能够“看见”飞机正从远方飞来。

众所周知，电磁波有衍射性质，它遇到尺寸与电磁波波长大小差不多的障碍物体时，就会从这个障碍物的边缘绕过去传播，反射回去的则很少。这意味着，靠目标反射电磁波进行探测目标的雷达若使用波长较长的电磁波工作，就会对尺寸小的物体“视而不见”。例如，从远方飞来的飞机群，因为距离远，飞机的尺寸和彼此的间隔距离看起来很小，一般的雷达就判断不出飞机群由几架飞机组成。使用短波长电磁波的雷达具有更高的探测分辨率，能够分辨出远处飞来的飞机是一架，还是几架在一起的机群。另外，它使用的天线尺寸也可以做得很小，能够方便地安装在飞机上。因此，雷达尤其是短波长雷达倍受军方关注，军方竭力组织各方力量研究开发。二战结束后，科学家和工程师研究开发短波长雷达的热情依然不减，因为它在生产建设和军事上还大有作为。除此之外，科学研究也很需要短波长电磁辐射，因为短波长电磁波辐射与分子、原子有更强的相互作用，通过对这种相互作用的研究，能够更深入地研究了解物质结构，加深人类对物质世界的认识，并且有可能人为地控制化学反应过程的方向，提高化学工业生产效率，制造出新的化学产品。于是，研制发射短波长电磁波辐射的振荡器也就成为热点研究方向。

但是，制造短波长电磁波振荡器面临一个很重大的挑战——需要制造很小尺寸的共振腔。按照传统的微波振荡器制造理论，振荡器使用的共振腔尺寸是一个或者几个波长，假如要制造输出 1 毫米波长电磁波的振荡器，就需要制造出毫米大小的共振腔。制造工艺上，在尺寸只有 1 毫米大小的跨度内制造准确又精细的部件并非易事。其次，要让它产生具有使用价值的微波功率，需要向共振腔泵输送相当大的能量，对于尺寸如此小的共振腔来说这也难以做到。第三，振荡器必须很坚固，并且能够散耗大量的热量。采用传统的做法，制造发射毫米波长的微波振荡器可谓困难重重，希望渺茫，更别说制造发射波长更短的微波振荡器了。因此，更新制造发射短波长电磁波振荡器的方法才是出路。

汤斯

正在山重水复疑无路时，科学家突然想到原子和分子的发光特性。光也是一种电磁波，这本是大众都熟悉、最普通不过的性质，但当时对汤斯(C. H. Townes)而言却产生了非同一般的激励。汤斯 1915 年 7 月 28 日出生于美国南卡罗来纳州的格林维尔，1939 年获美国加州理工学院物理学博士，先后在贝尔实验室、哥伦比亚大学、麻省理工学院工作，1967 年起任加州大学伯克利分校教授。他是美国科学院院士、美国艺术与科学学院院士、1964 年度诺贝尔物理学奖获得者。他在微波光谱学、分子与核结构、天体物理学和量子电子学等领域进行了深入研究，拥有丰富的知识。

汤斯萌发了一个大胆的设想，何不利用分子或者原子本身来制造发射电磁波的振荡器？他认为，虽然在技术上会遇到困难，但要制造毫米波长以及波长更短的电磁波振荡器非分子或者原子莫属，这是成功制造短波长电磁波振荡器的出路。

用分子、原子能成功制造出电磁波振荡器吗？遇到的第一个难题是：光源中的发光分子、原子各自独立发射光辐射，其频率和传播方向各不相同，这种杂乱的电磁波与实际需要的电磁波相去甚远，派不了用场。实际需要的是相干性好的电磁波辐射，即单一波长或者基本是单一波长的辐射。汤斯回想起爱因斯坦的受激辐射理论，这个理论或许能够帮助他解决电磁波杂乱的难题。爱因斯坦(A. Einstein)是举世闻名的大科学家，1879 年 3 月 14 日出生于德国乌尔姆镇，1921 年获诺贝尔物理学奖。他最先提出物质与能量的相当性，他的质能方程表明物质粒子可以转变为巨大的能量，是核能利用的理论基础；他赋予空间、时间和引力完整的新概念，创立了狭义相对论和广义相对论。爱因斯坦在 1917 年发表的《关于辐射的量子理论》的论文中提出的受激辐射概念，将是打开"整顿"光源发光杂乱局面的钥匙，使这些各自独立辐射的分子、原子受到约束，让它们都向同一个方向发射相同波长的电磁波辐射。受激辐射理论指出：处于激发态的分子、原子可以自行发射一个光子返回能量较低的能态或基态，也可以在一个光子诱导下发射光辐射而返回能量较低的能态或基态。后一个辐射行动有一个非常突出的特点，即被诱导发射(或者称受激发射)出的光子，其频率、传播方向都与引起诱导发射的光子相同。显然，如果辐射源内的分子、原子都做受激发射，它们的发射行动自然会受到约束，就可以获得频率很纯的辐射，而其性质与通常的电磁波振荡器发射的电磁波辐射一样。虽然受激辐射理论描述的情景很诱人，但是长期以来几乎没有人注意到。那个时代，科学家们的主要注意力集中在光谱技术，因为这种技术不仅对研究物质结构非常有用，而且在生产中也发挥了很好作用。另外，实际光源中由受激发射产生的辐射强度实在太微弱，看不到它的实际应用价值，自然激发不起关注和研究热情。

汤斯利用受激发射原理制造分子、原子振荡器的做法很具有创新性，但他面临着让辐射源中的分子、原子以受激发射为主的挑战，这就要求高能级的分子或者原子做受激发射的几率比做自发发射的几率大，即要求辐射源中处在激发态的分子、原子占多数。可是，根据热力学第二定律中著名的玻尔兹曼分布定律(这是以奥地利物理学家玻尔兹曼命名的定律，它是统计力学的重要基础)，分子或者原子按能量状态的分布是：$N = N_0 \exp[-(E-E_0)/kT]$。

式中，N 是处在能量为 E 能级的分子或者原子的数目，N_0 是处于能量为 E_0 能级的粒子数目，k 是玻尔兹曼常数，T 是分子、原子集体的温度。假定能量 E 能级是激发态，能量 E_0 能级是基态，即能量 E 大于 E_0，显然，在分子、原子集体中处于基态或者较低能量状态的总是占大多数。所以，汤斯提出制造分子、原子振荡器的设想被不少人认为是行不通的。汤斯则坚持他的观点，并解释说："玻尔兹曼分布定律假定粒子系统处于热力学平衡状态下，但这并不是必须遵守的条件，我们可以造一个不处于热力学平衡状态的分子、原子系统，比如，通过某种方法使大部分甚至全部粒子处于激发态，此类粒子系统就可以不受玻尔兹曼分布定律的约束。"

这种特殊的粒子系统能够存在吗？汤斯回想起哥伦比亚大学的拉比(I. I. Rabi)曾用分子束和原子束做过的尝试。拉比利用偏转方法把处于激发态的分子或者原子，与处于基态的或者在较低能量状态的粒子分离开，获得了一支富含激发态分子的分子束，并且给处于这种状态下的分子束一个新名称——负温度分子束。玻尔兹曼分布定律中的温度变成了负数，处于激发态的分子数就比低能态或者基态的分子数多了。想到这些，汤斯认定他设想的分子振荡器会成功。

创新需要自信、勇气

获得负温度的分子束和原子束的问题虽然可以解决，但还存在一些具有挑战性的技术难题。例如，怎样让受激发射得以持续进行，怎样让振荡器只发射一种波长的辐射以保证辐射的单色性。鉴于此，一些人便怀疑分子振荡器能否成功制造，有的人甚至用肯定的口吻表达了他们的否定意见，其中不乏有名望的专家、教授，他们都劝说汤斯停止分子振荡器的研究工作。汤斯在他写的《激光如何偶然发现》一书中提到，他所在大学的著名科学家库什(P. Kusch)和诺贝尔物理学奖获得者拉比曾这样劝说汤斯："看来您应当停止正在做的工作，它是行不通的。你知道它是行不通的，我们知道它是行不通的。你们这样做是在浪费金钱，把它停了吧！"与汤斯一起进行这项研究工作的蔡格(H. Zeiger)后来回忆，他研究职位期满后到林肯实验室工作，遇到当时学校的系领导时还曾经受到训斥，说他在那个轻率的研究工作中浪费了两年时间，他本来可以在这段时间里在更常规的研究领域里发表几篇论文，得到实实在在的实惠。

在科学研究上，每个人都有自己的观察角度和分析问题的方法，出现不同看法和说法很正常，对于一项重大发明更是如此，关键是自己是否有信心，是否有勇气去面对挑战。汤斯并没有在反对意见面前失去信心，停止自己的研究工作。在他看来，几乎所有事情只要不与某些基本物理学定律矛盾，都是可以进行的，而且会有结果。他相信自己拥有分子结构和分子波谱学的扎实基础以及利用受激发射原理产生相干辐射方面的坚实物理学基础，认为一定有办法解决制造分子振荡器遇到的技术难题，能够制成分子振荡器。

实现微波激射器内持续发生受激发射和获得纯频率辐射的关键是要采用一只共振腔，让已经获得“负温度”的分子束流过它。分子、原子的受激辐射几率与作用于它们的辐射密度有关，辐射密度大，它们发生受激发射的几率就大，而对分子、原子的自发辐射来说，自发辐射几率与辐射密度无关。所以，当在共振腔内受激发射的强度达到一定水平后，受激发射几率就会大于自发辐射几率，辐射源内的分子、原子便主要进行受激发射。辐射在共振腔内来回传播的过程中，受激辐射强度呈指数级增长，一个光子受激发射一个光子，共振腔内就有 2 个同样的光子；这 2 个光子又引发另外 2 个分子产生受激发射，产生 2 个相同的光子，于是共振腔内便有 4 个一样的光子；这 4 个光子通过受激发射过程又产生出 4 个光子，共振器内有 8 个一样的光子……相同光子数量的增长如同铀原子核发生的链式裂变一样强烈，最终可以维持受激发射几率超过自发发射几率，并让受激发射过程持续不断发生。当然，共振腔也会损失一些受激辐射能量，比如从共振腔两端、共振腔的壁面逃逸出去以及被共振腔壁面材料吸收等等，但只要流过共振腔的负温度分子密度足够高，加上共振腔壁面损失数量少（如选择铜材料等制成的共振腔，其微波辐射损失就较低），由受激发射产生的辐射能量便能够超过在共振腔里损失的能量，腔内的受激辐射增长势头就不会减弱，最后在共振腔内就会出现如同在无线电电路中发生的振荡现象，分子微波振荡器由此制成。由于受激辐射本身是相干的，所以由此得到的辐射会有非常好的单色性。

1954 年 4 月，汤斯的分子振荡器成功运转，获得了波长为 1.25 厘米的相干辐射，所用的激活介质是氨分子。他将这台分子振荡器取名为微波激射放大器（Microwave Amplification by Stimulated Emission of Radiation，MASER）。这台分子振荡器的基本装置是一个长方形金属箱，箱里装有一个分子聚焦器，它由四根平行放置、摆成四方形的小管阵列组成，管子的直径大约 2.5 厘米。在聚焦器下游放置共振腔，其两端各开有一只小孔，以便让氨分子从共振腔穿过。氨分子束流出共振腔后由真空泵抽走或通过用液氮冷却的表面吸附。箱子上接有一根管子，用来往金属箱里导入氨分子气体。气体通过许多条小管子往箱里面扩散，形成一支分子束。

汤斯之所以选择氨分子作为激活介质，是因为他从理论上预见到，氨分子的锥形结构中有一对能级可以实现受激辐射，跃迁频率为23 870兆赫。氨分子还有一个特性，就是在电场作用下，可以感应产生电偶极矩。早在1934年便有人用微波方法对氨的分子光谱进行了透彻研究，1946年又有人对其精细结构作了观察，这些都为汤斯的工作奠定了基础。

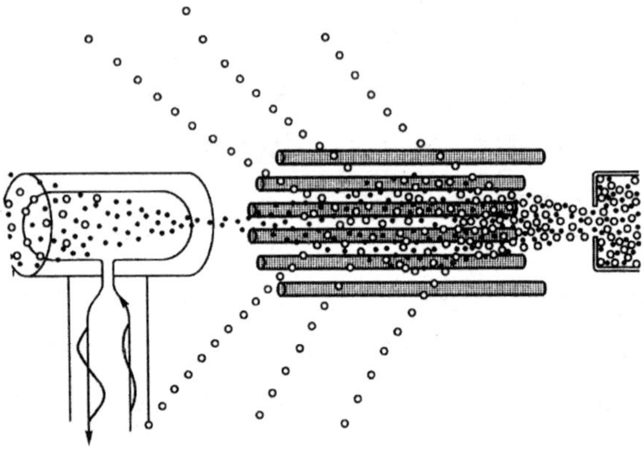

氨分子微波激射器 一束氨分子经过一个小孔发射到真空中。电场的某种排列推拉分子，使处于基态的那些分子被拉出分子束，而处于激发态的分子被聚集起来，通过另外一个小孔进入微波共振腔。这些激发态分子在腔内与微波发生相互作用，并将能量传给微波。

在汤斯进行研究的同时期，还有几位科学家也在尝试制造激射器，其中有苏联列别捷夫物理研究所巴索夫(N. G. Basov)和普罗霍洛夫(A. M. Prokchorov)的研究小组，他们两人也因相关的研究工作获得1964年度诺贝尔物理学奖。他们一直在研究分子转动和振动光谱，探索利用微波波谱方法建立频率和时间的标准。他们认定，只要人为地改变原子、分子的能级集居数分布，就可以大大增加波谱仪的灵敏度，并且预言利用受激辐射有可能实现这一目标。他们也是用非均匀电场使不同能态的分子分离，获得处于负温度状态的分子束。不过，他们的微波分子激射器比汤斯研究小组晚了几个月才成功运转。

面对权威们的质疑

汤斯认定微波激射器有非同一般的特性：它输出的辐射是单一频率，与通常的电磁波振荡器发射的电磁波有着相同的性质；作为放大器，微波激射器提供的灵敏度比之前所用的各种放大器高 100 到 1 000倍；它的噪声水平特别低，因为它发射的辐射是在微波波段，可能成为噪声源的自发辐射可以忽略，如果把激射器的共振腔再放进液氦中冷却，它的噪声温度就只有几开，非常接近无噪声的理想放大器，能够放大强度非常微弱的微波信号。在放大器技术中，通常用噪声温度表征放大器的噪声特性，以前认为性能很好的放大器在微波范围的噪声温度一般是 1 000～2 000 开，而现在制成的微波激射器的噪声温度小于 2 开，能够探测出大约 10 个量子的能量。其次，微波激射器的振荡频率又非常稳定，因为它的振荡频率的稳定性取决于原子能级的稳定性，只要选择一对合适的能级，让这对能级的位置对各种外界宏观条件变化不敏感，便可以实现发射的辐射频率不随环境变化。

起初还有人不相信这些微波激射器非同一般的性能，认为那是不可能的。托马斯(L. H. Thomas)是美国哥伦比亚大学的著名理论物理学家，他认为，根据物理学的基本原理，微波激射器发射的辐射频率断然不可能是单一的。汤斯的一位同事甚至还跟他打赌说，微波激射器肯定达不到汤斯所说的那些性能，赌注是一瓶苏格兰威士忌。当然，最后这位同事输了。一些著名科学家也对此质疑。在汤斯写的《激光如何偶然发现》这本书中提到，量子力学的创立者、诺贝尔物理学奖获得者玻尔(N. Bohr)起初不相信汤斯所描述的微波激射器的性能，以决断的口气说那是不可能的。而著名科学家、计算机专家冯·诺伊曼(J. Von Neumann)在听了汤斯关于微波激射器以及它的性能的介绍之后也说:“那不可能是对的!”这几位专家不相信微波激射器有这么好的特性，在他们看来是有依据的，那就是著名的测不准原理。海森伯的测不准原理是量子力学的一条中心原则，是 20 世纪上半叶物理学上的卓越成就之一，它是量子理论不可缺少的核心内容。根据测不准原理，不可能在任意短的时间内，高精度测量到一个对象的频率或能量，而在一段有限的时间内测量的频率会自动给频率加上不确定性。问题并不在于测量仪器是否有缺点，而是因为微观粒子的自然本性。在微波激射器里，氨分子穿过共振腔的时间很短(大约是百分之一秒)，因此，得到的辐射频率不可能有如汤斯所说的那么窄的范围。这么看来，微波激射器有那样好的频率单纯性是不合情理且缺乏科学依据的。但事实上，实验测量结果证实了汤斯所说的各种特性。其实问题出在测不准原理是对单个粒子而言的，不能简单地把它运用到微波激射器中，因为这里并没有给出任何特定的、明确标记的某个分子发射的辐射频率。激发态分子通过受激发射产生辐射，其辐射频率必定与激发它们的辐射频率精确相等，这一点与自发辐射有所不同。此外，微波激射器输出的辐射是大量聚在一起的分子发射的，并非单个分子的行为，针对单个微粒的测不准原理在这里并不适用。

初显锋芒

微波激射器的非凡特性使得它作出了不平凡的贡献。这里举几个具体的事例。

微波激射器发射的辐射频率非常稳定，用它可以制成计时非常准确的原子钟，大约连续运转 30 万年，计时误差也仅 1 秒左右。计时准确的钟非常有用，比如可以用来监测地球和其他星球的精确运动轨迹，可以进行验证相对论以及它对时间变化的推论等。

航空航天的导航也需要计时精确的时钟，全球定位系统(GPS)在地球上空任何地方能以米的精度确定物体的位置，依靠的就是基于激射器制造的、计时精确的原子钟。

大型射电望远镜比光学望远镜看得更远，用它已经能够探测宇宙深处。微波激射器的灵敏度极佳，把它安装在射电望远镜的焦点位置，就能够接受到从宇宙天体传来的极微弱射频信号并将其放大，使得望远镜探测的距离能够再延伸 10 倍以上。比如，通过探测到的金星表面发射的微弱信号，发现金星夜间一侧与其受太阳光照射一侧的热辐射差不多，科学家据此确定金星被极稠密的大气层包围着。

1960 年，人们利用微波激射波具有良好相干性的特点，以 10^{-12} 的相对误差再次精确地证实了 70 多年前迈克耳孙-莫雷实验的结果。迈克耳孙(A. A. Michelson)1852 年出生在普鲁士，后随父母亲到美国，是美国第一位诺贝尔奖获得者。迈克耳孙和同事美国化学家莫雷(E. W. Morley)在 1887 年利用一台迈克耳孙干涉仪进行了探测地球相对于以太运动速度的实验，测定光分别沿相互垂直的两个方向上运动时的光程差别。那时候，以太是被假定为一种在空间存在的媒质，曾被认为是光波传递的载体。实验结果没有出现干涉条纹，也没有明显显示地球相对于以太的运动，证实了光速不变性，这也许是科学史上最重要的一次属于否定性实验的结果。

1960 年，首次把具有极低噪声温度的微波激射器用到回声 I 号卫星上，成功地放大了从卫星发向金星又从金星反射回卫星几乎消失殆尽的微弱信号。利用装上微波激射器的射电望远镜探查宇宙空间的物质取得了辉煌成果,证实宇宙空间并非一无所有,存在着各种物质,比如 OH、NH_3、CO、甲醛分子、水分子等。探测星际空间寻找存在物质分子的工作意义重大,既能获取大量的天文信息,又帮助科学家了解天体演化的过程。天体中的分子辐射谱也是示踪各种星际云物理条件的最好探针,用它可以探测那儿的温度、密度、质量、内部运动、演化状态、元素含量等。

微波激射器的成功也促成激光器的问世,人类由此获得了强大的相干光源。

共振腔出奇招

微波激射器问世后,一些科学家便着手将激射波长向短波长推进,试图制造红外波段和光学波段的激射器,即现在所称的激光器。将微波激射器输出的辐射波长进一步缩短到红外波段和可见光波段,会不会更困难?

科学家在对微波激射器理论做了许多深入研究后发现,受激辐射放大在红外和可见光波段并不比在微波波段困难,是能够实现的。要产生受激辐射放大,共振腔内需要的受激态原子数密度在一般情况下不比在微波波段的需要量高多少,关键是要设计出一种共振腔让一个或者少数几个辐射频率发生振荡,保证产生的辐射单色性。微波激射器的共振腔问题较易解决,而对在红外和可见光波段的激射器来说,它使用的共振腔线度的尺寸显然会比振荡波大许多,这意味着在共振腔内会存在大量电磁波模式。从光的波动观点看,模式是电磁波动的一种类型,实际上是空腔内可以容许存在的驻波。从光辐射的粒子观点看,模式是指可以相互区分的光子态。不管持哪种观点,每一种模式都对应一种电磁波频率,如果腔内容许存在的模式数目多,就意味着激射器将会发射许多不同频率的辐射,即所得到的激射辐射频率不是单一的,无法拥有微波激射器那样优秀的单色性辐射特性。

在封闭腔内,单位体积的模式数目 $N = 8\pi\nu^2\Delta\nu / c^3$。

式中,ν 是辐射频率,c 是光速,$\Delta\nu$ 是辐射频率范围。在光学波段,频率 $\nu\approx10^{14}$ 赫,$\Delta\nu\approx10^{10}$ 赫。将有关参数代入上式,可以算出在 1 厘米^3 体积内的模式数目高达 10^8,如此巨大的模式分散了受激辐射的能量,在一个频率上无法获得很强的辐射能量。

显然，不能再沿用微波激射器的封闭式共振腔结构。直至1957年下半年，共振腔问题终于找到解决办法，那是采用开放式共振腔结构。用两块反射镜构造共振腔，共振腔的两侧面完全敞开，两块反射镜之间放置发生负温度的原子或者分子集体。这种共振腔结构其实就是人们熟悉的法布里-珀洛干涉仪，将它用做光频波段激射器的共振腔是由肖洛(A. Schawlow)提出的，这也是肖洛对法布里-珀洛干涉仪的创造性运用，如果没有这个创举，激光器很可能会推迟许多年才问世，说不定今天还只停留在微波激射器层面。

肖洛

肖洛是美国物理学家、诺贝尔奖获得者。他1921年5月5日出生于美国纽约州的芒特弗农。父亲是欧洲移民，母亲是加拿大人，肖洛小时候生活在加拿大。1949年，他在加拿大多伦多大学获博士学位，随后到美国哥伦比亚大学当博士后，在拉比教授的领导下开展研究工作，并开始与汤斯合作研究受激发射。激光器发明后，他1961年转入斯坦福大学并建立激光光谱学研究中心，开展高分辨率激光光谱研究，发明了多种新式光谱技术，例如饱和吸收光谱技术、内调制荧光光谱技术、双光子光谱技术、偏振光谱技术、光电流光谱技术等等。基于他在激光技术和激光光谱技术领域作出的杰出贡献，肖洛荣获1981年度诺贝尔物理学奖。

肖洛提出开放腔的建议在汤斯等一些科学家看来是个好主意，是个创造。但是，有一些人特别是许多电器工程师，习惯使用封闭式共振腔，采用开放腔的做法违背了传统，他们自然就提出了反对意见。肖洛的老板格洛斯廷(A. Glostin)就相当怀疑在一个法布里-珀洛干涉仪里能够获得真正的光受激辐射。

肖洛解释道，在这样的共振腔内，可以容许存在的模式数量将大大减少，比如在腔长为L(即两块反射镜之间的距离)的共振腔内，两个模式的频率间隔$\Delta\nu \approx c/2L$，假定腔长L为10厘米，两个模式之间的间隔$\Delta\nu \approx 1.5\times10^9$赫，在1厘米^{3}体积内的模式数目就只有10个，能够满足振荡条件的则更少。一个原子发射的光子诱发其他原子产生受激辐射，如果受激辐射的传播方向合适，就会在两块反射镜之间来回反射，其强度将在来回传播过程中不断得到增强，最后，这个原始光子就会将共振腔内原子聚集区中全部原子的能量收集起来，形成很强的受激辐射。同时，由于共振腔体没有侧壁，那些依赖共振腔侧壁反射回原子聚集区获得受激辐射能量的振荡模便会自行消失，那些以斜角射到端面反射镜的振荡模最终也会从共振腔侧面逃逸出去，只有那些沿着与端面反射镜垂直方向传播的光子最后才能够保留下来形成振荡模，而在共振腔内来回传播的过程中，只有辐射波长与原子或者分子光学跃迁中心波长重合的辐射的强度会不断得到加强，最后形成受激辐射振荡，输出到共振腔外，而其他波长的辐射强度得不到增长，最终将消失，无法形成振荡模。换言之，在共振腔内最后仅仅留下其中少数几个甚至一个模式就能够形成振荡。此时，激射器输出的光辐射是单个波长的辐射，其单色性(频率纯度)极佳。

汤斯和肖洛认为他们的想法相当棒，对建造在红外波段和可见光波段的激射器满怀信心，并且联合撰写一篇关于光学激射器的论文。这次，汤斯和肖洛改变了做法，上一次在微波激射器制成后他们才发表论文，为此一等就等了 3 年。现在情况不一样，微波激射器已成了热门领域，一些科学家正努力将微波激射器推进到光学波段，因此汤斯和肖洛认为应该早点发表他们关于红外和光学波段激射器的想法，然后再动手制造。1958 年 8 月底，他们把名为《红外与光学激射器》的论文投到美国《物理学评论》(*The Physical Review*)，此文刊登在 1958 年 12 月 15 日的这一期上。

成功秘诀

汤斯和肖洛的《红外与光学激射器》论文发表之后，在世界范围内的不少实验室里立即掀起了研制光学激射器的热潮。

汤斯和肖洛的研究组按照论文中提出的工作方案，即采用碱金属钾蒸气做激光器工作物质，利用钾蒸气做成的气体电光源进行光学抽运。他们认为，碱金属蒸气原子的能级结构和光谱图比较清楚，从理论分析上，对原子内哪一对能级之间可建立粒子数分布反转(实现负温状态)以及相应需要多少抽运功率能够实现能级粒子数反转比较有把握，并能较清楚地指导可以获得的激射光波长和激射功率。

另外一个研究小组由贝尔电话实验室的贾万(A. Javan)、贝内特(W. R. Bennett)和赫利奥特(D. R. Herriott)组成。他们提出的光学激射器方案是，采用稀有气体如氦气体、氖气体、氩气体等或者它们的混合气体做工作物质，利用气体放电产生的电子将气体原子从基态抽运到高能级，获得能级粒子数分布反转。他们说，稀有气体原子的能级结构和光谱情况比较清楚，而且稀有气体有一个过人之处，它们拥有称为亚稳态的能级，能级平均寿命比较长，被抽运到该能级的原子停留的平均时间较长，这对于建立能级粒子数分布反转具有天然优越性。而且，利用气体放电方法把原子抽运到高能级也是比较简单有效的做法。贾万还提出“第二类非弹性碰撞”的概念，描述了这样的物理现象：如果一个处于激发态的原子与一个处于较低能态的原子发生碰撞，那么，它可以把自己的能量传递给后者，把后者抽运到较高的能态，自己则回到基态或者能量较低的能态，即使是两种不同的气体原子，它们也会发生这样的现象，只要它们两对能级之间交换的能量足够将被碰撞的原子抽运到一个能级。“第二类非弹性碰撞”的存在有助于在混合气体中建立能级粒子数分布反转状态，对于那些原子内部存在亚稳态的混合气体，第二类非弹性碰撞使它们更容易实现能级粒子数分布反转。贾万他们对利用稀有气体成功制成光学波段激射器满怀信心。

梅曼

在美国休斯(Hughes)公司实验室工作的梅曼(T. Maiman)提出使用红宝石晶体做工作物质的实验方案。梅曼1927年7月11日生于加利福尼亚州洛杉矶，是一位电气工程师的儿子，靠着修理电器读完了大学。1949年，他从科罗拉多大学毕业后到斯坦福大学攻读研究生，并于1955年获得博士学位。在休斯公司的研究实验室工作时，他对汤斯和肖洛提出的光学激射器产生兴趣，给自己立下了研制这种装置的课题。他在1984年获得沃尔夫奖并被列入美国国家发明家名人堂(US National Inventors Hall of Fame)。

红宝石晶体是在刚玉中掺进少量铬离子(Cr^{3+})制成的，梅曼之所以选择这种材料，第一是因为他在休斯公司里刚开始的任务就是建造一台小型的红宝石微波激射器，对这种红宝石晶体材料的光学性能、能级结构都有些了解。其次，他定了一个基本方针：选择固体材料做激射器比较好，从实用的角度看，固体材料坚实，不容易损坏；同时，固体粒子数密度高，单位体积能够产生激射的粒子多，意味着用固体材料做的激射器其体积可以很小。至于红宝石材料是不是最优秀的激光工作物质，梅曼没有深入想过，他打算研制成功之后再找材料专家一起研究寻找其他一些更好的材料。

但是根据文献的内容，梅曼的这种选择并不被看好。文献列出的数据显示，红宝石的量子效率（即每吸收一个光子后产生的荧光光子能量比值）很低，只有百分之几，这表示用这种材料做成的光学激射器的能量转换效率很低，大量的抽运能量只换来很少能量的激射光，很浪费，使用价值不高。还有一些专家直接说红宝石不适合用来做光学激射器，理由是它的受激发射终止能级是基态，建立高能级与基态之间的能级粒子数分布反转状态十分困难，即使能获得粒子数分布反转，需要的抽运功率也会十分高，而实际是无法做到的。

对文献以及一些专家的评论，梅曼并不回避，他想红宝石真的就那么糟糕吗？经过深入分析并对比文献中的实验结果，梅曼发现不同论文的作者报道的红宝石晶体的量子效率数据相差很大，红宝石晶体的量子效率究竟是多少？于是，梅曼决定自己动手做实验测定。测量结果让梅曼大为振奋：红宝石晶体的量子效率并不低，一般都可以达到 70%，若掺进适当的铬离子浓度，还可以达到 90%。梅曼认为，连量子效率这么简单的实验测量数据都测不准，那么对红宝石晶体的其他评论也就不一定公正。于是，他又根据自己所掌握的红宝石晶体的光学数据和光谱数据，对其建立能级粒子数分布反转状态的条件进行计算，结果发现，要求的条件并不苛刻，只需要色温相当于 5 000 开的光源对它进行辐照。梅曼回想起在学校读书时教科书上介绍过，氙灯的色温可以高达 8 000 开，使用氙灯准能让红宝石晶体建立起能级粒子数分布反转状态。接着，梅曼查阅了在实验室里的电光源产品目录，发现美国通用电气公司生产的FT－506型螺旋氙灯能够满足此要求。至此，梅曼对采用红宝石晶体制成自己的第一台光学波段的激射器信心十足。

1960 年 5 月，梅曼在实验室初步看到了红色的受激光辐射，7 月份他宣布红宝石激光器研制成功。发射激光的红宝石晶体长约 2 厘米，直径约 1 厘米，两端磨成平面，然后镀上光学银膜，银膜的光学反射率接近100%，其中一端的反射膜在中央挖去一个小圆，让共振腔内产生的受激光辐射由此透射出来。红宝石晶体放置在螺旋氙灯的螺

世界上第一台激光器

旋内，氙灯则套在一只内壁覆有一层抛光铝反射面的圆筒内，该圆筒用于将氙灯的光辐射反射以集中辐照红宝石晶体。

汤斯和肖洛首先提出了激光器的工作原理，凭他们的理论基础和经济实力，制造世界第一台激光器的桂冠当属他们。但是，这顶桂冠还是被梅曼“抢”走了。事后，有些人做过评论，认为汤斯和肖洛的研制方案是优秀的，原因可能是对获得能级粒子数分布反转需要的抽运功率估计不足。所用的碱金属蒸气灯在工作时，温度上升得比较高，它发射的光辐射谱线会发生展宽，而用作工作物质的碱金属蒸气则保持在室温左右，其吸收谱线的宽度比较窄。换言之，抽运光源发射的光辐射能量部分旁落，被工作物质吸收的只有一部分，按室温条件估算获得能级粒子数分布反转要求的抽运功率并没能满足实际需要。当然，也有些人认为，汤斯当年在华盛顿的公务比较繁忙，回实验室指导研究工作和参加实验研究的时间少了，这也给实验的进展造成了一些影响。

贾万他们的实验方案也不错，但是，气体放电过程比较复杂，给实现能级粒子数分布反转带来一些困难，比如，需要向放电管输入电功率的量、混合气体的气压以及两种气体的比值等，在理论上做出较精确的估算不容易，合适的工作条件需要反复实验才能找到。虽然他们没有赶在梅曼之前制造成功激光器，但在梅曼成功后不久，他们利用氦氖混合气体做工作物质的激光器也研制成功，这是世界上第一台气体激光器。

梅曼开始研制激光器比前两个小组都晚，得到的研制资助经费也比他们少，但他却能够最先获得成功，这里面有什么奥秘吗？一些分析人士认为，秘诀是梅曼的务实精神，他重视文献资料和专家的意见建议，但不迷信文献和专家，对文献资料和专家意见敢于进行具体分析，注重实践。他对自己的每个实验环节都仔细分析，亲自安排实验进行验证，其分析结果与实际情况相吻合，他以稳健的步伐迈向成功。

中国第一台激光器

大约在 20 世纪 50 年代末,我国科学家开始研究微波激射器。1958 年 12 月,汤斯和肖洛的《红外与光学激射器》一文发表后,进一步激发了我国科学家在这个领域的研究热情。通过参与的许多光学技术应用和国防建设实践,他们知道很需要高亮度光源,根据光学基本原理,利用任何光学系统都不可能提高光源的亮度,必须有新的理论才能制造出更高亮度的光源,而利用光受激发射或许是大幅提高光源亮度的有效办法。

经过我国科学家的协同努力,我国科学家王之江依靠我国自己的力量,1961 年 9 月份终于在位于长春市的中国科学院长春光学精密机械研究所研制成功激光器,开创了我国激光技术的先河。接着,科学家邓锡铭领导的研究小组在 1963 年 7 月研制成功氦-氖原子气体激光器,开启了我国气体激光技术的发展。1965 年 9 月,王润文、雷仕湛等又成功研制 CO_2 气体激光器,我国分子气体激光技术由此起步。这两种气体激光器目前依然得到广泛使用,特别是 CO_2 气体激光器,它是激光加工工业中的主力激光器。1964 年 10 月,中国科学院上海光学精密机械研究所在上海成立,它是我国建立的第一个激光技术专业研究所。自此,我国的激光技术开始蓬勃发展。

中国科学院长春光学精密机械研究所是我国老一辈光学家高瞻远瞩于 20 世纪 50 年代初在我国东北长春市建立的专门从事研究光学技术的研究所。这里聚集了一批有经验的光学专家和致力于光学事业的青年科学工作者,他们努力工作,共同探讨,获得了许多研究成果,填补了我国光学技术领域一个又一个技术空白,并培养了一大批才华出众的光学家。

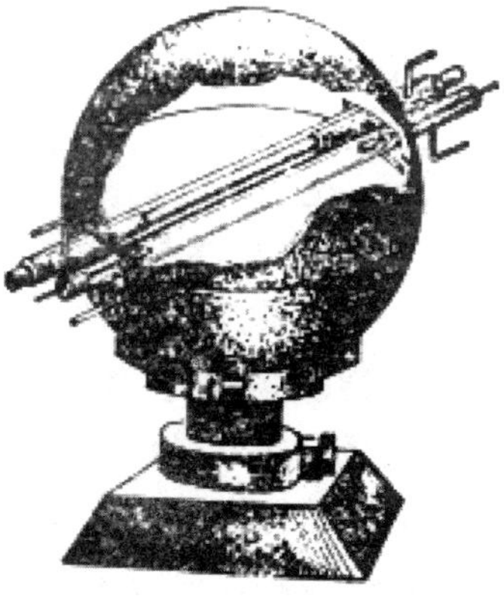

我国第一台激光器的构造 从外观看,它是一只小球,内壁研磨得很光滑,红宝石晶体棒和氙灯并排放在小球的球心附近。

我国第一台激光器的设计方案与梅曼的激光器相似,也采用红宝石晶体做激光工作物质,用氙灯做抽运光源,而在具体结构上与后者有着一些不同之处,比如,我国用的是直管式氙灯,梅

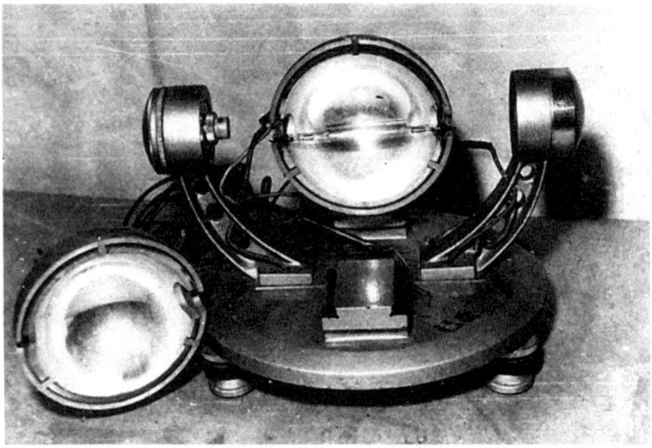

我国第一台激光器——红宝石激光器

曼用的是螺旋形氙灯。我国科学家经过计算分析，认为从对红宝石晶体棒的抽运效果来看，使用直管式氙灯和螺旋式氙灯没有差别，但从制作技术繁简程度来说，制作直管式氙灯的工艺较为简单；而且，采用了直管式氙灯，在激光器内对氙灯和红宝石棒冷却也较为方便。事实证明我国科学家的分析很正确，今天，各种氙灯抽运的固体激光器基本都采用直管式氙灯。

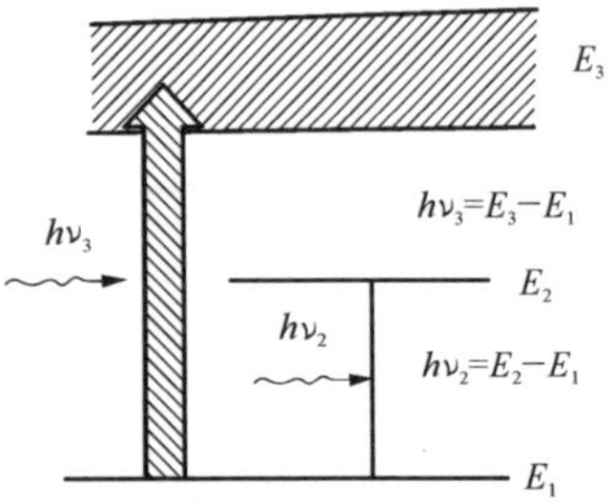

红宝石的铬离子与建立激光有关的几个能级

我国科学家选用红宝石晶体做激光器工作物质是基于坚实的研究基础，他们对这种晶体的光谱做过比较详细的分析，确认它拥有可获得能级粒子数分布反转状态的能级结构。从氙灯发射的光辐射把铬离子从基态 E_1 抽运到能级 E_3，在其后不到 50 纳秒(5×10^{-8}秒)的时间内，铬离子便自行落到能级 E_2 上。E_2 能级有一个特点，它的平均寿命比较长，达 3 毫秒(3×10^{-3}秒)，称得上是个亚稳态，换言之，铬离子从能级 E_3 下落到能级 E_2 的速率比它离开 E_2 能级的速率大得多，大约快 6 万倍，6 万个下落到能级 E_2 的铬离子中仅有一个能从这里逃离。由此可以推断，氙灯辐照红宝石晶体大约千分之一秒后，能级 E_2 上的铬离子数量就会比能级 E_1 上的多，即在铬离子实现了能级粒子数分布反转状态。从红宝石晶体的光谱资料中又发现，它有两条很强的光学吸收带，它们的中心波长在 410～560 纳米，刚好是氙灯光辐射能量集中的波段，这意味着用氙灯抽运红宝石晶体获得能级粒子数分布反转状态很有效。

我国科学家研制第一台激光器很不容易，克服了许多困难后才终获成功。在 20 世纪 60 年代，我国的科学技术水平和生产技术水平都不高，许多科研需要的部件都没有成品，必须要靠科技人员亲自动手制作。梅曼在制作激光器时，根据设计要求需要氙灯来作为抽运光源，他打电话给通用电气公司就有了现成的氙灯，丝毫不费劲。然而，我国当时还没有氙灯的产品，也没有条件从国外进口，科研人员只好自己动手制作。首先是试验制作放电管，试验工作开始并不顺利，封接好的灯管没过几小时，电极附近就出现裂纹，不能使用。后来才弄明白，那是因为金属电极的热膨胀系数与石英玻璃不一样，热胀冷缩程度不同。封接时，电极被加热到较高的温度，封接完成后温度降下来时彼此的收缩率不同，因此在电极与玻璃熔接处就发生脱离，产生裂纹。为了解决电极的封接技术，技术人员动了不少脑筋，想出了一个利用“过渡玻璃”的办法。他们从商场买来各种不同热膨胀系数的玻璃器件，把这些器件粉碎后按其膨胀系数大小为序依次混合熔融，制作成热膨胀系数渐进变化的玻璃，其一端的热膨胀系数与放电管玻璃相近，另一端与金属电极的热膨胀系数相近。用这种“过渡玻璃”封接起来的放电管终于不再出现漏气的情况。

制造氙灯需要稀有气体氙，当时我国还不能生产，负责购买器材的人员跑遍了大半个中国，最后好不容易才在上海一家灯泡厂的仓库里找到两瓶 1949 年之前进口的氙气，总算找齐了氙灯的制作材料。

其他如红宝石棒加工及两个端面的镀膜、氙灯产生气体放电所需的电源等，也都是研究人员边摸索边试验制成的。

此外，在那个年代，我国面临严重的经济困难，物质非常匮乏，实验器材紧缺，大家连吃饭都困难，经常吃不饱。我国科学家就是在这样困难的条件下研制成功激光器，彰显出他们的执着和奉献。

再介绍一下激光器中文名字的由来。起初，我国对这种光学波段激射器有多种称呼，比如有按英文“Laser”音译成“莱塞”或者“镭射”；也有按 Laser(Light Amplification by Stimulated Emission of Radiation)的含义称为“光受激发射放大器”，简称“光激射器”；还有将它们称作“光量子放大器”、“光量子振荡器”等等。1964 年，在上海召开全国第三届光受激辐射会议前夕，当时的《光受激辐射》杂志编辑部给著名科学家钱学森教授写了一封信，请他为“Lascr”起一个中文名字。不久，钱教授便给编辑部回信，建议把“Laser”称做“激光器”，这个建议在这一年12月举行的会议上得到了全体代表的赞同。

激光器的发明，使得人类拥有了迄今为止亮度最高的光源。1968年1月，在月球上的航天员用电视摄像机检测美国加州理工学院喷气推进实验室从洛杉矶附近发射的激光束，激光束功率虽然只有1瓦，但从月球上看不到洛杉矶其他任何的光源(功率达千兆瓦)，只检测到那束闪动的激光束。1969年7月21日，航天员在月球上安装角反射器，科学家从地球上向它发射红宝石激光束，激光束在月球与地球之间来回的距离是77.2万公里，人类第一次在地球上接收到从月球反射回来的光信号，并且据此准确测量出月球与地球之间的距离，误差仅2.54厘米。

激光具有独特的性质——相干性，能以特有的方式聚焦并以崭新的方式传播，这是非相干光所不具备的。激光的特别性质使其有着广泛的应用，如今，工农业生产、医疗卫生、科学研究、国防建设乃至日常生活都会用到激光器，一些领域甚至还离不开它。

第3章　挣脱地球引力

——火箭

自古以来，人类一直都梦想挣脱地球引力，飞出地球，到其他星球去欣赏那儿的山山水水，领略那儿的风土人情，探索那儿的文明智慧。往日，我们可以乘坐汽车、火车、轮船和飞机等交通工具周游列国，若想到天外世界去，即使是到离我们最近的月球，却是无法完成的任务，世世代代只有关于它的种种美好寓言传说，比如传说唐明皇曾在道士的帮助下奔上了月亮，一踏入广寒门便满眼尽是雕栏玉砌，充耳仙乐四起，还有无数仙女且歌且舞，云雾飘绕，令唐明皇流连忘返，好一个极乐世界！经过世世代代人不懈的努力，人类终于有能力挣脱地球引力的束缚，探访天外世界的梦想也终于成真。

无处不在的万有引力

树叶总是从树上掉到地面，果子总是从树上往下掉，就是没有见到过树叶、果子会自动从树上往天上飞。拉升到高处的物体一旦失去支撑就会往地面掉，没有见到过它会自动往天上飞去。我们从地面弹跳起之后，总是自动落回地面上，弹跳起来后不会一直朝天上飞去……这些都是常见的现象。升高的物体为什么会下落，我们弹跳起来后为什么总是返回地面，这当中有些什么奥妙？不少人都曾思考研究过这个问题，首先注意到这些现象并进行分析讨论的是英国物理学家牛顿(I. Newton)，他在1687年出版的《自然哲学的数学原理》一书中揭开了其中的秘密。牛顿是世界著名的科学家，受到人们的尊重和赞誉，也是第一个由于为科学作出贡献而被授予爵位的人。他1729年去世时，享受了国葬待遇，遗体安放在著名的威斯敏斯特教堂中殿，直到今天依然长眠在那里。牛顿在书中这样描述说，“一切物体之间都存在着吸引力”，这就是我们现在通常说的“万有引力”。他还给出了这种引力的大小是正比于两个物体质量的乘积，反比于它们之间距离的平方的论述，这就是大家熟知的万有引力定律。至于为什么是物体被吸引到地面，而不是地面被物体吸引过去，那是因为地球是个庞然大物，质量非常巨大，地球与物体之间的引力根本无法撼动地球，但能够撼动物体。所以，存在的万有引力也就像是一只大笼子，将地球上的一切物体包括我们自己都牢牢禁锢起来，谁都无法走出地球这只“牢笼”。看来要想飞出地球，造访其他星球，第一件事就是必须冲破万有引力的束缚。

不少人都有过投掷石子的体验，投出去的石子的速度越快，它落点的距离就越远，石子飞行路线的弯曲程度越小。人们从这个现象推断，物体被抛出去的速度达到某一个数值时，这个物体将飞得无影无踪，不会返回地面了。这个让物体一去不复返的速度是多少呢？科学家根据万有引力定律进行推算，在不考虑空气的阻力时，让物体运动的速度达到每秒 7.9 公里时，它就可以不再落回到地面，成为围绕地球飞行的物体了，也就是说变成了绕地球运行的“新月亮”或者人造地球卫星了。每秒 7.9 公里的速度称为“第一宇宙速度”或者 “环绕速度”。如果让物体的运动速度再加大，达到每秒 11.2 公里，这个物体将彻底冲破“地球引力牢笼”，变成一颗像地球、金星、火星、木星那样绕太阳运行的“新行星”，也就是说这个物体成为了“人造行星”。每秒 11.2 公里的运动速度称为“第二宇宙速度”或“逃逸速度”。如果让物体的运动速度再加大，达到每秒 16.6 公里，那么这个物体将脱离太阳的引力范围，飞出太阳系，跑到更远的星球，这个运动速度称为“第三宇宙速度”。

如此看来，若想挣脱地球引力，甚至造访其他星球世界，关键就是要获得第一、第二或者第三宇宙速度。但是，要达到这样高的运动速度谈何容易，事实上达到第一宇宙速度已实属不易。众所周知，超音速飞机的飞行速度极快，但也只不过是每秒 0.4 公里左右，与第一宇宙速度相比还相差近 20 倍。子弹的运动速度更快，它刚飞出枪口时的速度也只不过是每秒 1 公里左右。要想摆脱地球的引力控制，得需要获得 20 倍于超音速飞机的运动速度，或者 8 倍于子弹飞出枪口时的速度。要达到这样高的运动速度需要耗费巨额的能量，比如要想让一克的物质以第一宇宙速度运动，推动它所需的能量约是 62 500 焦，若想让 10 吨的物质能够以第一宇宙速度运动，推动它的能量更是大得惊人，相当于燃烧 40 000 吨汽油产生的能量。有什么办法可以使得这些能量产生数额如此巨大的推动力呢？经过多方研究努力，科学家们认为或许火箭可以能够做到。1903 年，俄国科学家齐奥尔科夫斯基(K. E. Tsiolkovsky)发表了一篇著名的论文《利用喷气装置探测宇宙空间》。他在文中指出，利用液氧和液氢做燃料的多级火箭可以使物体达到第一宇宙速度，让人类挣脱地球引力，飞往其他星球。

齐奥尔科夫斯基

齐奥尔科夫斯基1857年9月出生在俄国莫斯科南部梁赞州一个中产阶级家庭，他的父亲是波兰人，母亲是俄罗斯人。他一生中大部分时间都是在莫斯科南部卡卢加郊外的木屋中度过的。他10岁那年不幸得了猩红热，病后留下耳聋的残疾。由于听力不好，所以不能到学校读书，在家中自学到16岁。后来，他到莫斯科学习高等数学和理化课程，通过自己的努力成为一位中学数学老师。他除了教学工作外，还致力研究宇宙航行和火箭推动力等许多方面的理论，并设计了火箭控制方位的推进器、多级启动器、空间站和密封仓，以及提供氧气和食品的密封生态循环系统等。不过，他的这些理论设计没有得到沙皇时期政府的重视，也没有让他开展这方面的研究。直到列宁领导的10月革命胜利后，齐奥尔科夫斯基的设想才得到政府的重视和支持，他的智慧才能得到充分发挥，终于取得了重大成就。1932年他75岁时，苏联政府为表彰他的杰出贡献，授予他劳动红旗勋章。三年后，他因病辞世，他留下的科学遗产为世界航天事业的发展奠定了扎实的基础，他被世人尊称为“宇航之父”。

第一位进行火箭试验的是被称为“现代火箭技术之父”的美国火箭发明家戈达德(R. H. Goddard)，他在运用火箭将物体推出地球方面作出了卓越贡献。戈达德1882年10月出生在美国马萨诸塞州伍斯特，他的父亲精通机械，系波士顿机械业刀具加工商。戈达德童年时，举家搬迁到马萨诸塞州波士顿。他在伍斯特综合技术学院完成学业，在克拉克大学获得博士学位，并在该校教授物理和进行火箭实验。他用实验证明火箭在真空中也可以获得推力，其推力来自爆燃的两种气体——氢气和氧气；同时，他还从理论上探讨了各种燃料的能量和推力与其重量的比值。火箭点燃后内部的燃料立即着火，发生急剧燃烧，产生大量气体并以极高速度从火箭后面喷射出来。在气体喷射的同时，火箭受到巨大反冲力的推动，向前高速飞行。1926年3月，戈达德在美国马萨诸塞州的一个偏僻农场试飞了世界上第一枚液体火箭，火箭点火后飞到12米高，然后又飞行了大约56米后降落在农场的一块菜地上，整个飞行过程历时2.5秒。这是不平凡的2.5秒，它迈出了人类挣脱地球引力，奔向宇宙空间的历史第一步。戈达德所有的科研工作都是在美国完成的，可是他的理论和试验当时却没有引起美国政府的重视，只是在他1945年因病逝世后才被授予几种荣誉。在他的母校克拉克大学设立了戈达德纪念图书馆，在华盛顿特区附近的马里兰建造了戈达德太空飞行中心(这是美国第一个完全用于太空科学研究的大型科学实验室)。

真正成功研制出现代火箭的科学家是冯·布劳恩(W. von Braun)和奥伯特(H. J. Oberth)。作为一位著名的火箭专家，布劳恩在火箭技术和太空探测等方面作出了卓越的贡献。他1912年3月23日出生于德国维尔西茨的一个贵族家庭，后来全家移居柏林。他1932年毕业于柏林理工学院，1934年获柏林大学物理学博士学位，学位论文是《火箭发动机的理论研究和试验》。第二次世界大战结束后，他到美国继续开展火箭方面的研究，并成为美国研制土星Ⅰ、土星IB和土星Ⅴ型运载火箭的关键人物。土星Ⅴ型运载火箭不仅成功地将承载阿姆斯特朗等航天员的阿波罗11号飞船送上月球，而且还被用于运送阿波罗6号、7号、9号至17号飞船，每次运载过程几乎都毫无瑕疵。

奥伯特1894年6月25日出生于奥匈帝国的特兰西瓦亚(现罗马尼亚赫尔曼施塔特)。他在1929年出版的《实现太空飞行的道路》一书获得佩尔-希尔施年度奖金，他由此得到财力开始进行液体推进剂火箭发动机的研究。他在1934年出版的《进入行星际空间的火箭》一书中，利用数学方法阐明了火箭如何获得挣脱地球引力的速度，并预见到电推进火箭和离子火箭的发展。

冯·布劳恩

戈达德的火箭研究试验在美国得不到重视，却引起了德国的极大兴趣。在第一次世界大战中德国是战败国，受凡尔赛条约的限制，不能研制飞机等进攻性武器，所以很重视火箭的研究。当美国火箭专家戈达德成功进行火箭试飞的消息传到德国后，立刻引起奥伯特和布劳恩的极大注意，在戈达德的设计思想的启发下，他们关于液体火箭的研究工作取得突飞猛进的进展。他们在 1929 年开始进行液体火箭试验，1933 年研制出 A－1 火箭，1934 年研制出 A－2 火箭，1936 年研制成功 A－3 火箭，1942 年又研制成功A－4火箭，A－4 火箭的飞行速度达到每秒 2 公里左右，6 倍于声音的传播速度。如果当时他们就开展多级火箭的研究，或许人类进入太空的时代会来得更早，只可惜那时希特勒看中的只是用火箭来携带弹头，把它发展成杀人武器。实际上，即使是在今天，利用单级火箭也不大可能把物体加速到第一宇宙速度。

真正让人类挣脱地球引力的牢笼、飞出地球的是苏联科学家科罗廖夫(S. Korolyov)。科罗廖夫 1907 年 1 月生于乌克兰日托米尔，1966 年 1 月 14 日病逝，葬于克里姆林宫红场墓园。他 18 岁考入基辅工学院空气动力学专业，2 年后转学到莫斯科鲍曼高等工艺学院。毕业以后他进入图波列夫飞机设计局，担任飞机设计师及试飞员。

科罗廖夫

1931 年，他认识了火箭理论家齐奥尔科夫斯基，参与大型火箭的研究，并在 1932 年成为火箭研究小组负责人。1933 年他成为喷气科学研究所的副所长，参与设计苏联第一枚液体火箭。1942 年担任特别设计局的发动机副主任设计师，设计和制造战斗机用的液体火箭助推器，研制了著名的“喀秋莎火箭炮”。1957 年，他主持设计的火箭已经可以从一个大洲飞到另外一个大洲，这就是洲际导弹。但是，这样的火箭还是没有足够能力让物体挣脱地球的引力。科罗廖夫想到“众人拾柴火焰高”，采用多枚火箭组合，把它们的头尾相接，当第一级火箭的燃料燃烧完之后自动脱落，同时第二级火箭立即点火启动，继续往前飞行，它的燃料燃烧完后也自动脱落，接着第三级火箭启动工作。通过这种接力办法，在 1957 年 10 月 4 日，终于让一枚小球挣脱了地球引力，飞到了天外，成为能“挂在”天上的人造地球卫星。

终于飞出地球

1957年10月4日是一个不平凡的日子。在这一天，人们终于实现了挣脱地球引力、飞出地球的梦想。那一天，苏联拜科努尔发射场上一枚代号“T3A”的运载火箭耸立在发射平台上，它是由刚刚研制成功的洲际导弹P－7即SS－6稍作修改制成的，其起飞重量可达267吨，算得上是当时世界上推力最大的运载火箭。在这枚火箭的顶部装有一个外壳是银色的铝合金小球，这只小球就是世界上第一颗人造卫星，起名为旅行者1号。这颗小球的直径为58厘米，重83.6千克，小球外壳上缚有4根鞭状天线，里面有几件简单装置，包括两部频率分别为20.005兆赫和40.002兆赫的发射机，它们采用一般电码自动拍发；有一对化学电池为发射机提供工作用电；有一台磁强计和一台辐射计数器，用来测量宇宙射线的强度；还有用来测量内部温度、压强的传感元件。火箭点火后第一级火箭工作，然后第二级、第三级火箭先后工作，由火箭携带的那只小球的飞行速度也越来越快，几分钟后便达到第一宇宙速度，它有能力挣脱地球的引力，此时在地面的指挥中心下令小球脱离第三级火箭，依靠惯性独立地绕着地球运动。

过后不到一个月，苏联又发射了旅行者2号人造地球卫星，它的重量比第一颗重了许多，达508千克。更为激动人心的是，卫星里面还载有一只小狗莱伊卡，它作为今后人类旅行天外世界的先行者，最先体验了挣脱地球引力以及在地球世界之外的感觉。小狗体重5千克，在它的身上缚上了检测血压、呼吸及心率等生理指标的传感器，供地面的科学家了解生物挣脱地球引力时以及进入太空后可能出现的生理反应情况。科学家在这颗卫星里设计了一个原始的生命保障系统，卫星里的生活环境基本保持和在地面时一样，并备有小狗的食物。不过，当时还没有能力让卫星返回地球，所以这只小狗最后是葬身太空了。

世界上第一颗人造地球卫星

1961年4月12日，苏联航天

员加加林(Y. A. Gagarin)乘坐飞船,成功飞离地球,绕着地球飞行了108分钟后平安返回地球,他是进入太空并平安返回的第一人。

加加林

1957年苏联成功发射人造地球卫星后,我国科学家也紧紧跟上。著名科学家赵九章等在一次会议上向政府部门提出了研制中国人造地球卫星的计划,很快获得了批准。1965年10月,我国研制人造地球卫星的总体设想是:定于1970年发射,采用长征1号火箭作为运载火箭发射,卫星大约重100千克,直径1米左右。后来经过研究,进一步确定卫星的外形为球形多边体,直径近似1米,重量173千克,并给它起名为东方红1号。卫星外壳上缚有4根鞭状天线,里面设有仪器舱,装有一些探测仪器和银锌化学电池,电池能够给卫星里的仪器供电20天。卫星里还有一台电子琴,演奏着歌曲《东方红》。卫星外壳的内表面涂着有机绝热层,避免卫星朝太阳时内部温度过高,而背向太阳时温度过低,保证了卫星内部温度符合仪器仪表正常工作的要求。这样的卫星当时做了5颗,经过各种测试,最后选定了其中的一颗。为了能够在1970年发射人造地球卫星,我国科学家决定对已经获得成功的中远程火箭加以改进。制成的长征1号运载火箭是三级火箭,前两级是液体火箭,第三级是固体火箭。火箭全长29.46米,直径2.25米,总重量81.5吨,运载能力300千克。1970年4月24日21时35分,携带着卫星的长征1号火箭点火升空,13分钟后,卫星与第三级火箭分离并进入运行轨道,我国成为世界上继苏联、美国、法国、日本之后第五个成功发射人造地球卫星的国家。随后,我国又在1971年3月3日发射用于科学试验的实践1号卫星,它的主要任务是考察太阳能电池、镉镍电池、热控技术和遥测系统长期工作的可靠性,同时对空间物理环境进行探测。1984年4月8日,我国用长征3号火箭成功发射了东方红2号卫星,它是我国第一颗通信卫星。

人造地球卫星的成功证实了人类拥有飞出地球探访太空的能力,就卫星本身来说,它大幅提升了人类的科学技术水平和物质文明、社会文明水平。地球周围笼罩着厚厚的大气层,阻碍了人类对天外世界的观测,卫星能够协助人类更广泛、更深入地研究了解所居住的这个

中国第一颗人造地球卫星

地球以及它周围的环境，比如地球大气层和电离层、地球高空磁场、地球辐射带、地球磁场、宇宙射线、太阳辐射等。通过卫星的帮助，科学家发现地球外层空间有两个高能带电粒子集中的区域，即内辐射带和外辐射带。人类在地球上的活动范围有限，较难对地球做全面观测。以往测量地球大小、形状等是采用大地测量、重力测量、天文测量等方法，所得到的资料往往来自地球上很小的一部分地域。此外，高山、海洋很难进行重力测量。通过从局部地域得到的一点资料来了解整个地球的大小、形状，显然是不足的。人造地球卫星在离地面几千甚至几万公里的高空飞行，卫星上安装的重力测量仪器的测量范围可以遍及全球，能够获得比较全面的资料，得到的有关地球大小以及形状的数据比较准确、可靠。

许多新技术的试验在地面上较难进行验证，比如人类能否适应天外世界的环境，如何才能适应；太阳能电池在宇宙中的性能将发生怎样变化；如何利用宇宙空间中的能源；植物种子、细菌、新材料等在没有地球引力作用时会发生什么变化，卫星是很好的实验室。

长期以来，气象工作者因为没有办法实时获得全球性的气象资料，较难准确地预报天气变化。卫星“站”得高，“看”得远，不受地理条件限制，有了它的帮助，我们就能够实时监测地球上的气象变化，接收地球任何地区的云层图片，获取高层大气的各种气象数据，天气预报变得更加准确，而且那些海洋、沙漠、森林等地域不再是气象观测的空白点。当台风还在遥远海洋中“孕育”时，卫星就能够发现它们并紧紧“盯住”它们，同时及时作出台风预报，这对减少灾害损失是非常重要的。1986 年第 8607 号台风在我国广东省汕头市登陆，气象卫星预先提供了台风强度、登陆时间和地点等信息，当地 3 000 多亩水稻赶在台风到来之前收割完毕，3 000多艘渔船提前返港，减少经济损失达 10 多亿元。1991 年夏季我国江淮流域发生严重水灾，又是卫星给我们提供了水灾情况、淹没面积等信息，为救灾工作提供了重要依据。

卫星在通信上的作用更是无可估量。例如，在离地面 3.6 万公里的地球同步轨道上等间距放置 3 颗卫星转发广播电视信号，世界上每个角落的人都可以观看到世界各国电视台播放的节目和在世界各地进行的体育比赛、文艺演出的电视直播。通过卫星转发电话信号，我们可以随时随地与各国、各地的亲人朋友通话交谈。卫星还能为船只、潜艇、飞机等导航以及为近地飞行的导弹、卫星、宇宙飞船等定位。因为卫星按已知的轨道运转，只要利用船上或者飞机上的仪器测量出它们与卫星的位置关系，再通过计算机运算，就可以立即知道自己的位置，从而获得有关航向等的信息。卫星在军事上的作用更是备受关注。利用卫星可以对地面的军事目标进行各种侦察，了解对方的兵力部署、军事基地分布、雷达位置，预警导弹发射和监测核爆炸等。

奔月路漫漫

满月的夜晚，空中的月亮好似一面银镜，整夜静静地倾泻柔和的光辉，照亮酣睡的大地，引起人类无数的遐思。诸如“嫦娥奔月”之类的美丽传说，反映了人类向往月球的愿望。月球距地球 38 万公里，相当于从上海到北京 150 个往返的路程。38 万公里虽然不算太长，地球上的这些路程若是乘坐车或者乘船，需要花上一年半载的时间才能够到达。但是到月球是完全在空中飞行，俗话比喻事情的艰辛程度就是“难以上青天”，可见要在空中飞跃几十万公里确实很困难，所以即使是到了 20 世纪 20 年代，到月球去的想法仍被认为是痴心妄想。1919 年，戈达德在美国斯密森学会发表的《到达极限高度的方法》报告，讲述了利用火箭飞抵月球的可能性，竟然引起轩然大波，新闻媒体展开了大辩论。很多人都说戈达德提出这么不切合现实的观点，真是个大傻瓜。随着人造地球卫星、宇宙飞船成功地绕着地球不停飞行，人类期待到月球的愿望应该有机会实现了。

然而，到月球去不是一件可以轻松实现的事，那儿是人类从未涉足的荒芜世界。首先遇到的问题是我们能否在月球上落脚，有的科学家提出，虽然月球没有空气也不会刮风，但那儿有从宇宙空间来的紫外线辐照，它会使月面尘粒电离，同时由于静电作用尘埃会到处漂浮，经历数十亿年时间的积累，月球表面形成了厚厚尘埃层，人踏上月球将会沉没在其中。这真是件可怕的事。为了弄清月球表面的具体情况，那里是不是存在深可没人的月球尘埃层，科学家决定向月球发射各种探测飞船，探查月球表面的实际情况。后来从绕月球飞行的月球探测器发回的照片和探测信号中发现，月球表面有无数大而硬的块状物，它们好像并没有陷入尘埃中。又根据有关探测数据，估计月球尘埃的厚度没有原先想象那么厚，大概不会超过 1 米。同时，探测资料显示，月球表面的质地在不同的地点也不尽相同。1968 年，苏联向月球发射第三代无人月球探测器，对月球表面进一步实地考察。探测器在月球软着陆，对月球表面进行了实地考察和拍摄，调查了 80 000 米^2，拍摄了20 000多张照片，还对月面的土壤做了化学分析。发回的照片以及化学分析结果进一步表明月球表面为一些松软的矿土和岩石，并非满是深深的尘埃，先前的担忧可以消除了。

另外一个非常实际的问题是人类到达月球后能否活着回到地球。前往月球的路漫漫，而且路途艰险。在飞船起飞离开地球阶段，航天员要经受由加速运动带来的额外压力，人体是否能够经受得起重压；在摆脱地球引力时，又要经受失重的考验。有些科学家担心，人在失重状态下血液也会无重量，心脏功能会降低，在返回地球时，人将重新受到地球重力场的作用，失重状态消失，血液重新获得重量，微弱的心脏活动也许此刻不能把血液送到头部，航天员会有生命危险。同时，长时间处于失重状态，骨头里的钙会溶解到血液中，骨头会变脆弱、松散。这些情况是否会威胁到人的生命安全，也需要进行大量飞行试验来证实。苏联在 1961 年至 1963 年间发射“东方”号载人飞船、在 1964 年至 1965 年间发射“上升”号载人飞船，美国在 1961 年至 1965 年间分别发射“水星”号载人飞船和“双子星座”号载人飞船。这些载人飞船进行了绕地球轨道飞行试验，考察了人类对太空飞行的适应性。

“东方”号飞船是苏联第一代飞船，也是世界上第一艘载人飞船，它由球形密封舱和圆柱形仪器舱组成，总长 7.35 米，重量 4.73 吨，先后 6 次升空考察，其中有一次搭载了一位女航天员。“上升”号飞船是苏联第二代载人飞船，外形呈球-圆柱体，长 6 米，直径2.4米，重量 5.32 吨。“联盟”号飞船是苏联第三代载人飞船系列，重量大约 6.8 吨，总长 7.5 米，最大直径大约 2.7 米，由近似球形的轨道舱、钟形返回座舱和柱形服务舱组成。“水星”号飞船是美国第一代载人飞船，外形像一

“东方”号载人飞船

只铜钟，底面直径 1.8 米，高 2.8 米，顶部直径0.5 米，重 1.35 吨，只能容纳一名航天员。它载人绕地球飞行试验 6 次，共 51 小时 40 分钟。“双子星座”号飞船是美国第二代飞船，它比“水星”号大，最大直径 3 米，高大约 3.3 米，重量大约3.5吨。“双子星座”号飞船载人绕地球飞行试验 10 次，共 900 多小时。这些航天员的飞行试验证明，人类在宇宙空间生存 7～8 天不成问题，这个时间长度也是人类往返月球所需要的时间，所以，人类是能够活着从月球回到地球的。

第三件令人担心的事是，宇宙空间以及月球上存在的有害辐射是否会对人类生命安全构成威胁。地球的大气层会吸收来自太空的紫外线、X 射线；地球磁场会对来自宇宙空间的粒子辐射比如太阳宇宙射线、银河宇宙射线以及地球辐射带等起屏蔽作用，让它们无法到达地面，免受它们的伤害。但航天员到达月球后需要离开飞船在月面作业，这时候他就完全暴露在这些有害辐射之中了。美国橡树岭国家实验室主任、著名物理学家温伯格(A. Weinberg)为此还专门写了一篇论文，称空间的宇宙射线会使得奔月有危险。为了查明这种危险程度、设计的航天服能否有效地抵御有害辐射对人体的伤害，保证航天员避免遭受各种有害辐射侵袭，科学家向月球发射了着陆探测器以及安排航天员做太空漫步等。1965 年 3 月，苏联航天员乘坐“上升”2 号飞船进入太空，并穿上航天服在太空漫步了 12 分钟。所穿的航天服有十几层厚，具有良好的隔热防辐射功能，无论外面的温度高达 300℃还是低到－100℃，里面都是温暖如春。3 个月后，美国航天员乘坐

“双子星座”号飞船进入太空，也穿上航天服在太空漫步了20分钟。美国设计的航天服里装有大气和1/3个大气压的纯氧，航天员呼出的二氧化碳和水蒸气通过一个装置吸收，航天服里的温度不会因为体温产生的热量而升高，保持恒温。航天服还有坚固的外壳，最外层和最里层用玻璃纤维编织成，外层可以抵挡小流星的冲击，使它们无法伤害航天员。航天帽上有双层滤色镜，它可以挡住大部分太阳光和有害射线。苏、美两国航天员在太空中的试验结果显示，航天服能够保证航天员在太空中安全活动。此外，根据1966年2月苏联向月球发射的“月球”9号飞船在月球软着陆后发回的月球上的辐射记录，科学家也肯定，月球上的辐射对于短时间停留在那儿的航天员的健康不会造成危害。

剩下一些必备的技术是要求实现载人飞船变轨、两艘飞船接近和对接。到月球去不像在地球上那样可以从一个地方直飞到另外一个地方，从地球飞往月球不是对准月球直飞过去，需要变换轨道以摆脱地球的引力，然后进入绕月球运动的轨道，最后才降落到月球。要求对接是考虑在登月时，飞船的登月舱将与母飞船分离降落在月球表面，而母飞船继续留在环月轨道上飞行。登月的航天员完成月球上的工作任务后，将乘坐登月舱飞向母飞船，与母飞船对接成一体，然后一起飞回地面。此外，空间站的建立也需要解决对接的问题，因为空间站的补给要靠飞船来运输，所以空间站与飞船之间的对接也是必不可少的。改变飞船的运动轨道可不像控制汽车变道那么简单容易，飞船是靠小火箭产生的推力来改变运动方向的，操作比较复杂。飞船在太空中对接就更复杂了，它要求两艘飞船在同一时间，以相同速度到达空间同一位置，在轨道上以同一速度飞行。要知道，飞船在太空都是以非常高的速度运动的，所以那些要求并不容易满足。1965年3月，美国利用“双子星座”号飞船进行变轨道试验获得成功；1969年1月，苏联发射的“联盟”4号飞船与“联盟”5号飞船在太空对接成功，两艘对接成一体的飞船联合飞行了大约40分钟，然后再分开，安全返回地面。此后，美国利用“双子星座”号飞船也进行了多次空间对接试验。

踏上月球世界

经过多年的探测和试验，人类已经基本上弄清了月球的构造、月表面状况、环境和气候，登月的技术也基本成熟，探访月球已经万事俱备。1969年7月16日，人类开始出发飞往月球。这一天早上美国东部夏令时间9时23分，“阿波罗”11号飞船从美国佛罗里达州肯尼迪航天中心起飞。运载飞船使用的火箭是由著名火箭专家布劳恩设计的“土星”5号运载火箭，它由3级火箭组成，最大直径10米，总长85米，竖立起来有30层楼高，“阿波罗”11号飞船装到它的顶端后，高度则有110多米。

“阿波罗”号载人飞船

“阿波罗”号载人飞船是美国第三代载人飞船系列，专门为登月设计制造，它由三部分组成：指令舱、服务舱和登月舱。为了这个项目，美国投资了230亿美元，动员了2万家工厂、42万人、1 200名专家参加设计制造。3名航天员参加这次世界首次登月行动，他们是指令长阿姆斯特朗(N. A. Armstrong)、指令舱驾驶员柯林斯(M. Collins)和登月舱驾驶员奥尔德林(E. E. Aldrin)。他们是幸运的3个人，多少年来人人都在梦想有朝一日能踏上这个充满神秘色彩的星球，亲眼目睹它的风光，现在他们首先得到了这个机会。他们也是我们的地球英雄，担负着全世界的重托，踏上了极度危险的征途，到一个从来没有人类涉足的星球进行探险，为地球人开发一个新世界而准备。7月20日美国东部夏令时间中午，飞船进入月球轨道，航天员开始感觉到月球的引力，自摆脱地球引力后他们已经多时处于失重状态，此时重新感受到引力，让他们感到一阵愉快、轻松。不久，飞船进入距月面上空大约100公里的等待轨道上，在地面指挥中心的指示下，指令长阿姆斯特朗和登月舱驾驶员奥尔德林穿上航天服，坐上被称为“鹰”的登月舱，并与母船“哥伦比亚”号飞船分离，慢慢向月面下降。柯林斯驾驶的“哥伦比亚”号飞船继续在月球轨道上飞行，等待“鹰”的归来。

16时17分43秒，登月舱“鹰”安全在月面着陆。6小时后，即22时56分，指令长阿姆斯特朗率先走出登月舱，慢慢地从登月舱的阶梯走下来，在月面上踏出一个脚印，这是月球40多亿年来由“外星人”打上的第一个印记，也是人类在月球上踏出的第一个脚印。接着，奥尔

实现首次登月的3位航天员

德林也走出登月舱，踏上月面，此刻他们心潮澎湃，赶紧打开摄影机拍下这个人类还非常陌生的世界，与在地球上的人们一起分享。紧接着，他们举行了一个庄严肃穆的仪式，将一块特制的金属牌竖立在月面上，举起右手默默地念："公元 1969 年 7 月，来自行星地球上的人类首次登上月球，我们为和平而来。"

随后他们在月面安置了"月震仪"，用来探测月球的月震。如同地球有地震那样，月球也会发生月震，只是发生的次数比地球少，释放的能量也小得多。他们又在月球上架起激光反射镜，通过激光来精密测量月球与地球之间的距离。还挂起一块收集太阳风微粒的铝箔，用来检测太阳微粒流中的惰性气体成分，以研究太阳系的起源。他们还收集了月球岩石和土壤等标本大约 22 千克，这是一些稀世珍宝，花了巨大代价才获得的。有了这些样品便可以准确地揭开月球世界的许多秘密。他们也领略了月球世界的风光，不过那不是什么美景，只不过是月球世界的一些奇景，比如，不论是白天还是黑夜，月球的天空总是漆黑一团，满天的星斗显得格外明亮，但它们不闪烁；这里没有晨曦和黄昏，白天和黑夜是突然出现的。从月球世界遥望地球，看到的是几乎一动不动地悬挂在天穹上的明亮"大月亮"，它在月面上投下的"月光"远比月亮在地球上投下的光明亮，大约明亮 8 倍，所以，月球上夜晚也如同"白昼"。这是因为地球的直径比月球大，而且地球对太阳光反射的量比月球多得多，地球的反射率是 40%，而月球只有 7.3%。月球昼夜气温变化非常大，白天非常炎热，温度可高到 130℃，夜晚却变成严冬，温度降到－180℃。昼夜之间气温变化如此巨大，在地球上确是闻所未闻。月球上也有“海”、“湖”、“河”，但它们都是虚有其名，实际上只是比较平坦、比周围低洼的大平原，那儿没有一滴水。

时间很快流逝，他们该离开月球了，地面指挥中心提醒两名航天员起程返回。接到指令后他们俩回到登月舱“鹰”，并启动小火箭，飞向在月球轨道等候他们的母飞船“哥伦比亚”号，与它对接会合后一起飞回地球。7 月 24 日，他们平安回到了故乡地球，胜利实现了人类摆脱地球束缚，造访另外一个星球的宿愿。这次他们在月球上总共逗留了 21 小时 37 分钟，在月球度过了难忘的一夜，经受了酷暑和严寒的考验。这个历史事件载入了人类的历史史册，世人永远不会忘记。

人类在月球上留下的第一个脚印

神话中的月球是一个美丽多娇的世界，然而，到了那里后发现它实际上却是一个荒凉的、死气沉沉的星球。那儿没有空气，没有水，是一个不毛之地。相比之下，我们现在居住的这个地球世界就大不一样了，有郁郁葱葱的辽阔原野、浩瀚澎湃的海洋、蜿蜒曲折的河流、巍巍高耸的山脉和明媚如镜的湖泊。在阳光的沐浴下，万物蓬勃生长，一派生气勃勃，月球与我们的地球是两个截然不同的世界。这样一个荒漠世界，往后还有没有必要再花费大量的金钱去拜访？回答是，不仅有这个必要，而且还打算到那里去开发。因为月球有太多迷人之处了。首先，月球有丰富的物质资源。科学家分析了从月球带回来的岩石和土壤，发现月球拥有地球的全部化学元素，月岩中大约含有 60 种矿物质，其中 6 种目前在地球上还没有被发现。月球上有丰富的氦 3，这是很理想的核聚变燃料，地球非常缺乏这种元素。月球上还有“纯铁”，这是一种不会发生氧化锈蚀的金属。据估计，发达国家每年因金属锈蚀造成的经济损失竟然占到国民经济收入的 10%，可以设想，若采用月球上的“纯铁”，将带来极大的经济效益。其次，月球上没有由大气引起的天文观测干扰，是进行天文观测的理想之处。另外，月球表面的重力只有地球的 1/6，在月球建立宇宙探测基地，往太空发射的火箭起飞时需要消耗的能量将比在地球少得多。从长远考虑，地球正面临越来越恶化的生活环境，月球可以作为人类将来的第二个居住地。目前，科学家已经在策划各种建设方案，有一天月球会成为我们另外一个家园。

真正走出地球“家门”

月球是地球的卫星，可以说是“一家子”，我们到了月球，其实并没有出地球“家门”，真正要摆脱地球束缚，飞出地球“牢笼”到天外世界，就得看是不是能够飞到其他行星。第一个要去拜访的行星是金星，它离开地球最近，亮度也不低，是我们所能够见到的第三个最明亮的星球。我国古代称金星为“启明星”、“长庚星”、“太白星”等，西方国家称它为“维纳斯”，意为爱和美的女神。天文学家很早就开始注意观察金星，但它表面被一层厚厚的大气包裹着，挡住了观察视线，需要设法撩开它的这层面纱，才能看到它的真正面目。20 世纪 60 年代，人类有了摆脱地球束缚的能力，在金星上空放置探测器或者直接将探测器安放到其表面，进行实际考察。苏联从 1961 年开始先后发射了 16 个“金星”探测器，其中“金星”13 号、14 号、15 号和 16 号成功实现软着陆。

美国先后向金星发射了三代探测器，第一代是“水手”号，第二代是“先驱-金星”号，第三代是“麦哲伦”号。这些探测器拍摄到了大量金星表面的彩色照片，并利用被送到金星表面的一些设备探测到金星的气候状况，挖掘采集了金星表面的岩石、土壤标本。通过分析照片以及对表面样品材料做的化学分析，我们现在已经比较了解了金星。金星是外围被厚厚的二氧化碳包围的温室，是一个高温高气压世界，温度可高达 470±20℃，昼夜温差很小。表面气压为90±15 个大气压，表面大气密度约是地球的 60 倍。大气成分中绝大部分是二氧化碳，占 97%；其次是氮，占 2%；氧气很少，只有 0.1%。金星表面没有风，而高层大气有剧烈的湍流和大风，风速可高达 100 米/秒，比地球上的台风还强烈。金星的云层厚度大约为 5 公里，主要成分是硫磺、氯和磷等。金星表面覆盖着褐色的砂土，上面散布着一些棱角分明、大大小小的石块，它们部分被埋在细沙或者尘土中。金星表面的岩石呈现层状板块，表面光滑，中间有裂缝和空洞。对地层钻探的结果显示，金星表面有许多玄武岩，它的成分与地球上的玄武岩成分相似。另外，在金星上没有发现水。

人类前往拜访的第二个行星是火星，它也是我们的近邻，发着似

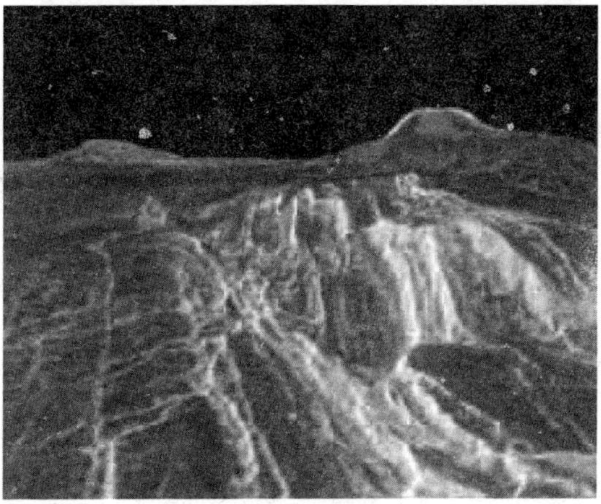

探测器拍摄的金星表面面貌

火一样的红色光芒，格外引人瞩目。关于它的传闻也许多，比如火星运河、火星人等。在远古时代，人们就认为，生命不仅仅存在于我们这个星球，相信在其他空间区域还存在着另外一些土地，生活着另外一些人类和另外一些动物。俄国科学家、星际航行奠基人之一的齐奥尔科夫斯基就是可居住世界多重性的热烈拥护者。他说："可以在不同的行星上看到生物发展的所有阶段。在几千年以前人类曾经是什么样子的，在几百万年以后人类将是什么样子的，这一切全可以在行星世界找到。"

被猜想得最多的有人存在的行星就是火星，因为火星与地球确实有太多相似之处。地球自转一周的时间即一天的时间是 23 小时 56 分，火星是 24 小时 37 分，几乎有相同的昼夜；地球的自转轴与轨道平面的倾角是 23 度 27 分，火星是 24 度，相差很小；地球有四季变化，火星也有四季变化，从望远镜也能够观察到，火星随着季节的交替有山川变色、风云变幻等现象；地球两极是冰雪世界，火星的两极也是白雪皑皑。苏联一位天文学家还大胆设想，火星的两颗卫星是火星人发射的"人造火星卫星"。也就是说，火星上不仅有人类，而且他们是高智慧人！这么一来，寻找"火星人"一时便成了世界热议的话题，不少以"火星人"为题材的文学作品也纷纷问世。究竟火星是个怎样的世界，是否存在人类，种种流传只不过是一些猜测。

虽然有望远镜和各种遥测仪器，但地球与火星相隔遥远，离得最远时距离有 4 亿公里，最近时的距离也有 5 600 万公里，加上地球大气层的干扰，我们只能看到火星的大概形象，至于它的地貌、环境、地质状况、是否有生物和人类存在，仅凭望远镜不能准确探测，还需要进行实地考察。

然而，从地球出发到火星实属不易。我们虽然拥有了可以摆脱地球束缚的能力，但地球到火星的路途着实太遥远，乘坐飞船单程飞行时间就需要 220～270 天。地面与火星的无线电通信联络也会遇到问题，通信的信号不能即时到达，大约滞后 4～22 分钟。所以，在往火星途中或者在火星上出了问题，地球上的控制室要过几分钟才会知道，发过去的指令已是过去时。尽管困难重重，但人类的智慧都能够解决。

从 1962 年起，苏联向火星发射了 7 颗“火星”号探测器、2 颗“福波斯”号探测器和 2 颗“火卫”号探测器。美国从 1964 年起向火星先后发射了 9 颗“水手”号探测器、2 颗“海盗”号探测器和 1 颗“探路者”探测器。它们携带着生物化学实验箱、小型气象站(包括测量气压、温度、风速、风向的仪器)、磁强计、地震仪、摄像机和用来在火星表面挖掘土壤样品的机械手等，在火星上空和在火星表面进行了一系列探测，现在人类已对火星有了大致的了解。根据探测结果发现，火星和地球很相似，它也有大气，其主要成分是：二氧化碳占 95%，氮气占 2%～3%，氩气占 1%～2%，氧气含量很少，只占 0.1%～0.4%。火星的大气层也存在臭氧层，可以吸收太阳光中的紫外线，这给在火星表面生物生存创造了有利条件。火星大气中有白色、黄色和天蓝色云团，白色云团是水蒸气凝结成的，多数出现在低纬度区；天蓝色云是二氧化碳凝结成的“干冰云”，多数出现在高纬度区；黄色云是由尘埃凝聚微粒悬浮在大气而形成的，是“尘埃云”。在大气中还有一个特别的现象——尘暴，它是火星上的沙漠被大风吹卷起沙尘所形成的，大尘暴可能席卷整个火星，那时整个火星会变成一片昏暗，这种情况会持续几个星期或者几个月。火星表面的气压比地球低，只有 7.5 毫巴，相当于地球上空 30～40 公里处的气压。它的温度比地球低，为 −125℃至 −25℃，一天温度的变化幅度是 30～50℃，夏季北极的温度是 −73℃至 −58℃。

火星的天空是美丽的粉红色，地面则呈茶红色。火星上有大峡谷，探测器拍摄的火星表面照片显示，大峡谷在火星表面划出了一条“槽”。照片上的这个大峡谷长达 3 000 公里，宽 600 公里，深 8 公里，比地球上最大的峡谷——美国亚利桑那州大峡谷大得多，亚利桑那州大峡谷的长度是 800 公里，宽 30 公里，深 1.8 公里。

探测器拍摄的火星上的大峡谷

火星上有许多环形山、火山、盆地和沙漠。环形山多数位居赤道南侧，数量比月球少许多。火星上大大小小的火山不计其数，有的火山很高，高达 24 000 多米，远远超过地球上最高的珠穆朗玛峰的高度；火星上有众多盆地，最大的盆地长度达 5 000 公里，宽度达 1 600 公里，深度达 4 公里。有趣的是火星南半球与北半球的地貌差别很大，南半球表面崎岖，布满环形山，而北半球为火山区，遍地是大大小小的火山口和火山熔岩淤积成的平原。火星上有许多干枯的河床，但没有传说中的规则运河。到目前为止，火星探测器发回的资料显示，在火星上没有找到我们期待的火星人，也没有找到其他生物，这很令人失望。

火星土壤和岩石样品经分析得到的结果显示，火星表面物质大部分是氧化物，其中氧化硅占 44.7%，氧化铁占18.2%，氧化镁占 8.3%，三氧化硫占 7.7%，三氧化二铝占5.7%，氧化钙占5.6%，还有丰富的氦 3 以及少量的稀有元素如铷、锶、钇、锆等。

第4章　会做计算的机器

——电子计算机

计算机是20世纪最重大的发明之一，它的出现和发展，令人类社会进入了一个崭新时代——信息时代。计算机不仅帮助人类解开自然秘密、深化人类对自然的认识和增进知识，也给众人的工作和生活带来极大便利，给工农业生产带来新技术革命，实现了工农业生产自动化和管理自动化，办公室自动化以及家庭自动化等。神奇的计算机是怎样发明的，它的发展又是如何呢？

创新群英

计算机是几代科学家不断创新的结晶，当我们用计算机完成各种复杂的任务时，可不能忘记那些为计算机的诞生和计算机技术的发展作出卓越贡献的人们。

日常生活、工作和生产都离不开计算。在古代，计算是用笔和纸的手算，计算速度慢，简单一点的计算还能应付，复杂一些的计算不仅需要花费较长的时间，还容易出错，更复杂的计算根本无法用手算完成。能不能不用手算，而采用一种计算机器来完成计算任务呢？

300多年前，一个法国小孩就想到了这个问题，他就是后来成为著名数学家、物理学家、思想家的帕斯卡(B. Pascal)。他于1623年6月19日出生在法国奥维涅省的克莱蒙费朗，后来迁居巴黎。由于父亲从事税务计算工作，每天晚上都要算账，很辛苦，因此帕斯卡便想设计制造出一种机器，来替父亲完成计算工作。

帕斯卡

帕斯卡是这样来构想的，挂在墙上的钟能够给出秒、分、小时，依靠的就是里面那些大大小小的齿轮。既然利用齿轮可以计算时间，那么也应该可以计算数字。根据这个想法，不久后他真的设计制造了一台可以用来做加、减计算的机器。这台计算机器长约30厘米、宽15厘米、高10厘米,能够计算到8位数,表示数字的齿轮共16个,每个齿轮分成10个齿,每个齿表示0～9中的一个数。这台计算器在法国卢森堡宫展出时引起了轰动,吸引了大批观众驻足观看,因为它是世界上第一台用机械装置替代人的思维和记忆进行计算的机器。帕斯卡发明的这种齿轮式计算器现在还存有6台,其中5台收藏在巴黎艺术和工艺博览馆。

帕斯卡的计算器是人类用机器进行计算的开端,但它的能力还很差,只能做加法和减法,做乘法必须用连加的办法,做除法则是连减,具体计算时还需要记住加减的次数。显然这样很不方便,不但计算速度慢,还容易出错。此外,每次计算结束,都必须复原到零位才可进行下一次计算。

帕斯卡制造的世界第一台计算器

对帕斯卡的计算器进行改进的是莱布尼茨(G. W. von Leibniz),他使计算器的性能朝前迈进了一大步。莱布尼茨1646年7月1日出生,是德国著名的自然科学家、数学家、物理学家、历史学家和哲学家。在他发现了那篇由帕斯卡撰写的《加法器》的论文后,他产生了强烈的发明欲望,决心把帕斯卡的计算器功能扩大,让它还能方便地进行乘、除运算。一次出使法国的机会,为他实现制造计算器的夙愿创造了契机。在巴黎,莱布尼茨聘请到一些著名的机械专家和能工巧匠协助工作,终于在1674年造出一台比帕斯卡计算器性能更完善的机械计算器,能够进行加、减、乘、除及开方等运算。这台机器叫做“乘法器”,长约1米,宽约30厘米,高25厘米,外面装有一根摇柄。其计算基本原理虽然是秉承帕斯卡的计算器,但机器的内部设计有了重大改进,里面多了一种名叫“步进轮”的装置,这是一个有9个齿的长圆柱体,9个齿依次分布于圆柱表面;旁边另有个小齿轮可以沿着轴向移动,以便逐次与步进轮啮合。每当小齿轮转动一圈,步进轮会根据它与小齿轮啮合的齿数,分别转动1/10圈、2/10圈……直到9/10圈。利用这个新装置,计算器就能够连续重复地做加减法,在转动手柄的过程中,这种重复加减运算又转变为乘除运算。莱布尼茨计算器的计算功能较帕斯卡计算器有了很大的提升,得到了巴黎科学院和伦敦皇家学会的认可和奖励。

大约过了 100 年，英国著名数学家、发明家巴贝奇(C. Babbage)又将计算器技术向前推进一步。巴贝奇 1792 年 12 月出生于英国的德文郡，1810 年考进英国著名的剑桥大学。他在大学时期就对计算器感兴趣。当时，英国已经是一个海上强国，为了通航到世界各国，英国在 1766 年编制了一部航海表。巴贝奇对这个航海表进行了仔细研究后，发现其中有许多数据有错，应该重新修正。但要完成这项修正工作，需要做大量的计算，而且还要保证计算不出错。显然，仅仅靠手工计算很难出色完成，因此修订工作也就一直拖着。虽然已经有了帕斯卡和莱布尼茨研制的计算器，但它们只能做一些四则运算，制表工作还胜任不了。制表时一般要把计算式转化成适合计算的多项式，而计算多项式时要进行差分运算，工作量特别大。

于是，巴贝奇设想制造一种能够自动差分、用于制航海表的计算器。他从 1812 年开始构思设计，经过大约 10 年时间的努力，在 1822 年终于成功研制出一台小型差分计算器，可以计算精确到 6 位数。他用这台计算器编制了平方表和小型函数表。在此基础上，他又提出研制可以做 20 位数计算的差分机，用在天文方面和制航海表方面。可惜的是，由于种种原因，他没有制成这种计算器。1991 年，为了纪念巴贝奇诞辰 200 周年，英国肯圣顿(Kensington)科学博物馆根据巴贝奇当年的计算器设计图纸，特地采用 19 世纪中期的技术设备成功制造出一台巴贝奇当年设计的差分计算器，该台机器能够正常运转。

1834 年，巴贝奇提出一种新设想：研制功能大大超过差分机的计

保存在伦敦科学博物馆的巴贝奇差分计算器

算器。他把未来的这种计算器称为“分析机”，它包括输入、输出、控制、运算和存储等 5 个部分，基本结构与现代电子计算机几乎相同。不过，他使用的主要构件是齿轮、凸轮、杠杆等机械零件。

巴贝奇分析机的部件

在协助巴贝奇研制分析机的人员中，有一位值得我们纪念的人物——拉夫拉斯伯爵夫人(A. Lovelace)，她是英国著名诗人拜伦的女儿，1815 年出生于伦敦，自幼受母亲的影响，拥有杰出的数学天赋。她与拉夫拉斯伯爵结婚后，丈夫十分支持她在数学方面的爱好。她认为巴贝奇分析机的理论设计完全可行，于是大力宣传巴贝奇的这项工作，并建议巴贝奇用二进制实现机器对信息的存储，并且为分析机编了一套计算程序，这算得上是世界上最早的计算程序。拉夫拉斯夫人首先列出计算公式中包含的各个加减乘除的运算，然后根据哪一项先计算、哪一项后计算编出一个计算顺序，同时还把它们“翻译”成分析机能够“懂”的代码和代表符号。当把这些信息输进分析机后，机器就会按照设定的程序进行计算工作。拉夫拉斯夫人又受法国工人用穿孔卡片控制提花织布机工作的启发，设想利用穿孔卡携带编写好的程序控制分析机进行计算。这其实就是现代计算机软件的雏形。由于拉夫拉斯夫人在程序设计上的开拓性工作，她被誉为世界上第一位程序员。遗憾的是，拉夫拉斯夫人英年早逝，去世时年仅 34 岁。为了纪念她的杰出贡献，1979 年美国国防部研制的标准高级语言 Ada 就是以拉夫拉斯夫人的名字爱达来命名的。

限于当时的技术水平，单靠轮盘、凸轮等机械元件，巴贝奇很难实现他的设想。当时的社会条件对巴贝奇开展工作也很不利，他没能得到英国政府的资助，设计思想也没有得到当时科学界的理解，甚至被人讥笑为“愚笨的傻瓜”，称他的计算机“毫无任何价值”等。1840 年，巴贝奇来到意大利，在一系列会议上介绍他最新的计算机设计思想，同样没有什么人接受，再加上他设计研制的可做 20 位数计算的差分计算器中途夭折，增加了人们对他的不信任感。分析机最终没能制造出来。1871 年，享年 79 岁的巴贝奇教授去世，他留下厚厚的图纸、零零散散的分析机部件和一大堆笔记，如今这些东西被收藏在伦敦的博物馆内。虽然巴贝奇没有实现他的愿望，但他的分析机设计思想的确为后来的计算机发展奠定了基础，巴贝奇作为计算机先驱当之无愧，他是现在公认的计算机鼻祖。

上文介绍的计算装置全都采用机械元件，电发明之后人们就开始设想，能否采用一些电子元件替代机械元件用以制作机电式计算机？1939年，美国数学家艾肯(H. H. Aiken)等人进行了尝试。艾肯1900年出生于美国新泽西州的霍博肯，1939年在哈佛大学获博士学位。他在读博士学位期间写了一份题为“自动计算机建议”的备忘录，内容是工作原理类似于巴贝奇分析机的方案，部分元件采用继电器的机电式计算机。艾肯的新计算机工作方案得到国际商业机器(IBM)公司的赏识，并资助他从事研制。经过4年的艰苦奋斗，在1944年2月，艾肯等人终于成功制造出机电式计算机，起先他们将它称为“自动程序控制计算机”，后来又给它起了个别名，叫做“马克-1”。马克-1计算机采用穿孔纸带输入程序指令，使用了3 000多个继电器，所以它又被称为继电器计算机。马克-1体积庞大，长15.3米、高2.4米，重31.5吨，用了800公里长的电线，有300万个接点。由于马克-1使用的关键部件——继电器在工作中依然有机械动作，打开和闭合速度不高，因此，这台计算机的运算速度也不太快，做十进制23位数字的加减计算需要0.3秒，乘法需要6秒，除法需要11.4秒。

科学家们都知道继电器的开、闭合速度是影响计算机运算速度的关键，但始终找不到能够大幅度提高继电器开、闭速度的好办法，看来要制造快速运算的计算机，还必须另寻门路，使用新技术。首先找到新路子的是莫奇利(J. W. Mauchly)和埃克特(J. P. Eckert)。莫奇利1907年8月30日生于美国俄亥俄州的辛辛那提，1932年在约翰·霍普金斯大学获博士学位，1933年在宾夕法尼亚州柯利奇维尔市的乌西纳斯学院执教物理，1941年又去宾夕法尼亚大学教授电力工程学。埃克特1919年4月9日生于美国的历史名城费城，1937年就近进入宾州大学金融学院，后转到莫尔电气工程学院，1941年大学毕业取得电气工程学士学位，并留校继续攻读研究生课程。

1941年，莫奇利了解到阿塔纳索夫(J. V. Atanasoff)正在研制电子计算机。阿塔纳索夫1903年生于美国纽约州的哈密尔顿。1939年他在美国爱荷华州立大学数学物理系任教，在求解各种数学物理方程时，繁杂的计算让他深感头痛，他感到有必要发明一种新式的计算工

莫奇利(左)和埃克特(右)

具。他在对当时流行的机械式计算机和机电式计算机做了深入分析后发现,提高计算机的运算速度,关键是要有高速运算的部件。当时电子管已发明,他认为使用电子管替代继电器制造的计算机或许能够实现高速运算。继电器开、闭一次动作的时间大约为 0.1 秒,而电子管花的时间只有百万分之一秒,显然,采用电子管替代继电器制造出来的计算机,其运算速度肯定会获得大幅度提高。于是,他和他的助手贝利(C. Berry)提出了在计算机中引进电子技术的设想,并向学校申报了设计制造方案。他们将计划制造的这台电子计算机命名为"Atanasoff-Berry computer",中文的意思是"阿塔纳索夫-贝利计算机",简称 ABC 计算机。

可惜由于当时条件的限制,阿塔纳索夫他们未能成功制造出这台计算机,但阿塔纳索夫研制计算机的设想给莫奇利很大的启发。莫奇利对气象学有兴趣,而研究气象预报也需要进行大量的计算工作,为了满足计算工作需要,他也萌发了研制高速运算计算机的念头。于是他开始着手设计采用电子管的计算机,并于 1942 年写了一份题为《高速电子管计算机装置的使用》的报告。这份报告很快就在莫尔学院里传阅开,引起不少教师、研究生和

阿塔纳索夫

高年级学生的浓厚兴趣，尤其是年轻的研究生埃克特，他深知莫奇利那份报告的价值。为此，他专门拜访了莫奇利，两人交换了电子计算机的设计思想。共同的志趣让他们一拍即合，开始一起研究一种更加完善的制造方案。然而，好事多磨，他们的方案被搁置了近一年。如果不是因战争的需要，电子计算机也许会经历更漫长的孕育期。

在第二次世界大战中，莫尔学院与美国陆军军械部有着不同寻常的关系，承担着为设立在马里兰州的阿伯丁试验基地弹道研究实验室培养人才和计算弹道的任务。1942 年，盟军进攻北非时遇到了一个很大的难题：由于北非的地面比马里兰州的地面软，原先的火炮射击表都不理想，必须重新计算弹道和编制射击表。莫尔学院和阿伯丁实验室的人员利用当时的计算机无论如何也完成不了这个任务。因为计算一个弹道平均需要进行 750 次乘法和更多次的加法、减法，如果考虑各种不同的初始条件（如方位角、炮口速度、气温和湿度、大气压等），对一种型号、一种口径的火炮做出完整射击表，需要计算2 000～4 000 个弹道。完成一个弹道的计算就要几个小时，即使用当时计算能力最强大的差分计算机，编制出一个射击表也要 30 天。那么多型号、那么多不同口径的火炮，完成全部的火力表要等到何时？当时全美国仅有 4 台差分计算机，莫尔学院只有 1 台，另外三台中的 1 台在通用电气公司，2 台在麻省理工学院。在这种情况下，研制比差分计算机运算速度快成千上万倍的电子计算机就成了当务之急。

莫奇利他们提出的那份研制新型电子计算机的方案，得到了军械部与莫尔学院之间的联络官戈德斯坦（H. H. Goldstine）的赏识，他让埃克特增补了一个附录，给出他们的制造方案将如何实现的具体资料，然后立即转交到军械部。1943 年 4 月 9 日，军械部决定采纳莫奇利他们的研制方案，拨了 40 万美元的研制费，由莫奇利任总设计师，埃克特任总工程师，召集了 200 多人参加建造。这台计算机被命名为“电子数值积分和计算机”（electronic numerical integrator and computer，ENIAC），中文译为“埃尼阿克”。

埃尼阿克的研制可谓经历了千辛万苦，克服了重重困难。埃尼阿克是只电老虎，消耗功率达 174 千瓦 ，耗能如此之高必须要有降温措施，据说它每天要用成吨的冰块来冷却，防止过热。它又是个庞然大物，安装了 18 000 多只电子管、7 200只晶体二极管、10 000多只电容、7 000多只电阻、1 500 只继电器，焊点有 5 万多个，重约 30 吨，占地面积大约为 200 米^2。这么多的电子元器件集合在一起，要从中找出发生故障的电子元件可是一件棘手的事，尤其是那些电子管，它们本身的寿命短，又容易损坏，如何保证计算机能可靠地运行，是一个相当严峻的问题。

世界上第一台电子计算机埃尼阿克

之前使用电子管最多的电子仪器是雷达，但也只有 200 只电子管，而埃尼阿克使用的数量是它的 90 倍。也正因为这个原因，埃尼阿克方案在讨论时也曾遭到多方质疑，认为该方案的可行性有问题。为了解决这个问题，埃克特花费大量精力，包括采用了一些有效办法以提高电子管的使用寿命和工作可靠性。比如，使电子管在“降工作额定”的条件下运行(即让电子管在远低于额定功率的条件下运行)，以及计算机开机后尽量不关机，避免开、关时产生的大电流冲击等。1945 年底埃尼阿克终于建成，1946 年 2 月在揭幕仪式上做了第一次公开演示。它的运算速度之快在当时可谓是无与伦比，每秒可做 5 000次加法、500 次乘法或 50 次除法运算，比当时运算速度最快的继电器式计算机快了 1 000 倍，比人工计算约快 20 万倍，显示了它强大的计算能力，也标志着一个新时代——计算机时代的来临。更重要的是，这台计算机培养和造就了世界上第一批计算机专业人才，其中包括后来也获得计算机先驱奖的卢科夫(H. Lukoff)、伯克斯(A. W. Burks)、赫斯基(H. D. Huskey)和华裔学者杰弗里·朱(Jeffery Chu)等。

不过，埃尼阿克也存在着一些不足，比如它不是存储程序式的计算机，编程是通过手工插接线的方式进行的。在埃尼阿克的研制过程中，埃克特和莫奇利已经发现了这个问题，并着手研究解决。1944 年 1 月 29 日，埃克特经过严密思考，写了一个有关磁盘计算机的报告，首次提出将程序和数据都放在磁盘上的设想，可以说这是最早出现的存储程序思想。但由于此时埃尼阿克的设计已经定型，电路的试制和安装也已基本完成，未能将这个新构想在埃尼阿克上实现。埃尼阿克的不足后来由计算机技术的先驱冯·诺伊曼完美解决。

冯·诺依曼的匈牙利原名是 János Neumann，1903 年 12 月 28 日生于匈牙利布达佩斯的一个犹太银行家家庭，1921 年入柏林大学，1923 年进入瑞士苏黎世联邦工业大学学习化学。1926 年他在苏黎世大学获得化学专业的学位。他通过在每学期期末回到布达佩斯大学参加课程考试，获得了布达佩斯大学数学博士学位。1930 年他接受了普林斯顿大学客座教授的职位，移居美国，1931 年成为美国普林斯顿大学第一批终身教授。

冯·诺依曼

1944 年，冯·诺伊曼参加原子弹的研制工作，该工作涉及极为困难的计算工作，因为在原子核反应过程的研究中，要对一个反应的传播做出“是”或“否”的回答。解决这一问题通常需要通过几十亿次的数学运算和逻辑运算，尽管最终的数据并不要求十分精确，但所有的中间运算环节均不可缺少，且要尽可能保持准确。他所在的洛斯阿拉莫斯实验室为此聘用了一百多名女计算员，利用台式计算机从早到晚进行计算，还是远远不能满足要求。被计算工作困扰着的冯·诺伊曼通过一次极为偶然的机会知道了埃尼阿克研制计划，他立即被这个新生事物吸引，并且预见到它的强大生命力。在随后对埃尼阿克的考察中，冯·诺伊曼看到了它存在的几个弱点，其一是没有真正的存储器。埃尼阿克只有 20 个暂存器，它的程序是外插型的，指令存储在计算机的其他电路中。这样一来，在解题之前就必须预先想好所需的全部指令，然后通过手工接通相应的电路。这就使得解题计算的准备工作往往要花几小时甚至几天时间，而计算工作本身只需几分钟，也就是说运算的高速与程序的手工操作存在着很大的矛盾。针对这个问题，诺伊曼提出了程序内存的思想：把运算程序存在机器的存储器中，程序设计员只需要下达在存储器中寻找运算的指令，计算机就会自行计算。这样就不必在进行新的计算时重新变换接线板,从而大大加快了运算速度。另外一个存在的问题是,埃尼阿克还依然采用10进制,冯·诺伊曼认为在电子计算机中采用二进制更好,这将大大简化机器的逻辑线路。二进制只有0和1两个数,容易表示,也容易实现,因为利用电子器件的截止和饱和这两个稳态,即高电平和低电平就可以表达0和1这两个数。同时,二进制的运算规则比十进制简单得多,这又可以极大地简化计算机的结构,还可以大大提高运算速度。第三项改进是采用多级存储器结构以及运算采用并行计算原理。冯·诺伊曼的这几项改进极具革命性,如果忽视了它们,计算机技术也许难以飞跃发展。

1945年6月,冯·诺伊曼等在共同讨论的基础上,提出了一个全新的通用电子计算机方案,即"离散变量自动电子计算机"(Electronic Discrete Variable Automatic Computer,EDVAC)方案,这台计算机的中文译名为"埃德伐克"。在这个新电子计算机方案里,计算机是由五个部分即运算器、逻辑控制装置、存储器、输入和输出设备组成,同时给出了这五部分的职能和相互关系。这个新方案几乎给出了现代电子计算机的一切特征,后来各种更新换代的电子计算机的计算性能虽然远比当初的埃德伐克好许多,但就基本结构来说几乎都是在它的基础上发展起来的。由于种种原因,冯·诺伊曼设计的这台新型电子计算机一直到1952年才在莫尔学院建成。埃德伐克使用了大约6 000个真空管和12 000个二极管,占地面积达到45.5米^2,不到埃尼阿克体积的1/3,重量达7 850千克,耗电功率为56千瓦。

更 新 换 代

电子计算机的运算元件主要是电子元件,随着电子技术的更新换代,电子计算机也跟着进步。冯·诺依曼设计建造的埃德伐克电子计算机使用的主要元件是电子管。电子管有一个非常大的缺点即使用寿命短,它的玻璃外壳也容易损坏,而且各个电子管的寿命都参差不齐。可想而知,用成千上万个电子管装备出来的计算机,其使用寿命不会很长,而且工作可靠性差,会不时出现故障。更困难的是,在几万个电子管中判断是哪只电子管损坏了并非易事,在短时间内很难把它找到。如果因为有电子管出现故障就把全体电子管更换掉,这代价又着实太大。电子管还有一个严重缺陷就是体积大、耗电量大,用电子

当年装在美国弹道研究实验室的埃德伐克

管装备起来的计算机体积庞大、重量极大。

电子计算机能够神机妙算，它的发展深受大众关注。能不能用别的电子元件代替电子管，自然也成为科学家们探讨的重要话题。1947 年 12 月，世界上诞生了一种新式电子管——晶体三极管。晶体管的使用寿命长、体积小、重量轻、耗电量小、坚固耐用，用它取代真空电子管制造出来的电子计算机无疑能升级换代，这就是第二代电子计算机。1954 年，晶体管的诞生地贝尔实验室开始着手研制晶体管电子计算机，经过两年的努力，于 1956 年研制成功。这台小型电子计算机用了大约 5 000 只晶体管，整台机器的体积很小，只有落地式音箱那么大，其耗电功率非常小，只有 160 瓦。这台计算机也很坚固可靠，把它往地上摔也无碍，不会给它的工作性能带来任何损害。这些均显示出晶体管电子计算机的优势。

用晶体管取代真空电子管后，电子计算机的体积的确大大缩小了，可靠性也获得了极大增强。但是，随着人们对电子计算机功能的要求不断提高，计算机使用的晶体管、电阻和电容器的数量也越来越多，可达几十万只，甚至几百万只。积少成多，大型电子计算机的体积又再次庞大起来，重量也大幅增加。怎样让计算机再能够变得轻巧？机会终于来了，1959 年，电子技术领域又出现一次大突破，诞生了集成电路，在一块米粒大小的硅片上，竟然能聚集成千上万只晶体管、电阻和电容！

人们对凡是采用晶体管的电子产品都开始考虑更换为集成电路，当然也想到了将电子计算机中的分立元件更换成集成电路，这样电子计算机肯定会变得更轻巧，而且工作稳定性也会更好。首先提出“更新换代”的是美国 IBM 公司，他们提出一个“360 计划”，研制全方位的集成电路电子计算机系列，即现在所说的第三代电子计算机。当时，IBM 的“360 计划”冒着巨大的风险，因而在内部不可避免地发生了激烈的争论。首先，按照这个计划，研制费用高达 50 亿美元，即使在今天看来也是一笔巨资,而 20 世纪 60 年代这无疑是一笔天文数字。IBM 的投资举动令当时整个计算机行业为之震动,有媒体说 IBM 公司是在进行赌博,这是美国工业史上最大的豪赌,是一笔赌注 50 亿美元的赌博。如果成功了,IBM 的确可以雄霸天下;如果失败了,IBM 将会破产。这件与公司命运悠关的大事自然在 IBM 公司内部引起了异常激烈的争论。

以公司首席副总裁利尔森(V. Learson)为代表的一方主张实施"360 计划"。利尔森毕业于哈佛大学,是一位有远见、有魄力的企业领导者,他认为,随着电子技术的发展,采用集成电路取代分立元件来构建电子计算机是大势所趋,即使 IBM 公司不施行,其他公司也一定会行动。与其以后被别人牵着鼻子走,不如自己先行一步,把主动权掌握在自己手里,使 IBM 公司在技术上继续保持领先地位。以公司通用事业部部长为代表的一方持相反意见,他们认为公司目前的第二代电子计算机生意兴隆,在美国和世界各地的行情看好,占据着 70% 的市场份额。如今推出第三代计算机,淘汰畅销的第二代计算机,是劳民伤财的愚蠢举动,无异于往自己脖子上套绳索。对此,利尔森反驳说,公司的计算机目前虽然表面上畅销,但在内部结构上已暴露出许多问题。20 多种不同型号的计算机,彼此之间缺乏通用性、兼容性,都要配置相互独立的软件和外部设备,在人力、物力上造成了很大的浪费。新研制的计算机则具有"兼容性",它意味着尽管各种计算机的型号有很大不同,但它们配置了相同的磁盘驱动器、打印机和其他配件设备,能够使用相同的软件。在这个关键时刻,需要不失时机地对本公司的产品进行整顿和改革。就这样,双方唇枪舌剑,各不相让。在这关键时刻,IBM 公司董事长沃森(T. Watson)支持变革创新,他也是一个富有战略眼光的企业家。在沃森和利尔森的耐心解说下,公司领导层中的有识之士也认清了形势:如不及早开发系列化、通用化和标准化的新产品,本公司的事业必将停滞不前。最后,公司的最高权力机构——执行委员会批准了"360 计划"。

1964 年 4 月 7 日,IBM 公司同时在美国 62 个城市和 40 个国家的首都举行了记者招待会,宣布他们的 IBM 360 计算机系统研制成功。IBM 360 有许多优势,比如重量轻、体积小、能耗低。同一型号的电子计算机,改用集成电路后,重量只有原来的 1/100,体积与功耗减少到原来的 1/300;运算速度也比第二代电子计算机快得多,第二代的运算速度大约每秒可进行乘法运算 3 万次,而第三代提高到 30 多万次。

另外，第三代电子计算机还有一个突出优点，就是这些计算机具有通用性、系列化和标准化，解决了第二代电子计算机彼此之间缺乏通用性、兼容性，为此必须配制相互独立的软件和外部设备，造成很大的人力和物力浪费的问题。从此，IBM 真正登上了世界电子计算机业霸主的宝座。IBM 公司不仅是世界上最大的计算机制造公司，也是一个具有先进水平、很大规模的元器件生产研制公司。

集成电路诞生后便一路迅猛发展，在 20 世纪 60 年代末期和 70 年代中期，分别出现了大规模集成电路和超大规模集成电路，一块如同黄豆般大小的硅片上可装有成万只电子元件和几十万只电子元件，随即它们也被引入电子计算机中，引发了计算机的又一次更新换代。由大规模和超大规模集成电路组装成的电子计算机，被称为第四代电子计算机，它的体积更小、重量更轻，而运算速度更快，存储信息的能力更强大。与第一代电子计算机埃尼阿克相比，假设它们的功能一样，第四代电子计算机的体积只有埃尼阿克的 30 万分之一，重量为 6 万分之一，耗电量是它的 5 万分之一，可靠性却提高了一万倍。

第四代电子计算机有一个特点：计算机能够与通信网络结合起来，换言之，电子计算中心和分布在各地的终端设备联系起来构成了计算机网络化。终端设备通常是一个键盘和一台显示器，你只需操纵键盘，将需要索取的信息和需要解决的问题“告诉”计算机网络，答案很快就会自动显示在面前的显示器屏幕上。

这四代计算机，虽然运算速度一代比一代快，存储容量一代比一代大，性能也一代比一代强，但在结构上都是按照冯·诺伊曼提出的原理设计的，因此都属于冯·诺伊曼体系，主要区别在于运算基本元件的改变，即从电子管、晶体管、集成电路到超大规模集成电路。由于集成电路的制造工艺在理论上差不多已接近极限，因此很难再进一步提高电子计算机的运算速度。同时，这些计算机在功能上也还存在一些不足，比如不能直接处理符号、文字、图像、图形、语言和声音等非数值信息，在使用上没有专门知识不容易掌握。

要克服这些缺点以及再大幅度提高计算机的运算速度，科学家认为，这需要在设计思想上有创新，设计研制非冯·诺伊曼结构的新型计算机，即第五代计算机。第五代计算机被称为“智能计算机”，它是一种有知识、会学习、能推理的计算机，具有理解自然语言、声音、文字和图像的能力，人与计算机之间能够用自然语言直接对话，不必编写程序，只需发出命令或提出要求，计算机就会完成推理和判断，并且给出答案。这种电子计算机突破了传统的冯·诺伊曼式计算机的概念，舍弃了二进制结构，把许多处理机并联起来并行处理信息，运算速度获得大幅提高。

不过，目前实际使用的依然还是第四代计算机，第五代计算机尚未真正推出。研制中的第五代计算机大概有以下几种。

生物计算机

生物计算机是以蛋白质分子构成的生物芯片作为集成电路构造的计算机。科学家通过研究生物组织体，发现有些有机物中的蛋白质分子像开关一样，具有“开”与“关”的功能。因此，人类可以利用遗传工程技术，仿制出这种蛋白质分子，用以代替晶体管做计算机的运算元件。

生物计算机会拥有很多优点，首先，蛋白质分子比电子元件小很多，可以小到只有几十亿分之一米。生物芯片本身具有天然独特的立体化结构，其密度要比平面型的硅集成电路高五个数量级。另外，生物芯片本身还具有并行处理的功能。因此，预计生物计算机的运算速度会比当今巨型计算机还快 10 万倍，而其体积和重量也将大大缩减。生物芯片中传递信息时受到的阻力很低，所以它的能量消耗很低，大约只有电子在固体中传递时所消耗能量的 10 亿分之一，预计生物计算机的能耗将来仅相当于普通电子计算机的 10 亿分之一，这就保证了计算机能够长时间稳定地工作。

其次，生物体具有自我修复功能，同样，生物计算机也拥有这种功能。当它的内部芯片出现故障时，不需要人工修理，可以自我修复。所以，生物计算机具有永久性和很高的可靠性。

在各种生物计算机设计方案中，科学家认为 DNA(脱氧核糖核酸)计算机发展潜力最大。1994 年 11 月，美国计算机科学家阿德尔曼(L. M. Adleman)用一种非同寻常的方式即 DNA 方式，解决了一个非常著名的问题——哈密尔敦直接路役问题，提出了 DNA 计算机的设想。DNA 处于不同状态时可以代表信息的“是”或“非”，类似于晶体管的“通”和“闭”这两种状态。DNA 分子中的遗传密码相当于存储的数据，DNA 分子间通过生化反应，从一种基因代码转变为另一种基因代码。反应前的基因代码相当于输入数据，反应后的基因代码相当于输出数据。通过控制 DNA 分子间的生化反应，就可以完成运算，运算速度可以超过现代超级计算机的 10 万倍。阿德尔曼的设想引起了世界各国科学家极大的关注，1995 年，来自世界各国 200 多位有关专家一起进一步探讨了DNA计算机的可行性，并积极开展研究。2001年，以色列科学家在《自然》杂志上宣布，他们已经研制出一种由DNA分子和酶分子构成的微型“生物计算机”。他们使用两种酶作为计算机的“硬件”，以DNA作为“软件”，输入和输出的“数据”都是DNA链。该计算机不过只有一滴水的大小，比较原始，也没有产生任何相关应用，但这是未来DNA计算机的雏形。2002年2月，DNA计算机的研究又有更进一步的发展，日本奥林巴斯(Olympus)公司宣布，该公司与东京大学联合开发出了全球第一台能够真正投入商业应用的DNA计算机。他们开发的这种DNA计算机，包含分子计算组件和电子计算机部件两部分，前者是用于计算的分子DNA组合，以实现生化反应，搜索并筛选出正确的DNA结果，后者则可以对这些结果进行分析。预计，这种DNA计算机不久将正式投入商业化应用。

DNA计算机的研究还让我们对“计算”有了更深层次的认识，计算不仅仅是一种物理性质的符号变换，也可以是一种化学性质的符号变换，即不再是物理性质的“加”、“减”操作，也可以是化学性质的切割和粘贴、插入和删除。这种计算方式的变革具有划时代的深远意义，它将彻底改变计算机硬件的性质，改变计算机基本的运作方式。

光子计算机

光子计算机利用光子取代电子进行数据运算、传输和存储。在光子计算机中，不同波长的光代表不同的数据，这远胜于电子计算机中通过电子“0”、“1”状态变化进行的二进制运算，所以光子计算机可以对复杂度高、计算量大的任务实现快速的并行处理。光子不带电荷，它们之间不存在电磁场的相互作用，在自由空间中光束能够平行传播、相互交叉传播，彼此之间不发生干扰，千万条光束可以同时穿越一只光学元件而不会相互影响。也就是说，光计算有非常好的并行运算性，可以获得极高的运算速度。虽然很多巨型计算机也采用并行信息处理技术，让成百甚至成千的芯片联合共同处理一项任务，以期获得极高的运算速度，但是，计算机使用的集成电子器件因为受量子效应的干扰，集成密度受到限制，理论上的集成密度最高为每块芯片10亿个晶体管(实际上的数量比这个数要低许多)。同时，对于电子计算机来说，电子是信息的载体，它在半导体集成电路中穿越时会受到阻挡，影响运动速度，比如，电子在硅元件内的运动速度是每秒60公里，在砷化镓材料内的运动速度是最高的，也不过是每秒500公里。此外，电子只能通过一些相互绝缘的导线来传导，在导线中的运动速度即使在最佳的情况下也只有光速的千分之一，光的传播速度则是每秒 30 万公里。目前，电子计算机中采用的晶体管的“开”、“关”变换一般需要万分之一秒。所以，尽管电子计算机的运算速度不断提高，但明显存在上限。随着电子元件装配密度不断提高，导体之间的电磁作用不断增强，散发的热量也逐渐增加，这也会制约电子计算机的运算速度。

光子既可以在真空中传播，也可以在介质中传播，传播速度比电子在电子元件中的传播速度快大约 1 000 倍。同时，光开关的状态变换很快，只需要约亿分之一秒。因此，可以预计，光子计算机会获得比电子计算机高得多的运算速度。据推测，未来光子计算机的运算速度可能比今天的超级计算机快 1 000 倍以上。再者，光子的传导可以不需要导线，而且即使在相交的情况下，它们之间也不会产生丝毫的相互影响。光子的无导线传递信息以及并行的信息通道，使得光子计算机能够获得超大规模的信息存储容量。此外，驱动光子计算机运转的能量，只需要同类规格电子计算机驱动能量的一小部分，大幅降低了电能消耗，机器散发的热量大为减少，使用环境条件的要求也比电子计算机低许多。

光子计算机由光学反射镜、透镜、滤波器等光学元件和设备组成。有模拟式与数字式两类光子计算机，模拟式光子计算机直接利用光学图像的二维性，结构比较简单。这种光子计算机现在已用于卫星图片处理和模式识别工作。数字式光子计算机的结构方案有许多种，其中认为开发价值较大的有两种，一种采用电子计算机中已经成熟的结构，只是用光学逻辑元件取代电子逻辑元件，用光子互连代替导线互连；另外一种采用全新的、以并行处理(光学神经网络)为基础的结构。

1990 年初，美国贝尔实验室成功研制了一台光学数字处理器，光子计算机的研制向前迈进了一大步。不过，就在目前来说，光子计算机在功能以及运算速度等方面，还赶不上电子计算机，现在实际使用的主要还是电子计算机，电子计算机仍在不断发展。但是，从发展的潜力大小来说，显然光子计算机比电子计算机大得多，特别是在对图像处理、目标识别和人工智能等方面，光子计算机将来发挥的作用会远比电子计算机大。况且近十几年来，光子计算机的关键技术，如光存储技术、光互联技术、光集成器件等的研究都已取得突破性进展，为光子计算机的研制、开发和应用奠定了良好基础。

超导计算机

散热是超大规模集成电路构造的电子计算机发展面临的大难题

之一，缘由是密集排列的电路在工作时会产生大量的热。超导元件和电路的发热量几乎为零，用它们构造的超导计算机不存在散热问题，同时它们也可以使计算机的运算速度大大提高。超导计算机使用的元件主要是约瑟夫森元件，这是根据约瑟夫森提出的超导隧道效应制成的元件，由超导体-绝缘体-超导体组成。当在其两端加上电压时，电子便会像通过隧道一样，不受阻挡地从器件中那层绝缘体中穿越，在电路中产生的电流微小，约瑟夫森元件两端的电压随即消失。除了产生的热量极低之外，约瑟夫森元件的开关速度也极快，大约是皮秒(即 10^{-12}秒)，这是当今所有的电子器件、半导体器件、光电器件都无法比拟的。因此，预计超导计算机运算速度会比现在的电子计算机快 100 倍，而电能消耗仅是电子计算机的千分之一。如果一台大中型电子计算机每小时耗电 10 千瓦，那么同样规格的超导计算机就只需一节干电池就可以工作了。日本超导技术研究所与企业合作，研制成功了世界第一台完善的超导计算机，它采用四个约瑟夫森大规模集成电路芯片，每个芯片体积是 3～5 毫米^3，由上千个约瑟夫森元件组成。

虽然超导计算机已经制造成功，但是，它的发展受到超导技术的制约。这种计算机什么时候可以得到实际应用，主要视高温超导技术的发展水平而定。

大型和微型电子计算机

电子计算机进入第四代时，开始向两个方向发展：一是朝高速大型的电子计算机发展，另一个是朝小型和微型方向发展。所谓大型计算机不是单指体积和质量大，而是指运算速度快、存储量大、功能强、可靠性好，每秒可运算亿次以上的计算机。大型电子计算机主要用于空间技术、天气预报、宇宙空间研究、航空动力学分析计算、尖端工程的设计、国防建设等方面，它是当代一个国家科学技术和工业发展水平的重要标志，体现了一个国家的科学技术实力。

提到大型计算机，我们不能忘记两位科学家，一位是美国伊利诺伊大学的斯罗特尼克(D. Slotnick)，他是巨型计算机的先驱。从 20 世纪 60 年代初开始，他就在考虑如何提高电子计算机的运算速度，并提出了一个提高运算速度的创新方法——并行计算。基于这种办法，他设计了一种单指令流-多数据流系统，采用一个公共的控制器和许多个运算器协同运算，这好比许多人在一起共同携手做计算。斯罗特尼克预计采用这个办法设计的计算机运算速度可达每秒 10 亿次，比当时运算速度最快的计算机快 500 多倍。1965 年，美国国防部高级研究所审查了斯罗特尼克的设计方案，并拨款给他研制。这台计算机的名称是"伊利阿克"(Illinois Automatic Computer, ILLIAC)。不过，研制工作并不顺利，历经 10 年才得以成功，运算速度也没有预期的高，每秒只有 1.5 亿次。但是，它的成功有着深远的意义，推动了并行计算机的发展。

克雷

另外一位科学家是克雷(S. Cray)，在所有超级计算机的研制者中，他被誉为"超级计算机之父"。克雷 1925 年出生于美国威斯康辛州一个工程师家庭，1950 年获明尼苏达大学电气工程学士学位，他有幸经历了几代计算机的演变过程，积累了设计制造电子计算机的丰富经验。1957 年，克雷创办了控制数据(CDC)公司。1963 年 8 月，他们抢在 IBM 360 计算机发布之前，宣布研制成功 CDC 6600 计算机，其运算速度达每秒 300 万次；1969 年他们又推出改进型 CDC 7600，每秒运行1 000万次，克雷因此也成了举世闻名的大型和巨型计算机总体设计专家。1959 年集成电路发明后，克雷立即想到采用这种新电子元件建造计算机。当时，发明集成电路的仙童半导体(Fairchild Semiconductor)公司还不清楚集成电路会有些什么具体的用处，也希望在实用方面进行验证，于是他们双方很快便达成合作协议，仙童公司为克雷提供专门设计的集成电路，克雷则负责设计和研制使用它们的计算机。1976 年，享誉全球的 Cray-1 计算机安装完成，一共安装了 35 万块集成电路，占地面积大约 7 米^2。Cray-1 的功能很强，可以同时进行加法、乘法等操作，运算速度达到每秒 2.4 亿次，相当于 IBM 370 大型机的 40 倍。接着，克雷又先后成功研制功能比 Cray-1 更强的 Cray-2 和 Cray-3，前者的运算速度达每秒 8 亿次，后者比前者还快 5 至 10 倍，很多以前需要几年才能完成的运算工作，在 Cray-2 上就只需要 1 秒钟时间便可完成。克雷去世后的第二年，在超级计算机会议 Supercomputing 97 上，美国电气和电子工程师学会下属计算机协会(IEEE－CS)与硅谷图形公司-克雷研究所(Silicon Graphics/Cray Research)宣布，由后者出资28万美元建立一个IEEE－CS新的奖项——“克雷计算机工程奖”(Cray computer Engineering Award)，以纪念这位大型计算机先驱，奖励在高性能计算机开发上作出卓越贡献的科学家。

1971年，电子计算机技术又涌现一项惊人新成就，英特尔(Intel)公司(Intel由Integrated和Electronics两个单词组合成，象征公司将在集成电路市场上飞黄腾达)的工程师霍夫(T. Hoff)发明了微处理器，开创了电子计算机发展的一个新里程碑。霍夫1937年10月出生在美国纽约州的曼彻斯特，在市郊的北奇利村附近长大。父亲是电气工程师，在通用铁路信号公司工作。1954年，霍夫进入纽约州特洛伊的伦塞勒综合工学院攻读电子工程。大学期间每年暑假都到通用铁路信号公司的电子实验室做技师，对电子磁道电路的部分设计提出了多项改进意见，并获得两项专利。大学毕业后，他去斯坦福大学读博士，主要学习研究晶体管理论，并且很快参加了半导体的研究工作。在获得博士学位之后，他作为副研究员留在斯坦福大学。1968年英特尔公司成立，开始搜罗研究与开发人员，经斯坦福大学极力推荐，霍夫受聘担任英特尔公司的研究与开发工作。1969年，霍夫提出一个大胆的设想：把一台计算机放在一个芯片上，这样不但使计算器变得简单，而且成本也大为降低。

霍夫

霍夫是这样构想他的计算机芯片：加大芯片的集成度，使功能亦随之增强；芯片的输入信号构成对集成电路的一系列指令，输出信号送出数据或用以控制其他芯片。这是一个大胆的创新，但公司内大部分人对他的设想并不感兴趣，当时人们心目中的电子计算机应该是一台大型设备，大多数计算机设计人员的兴趣都集中在设计大型计算机上，对小型计算机不感兴趣，对霍夫的设想也不予支持。幸好英特尔公司的高级经理诺伊斯(R. Noyce)对霍夫的设想给予积极支持，原来诺伊斯也持有同样的想法，早在20世纪60年代的一次会议上他就预言，将会诞生一种装在一个芯片上的电子计算机。在诺伊斯的帮助下，霍夫说服了刚从仙童公司到英特尔公司的马佐尔(S. Mazor)与他合作，共同研究这种微处理器。1970 年 3 月，仙童公司另外一位研究人员费金(F. Faqin)也转到英特尔公司来工作，他为霍夫的微处理器画了芯片的格式和线路图。经过大家的努力，1971 年 1 月，微处理器终于研制成功，在它里面集成的晶体管有2 300只，但它的重量很轻，还不到 30 克；体积也很小，长不足 4.3 毫米，宽不足3.2毫米，可以装进一只小小的火柴盒里，它的运算速度不慢，与世界第一台电子计算机埃尼阿克差不多。英特尔公司为这第一只微处理器定名为"Intel 4004"型，这里的第一个数字"4"代表此芯片是客户订购的产品编号，最后一个"4"代表此芯片是英特尔公司制作的第四个订制芯片。这种数字代号做法还延用至今。

世界上第一只微处理器 Intel 4004

Intel 4004 微处理器的核心电路

Intel 4004 芯片配上程序存储器、数据存储器、移位寄存器，再加上键盘和数码管，就构成了一台完整的微型计算机，实现了把计算机装进芯片的愿望。自从 Intel 4004 问世后，微处理机的发展日新月异，产品大规模涌现，推动着微电子行业技术的进步及产品的更新换代。

微处理器是造就计算机产业腾飞的三大发明之一，它的发明使得计算机能够小型化，让更多的人能够使用计算机，计算机的使用范围越来越大。现在，微型计算机已进入家庭，渗透到国民经济的各个部门，改变了人类的生产方式和生活方式。

霍夫的这项重大发明给英特尔公司带来了巨大财富，然而，对霍夫来说，他既没有享受到巨大的财富，也没有因此获得什么特别的荣耀。对于自己的成就，霍夫一向保持着低调。他认为一种不为公众所瞩目的形象更有助于他继续从事新产品的开发。不过，人们并没有忘记霍夫对计算机事业作出的贡献，他的确无愧于 20 世纪最伟大的科学家之一，著名的《经济学家》杂志也将霍夫称作是“第二次大战以来最有影响的 7 位科学家之一”。后来英特尔公司也授予他“英特尔研究员”的称号。从计算机发展史来看，在计算机原理与结构方面，冯·诺依曼被尊为计算机之父，而霍夫是推动计算机走向微型化的缔造者。

第5章　控制电子群

——电子管、晶体管、集成电路和芯片

电子管的发明，使得人类能够控制成群电子，开创了电子技术的新纪元。电子技术是现代生活和现代生产的关键技术，它改变了人类的活动空间、生产活动和文明生活。如今，偌大一个世界彷佛变成一个“地球村”，我们可以随时随地相互交谈、通信，这些的实现完全依靠了由各种电子器件装备起来的远程无线电通信、无线电话、广播、电视、雷达、导航等设备。

真空电子管

1883年，美国发明家爱迪生(T. A. Edison)在进行电灯性能改进实验时，为了延长电灯的使用寿命，他在真空灯泡里靠近碳灯丝处装上一段金属铜薄片，目的是希望这块铜片阻止碳灯丝的蒸发，以期延长灯泡的寿命。实验结果让他失望，没有达到他原先的目的。但在实验中却意外发现一个奇怪现象：在灯丝和这根新装的金属薄片之间出现了微弱的蓝色辉光！在真空的环境中彼此没有接触的灯丝与金属片之间竟然会有电流通过，这在当时的确是件不可思议的事情，因为电荷似乎只能沿着导线流动。爱迪生当时认为这个现象对他改进电灯的性能帮助不大，所以他也就没有再进一步研究，只是把这个现象记录在笔记本上，申报了一项未找到具体用途的专利。后来人们把爱迪生发现的这个现象称为“爱迪生效应”。

事隔10多年后的1897年，那时候汤姆孙(J. J. Thomson)已经发现电子，英国物理学家理查森(O. W. Richardson)忽然想起沉睡多年的“爱迪生效应”。理查森1879年出生于英国约克郡的杜斯伯里，1904年获英国剑桥大学硕士学位，留在卡文迪什实验室从事热离子研究工作。他分析了爱迪生效应后认为，那是由受热的金属片本身发射的电荷所产生的。他根据分子运动论做了如下假设：在受热导体内部的自由电子，只要它们的动能足够大，足可以克服导体内部正电荷对它们的吸引力，这些自由电子就可以来到导体的表面，并有可能

从表面逃逸出去。爱迪生在实验中观察到的没有接触的灯丝和金属片之间的电流，就是由逃逸出来的电子形成的。理查森还根据这个设想建立了金属中的自由电子动能随着温度变化的规律，这就是以他名字命名的“理查森定律”。理查森的导体热电子发射见解以及理查森定律，为电子开始服务于人类打下了理论基础，为此，理查森获得了1928年度的诺贝尔物理学奖。

英国电气工程师弗莱明(J. Fleming)受爱迪生效应和理查森研究工作的启发，提出一个新设想：在灯泡里安装一只将灯丝包围的薄金属圆筒，这只金属圆筒称为阳极，灯丝称为阴极。然后给灯丝通电流加热，根据理查森定律，灯丝将往外发射电子。由于电子带负电荷，所以当阳极上加正电压时，从灯丝发射出来的电子就会源源不断地朝阳极方向跑，结果在阳极和阴极之间就通有电流。如果在阳极上加负电压，就会阻止电子往阳极跑，此时阳极与阴极之间就不会出现电流。

弗莱明

世界上第一只真空二极管

1904年，弗莱明设想的实验获得了成功。后来，他为了让阳极能够接收到从阴极发射来的更多电子，把金属圆筒改成金属板，并相应地把阳极称为“板极”。板极的热容量比较大，可以避免因加热产生的热烘烤和因热电子轰击而出现温度过高的问题。由于在真空管内只有一个板极和一个阴极，所以人们称它为“真空二极管”或“电子二极管”，简称“二极管”，它的发明意味着现代电子学诞生。二极管具有单向导电的性能，因此它可以用来整流和检波。检波是从调幅波中取出所携带信号的过程，经过检波的电信号达到足够功率时，就可以使耳机或者喇叭发出声音。

美国发明家德福雷斯特(L. De Forest)对弗莱明的电子二极管做进一步改进,发明了电子三极管。德福雷斯特1873年出生于美国南部阿拉巴马州的一个黑人家庭,1899年在耶鲁大学获哲学博士学位。他是美国杰出的发明家,先后获得500个专利。德福雷斯特下决心发明一种比弗莱明二极管性能更好的电子元件还是受马可尼(G. Marconi)一番话的启发。马可尼是意大利的物理学家,1874年出生于意大利博洛尼亚,他是实用无线电报系统的发明人,获得1909年度诺贝尔物理学奖,1930年被选为意大利皇家学院院长。1899年在纽约举行的一次国际快艇比赛上,马可尼应邀参加,用他发明的无线电装置报道了比赛实况。马可尼在一艘停在港口的军舰上,即时把快艇比赛的消息用无线电报拍发给设立在岸上的无线电站,然后再通过电报线把消息传给《纽约先驱论坛报》。在5个小时的赛事里,报社总共收到马可尼发来的4千多字的新闻报道,这种迅速的即时报道在当时新闻界还属首次,令记者们大开眼界。为了满足观众的好奇心,马可尼又在港口为公众做了一次现场电报表演,而德福雷斯特也因此获得机会与马可尼见面。马可尼告诉德福雷斯特,要提高电报接收机的灵敏度,关键是革新现在使用的金属屑检波器。马可尼的一番话给德福雷斯特留下非常深刻的印象,他决定要发明更先进的检波器。他试验过好几种检波器,但性能都不理想。这时他得知弗莱明发明了真空电子二极管,觉得这是一个发展方向。他对二极管做了深入分析后发现,弗莱明发明的电子二极管虽然比当时用银粉末和镍粉末制成的金属屑检波器进步,但它只能用于整流和检波,却不能放大电信号,它应该可以具备放大性能,但需要再做改进。德福雷斯特在阴极附近装了一小块金属网,称它为“栅极”。

德福雷斯特

当栅极加正电压时,可以使得从阴极发射出来的电子加速飞向阳极;如果在这个栅极上加负电压,那么可以更好地抑制阴极发射飞往阳极的电子。这样,在栅极上加数值变化的电信号,就可以控制阴极和阳极之间的电流信号，而且在栅极上加的控制信号有小幅变化，阴极与阳极之间的电流信号就会发生大幅变化。换言之，增加栅极后的电子三极管就拥有了放大电信号的功能。1907 年，德福雷斯特向美国专利局申报了真空三极管的发明专利。弗莱明发明的电子二极管只有整流和检波两种功能，而德福雷斯特发明的三极管有整流、检波和放大信号三种功能，显然性能比二极管好多了。

第一只电子三极管

德福雷斯特获得了三极管发明专利后，便开始发掘它在无线电通信中的发展潜力。但是，理解该发明价值的人不多，他本人甚至还惹上了官司。由于受到合伙人的欺骗，德福雷斯特创办的公司曾两度倒闭，有人控告他的公司推销积压产品，进行商业诈骗，他在 1912 年收到美国纽约联邦法院的传讯，法官在判决时甚至说德福雷斯特发明的电子管是一只“毫无价值的玻璃管”。不过，德福雷斯特对自己的发明并没有失去信心，他在法庭上义正言辞地驳斥了法官的诽谤。

德福雷斯特顶住随时可能入狱的压力，来到加利福尼亚州旧金山附近的一个小城镇帕洛阿尔托(Palo Alto)，找了一个清静的地方继续改进他的三极管。现在，帕洛阿尔托已经发展成为全球闻名的硅谷。帕洛阿尔托这个名字来源于两个西班牙词，“Palo”的意思是树，“Alto”的意思是高。所说的那棵“高树”现在还存在，专家估计该树的年龄已经超过一千岁了。著名的施乐帕洛阿尔托研究中心成立于该市，该研究中心拥有许多高科技成果以及多项高科技产品，如以太网、Smalltalk 程式语言、激光打印机、图形用户界面、鼠标等。这里还有世界闻名的斯坦福大学，该校与帕洛阿尔托有着悠久的历史渊源，大学的创立者斯坦福(L. Stanford)成功地推动了在 1895 年建立帕洛阿尔托市。德福雷斯特在这里进行了几只三极管联合使用的试验，结果让他非常激动，竟可以把接收到的微弱电信号放大几万倍甚至几十万倍。

德福雷斯特的新成就终于给他带来了好运气。大约在 1909 年，美国电话电报(American Telephone & Telegraph，AT&T)公司的新总裁韦尔(T. N. Vall)雄心勃勃，要建立跨大陆的电话通信，在全球开展电话服务。然而，在实施这一项壮举时遇到了非常大的麻烦，电话信号传送超过 3 000 公里便减弱到无法接听。要想实现跨大陆电话通信，必须在电话线路上每隔一段距离设立一个中继站，给衰减变弱的信号补充能量，让它的强度重新恢复。可是，如何把变得微弱的电信号变强？1912 年，美国电话电报公司的科学家和工程师们了解到德福雷斯特发明的电子三极管有放大电信号的作用，于是邀请他到公司演示他的三极管，参加演示会的人员中有物理学家阿莫尔德(H. Amold)，他当时正受命开发这种中继器。他一下就发现三极管能用来制成所需要的中继器。1914 年，美国电话电报公司利用电子三极管成功制造电子信号中继器。美国东海岸到西海岸长达 5 500 公里横跨大陆的电话线路上，分别在匹兹堡、奥马哈和盐湖城安装了这种中继器。1914 年 7 月，总裁韦尔首次利用这条电话线路通话。1915 年 1 月，在旧金山举行了横跨大陆的电话线路开通仪式，美国总统威尔逊(W. Wilson)从白宫给加利福尼亚的听众打电话说："这看起来好像可以在全国范围内通话。"公司的旧金山分部和纽约分部的高层管理人员也彼此通了电话，当时从旧金山到纽约需要花 5 天时间，如今有了电话，身在异地的人们便好像在同一个房间交谈，这不能不让人称奇惊讶。为了表彰德福雷斯特开创电子技术新纪元的贡献，如今在小镇帕洛阿尔托的德福雷斯特旧居竖立了一块纪念碑，上面写有：李·德福雷斯特在此发现了电子管的放大作用。

固态电子管

真空电子管的发明，使电子技术发生了根本性的变革。但是，随着应用范围的扩大，它的一些缺点也渐渐暴露出来，比如，体积大、耗能多、操作前需要预热、维护困难、容易破碎等。

1928 年，凯利(M. Kelly)担任了贝尔实验室(Bell Telephone Laboratories)真空电子管部的负责人。贝尔实验室成立于 1925 年，是以电话发明人贝尔(A. G. Bell)名字命名的实验室。它是当今世界最大的工业实验室之一，单从获得诺贝尔物理奖的人数来说，在美国所有的研究机构中位居第一。1936 年，凯利又被提升为研究部主任，他是一位具有博士学位的物理学家，一直在主持真空电子管的开发工作。他非常了解真空电子管存在的缺陷，决心研制固体电子放大器用以替代这些已经被广泛应用于贝尔技术系统的真空电子管。他的这个想法是有技术基础的。早在 1874 年，德国物理学家布劳恩(F. Braun)已经发现电流信号在方铅石或硫化铅晶体中沿某个方向比沿其他方向通过更容易，如果把与这种晶体接触的两根金属导线的接触点压进晶体中，那么电流只能沿着单一方向流动，其性能类似于真空二极管。人们利用这个现象制成了晶体检波器，它在检测和转换无线电信号方面的性能比当时常常使用的粉末检波器好得多。此外，在 20 世纪 20 年代，氧化铜检波器诞生，它是用在金属铜的表面生成的铜氧化层制成的，也是一种固体电子整流器件。所以，凯利认为使用固体材料制作电子放大器是有可能的，而研制这种器件最合适的人选应该是从事固体物理研究的科学家。于是他咨询当时在实验室工作的固体物理学家肖克利(W. Shockley)博士，请他提议研制固体电子器件的方案。

肖克利

肖克利是美国著名科学家，1910 年 2 月出生在英国伦敦，1936 年在美国麻省理工学院获哲学博士学位，随后在美国贝尔实验室从事技术工作。肖克利凭着他在固体物理学方面的丰富知识，认为半导体应该是制作固体电子放大器的合适材料。

半导体是物理学家在 20 世纪 20 年代末到 30 年代初开始认识的一类新物质，铜的氧化物、锗、硅等就是几种大家比较熟悉的半导体材料。半导体材料有一些特别的性质，比如，当温度升高时它的电阻率会减少，而绝大多数金属导体的表现则相反；其次，半导体对光辐射非常敏感，光辐射能使它在受光照的两个不同点之间产生电势差。不过，当时正逢第二次世界大战，一切科学研究都为军事服务，研制固体电子放大器的工作也就不得不暂时搁置，一直到 1945 年 8 月战争结束之后，凯利才在贝尔实验室重新展开这项研究工作，并成立了以肖克利、巴丁(J. Bardeen)和布拉顿(W. H. Brattain)为核心的固体物理研究小组，力图制成一种既没有真空电子管的缺点、又能够放大电信号的固体电子元件。

巴丁 1908 年 5 月出生在美国威斯康辛州的麦迪逊，1936 年在普林斯顿大学获哲学博士学位，他曾两度获得诺贝尔物理学奖。布拉顿 1902 年 2 月出生在中国福建省厦门市，在美国华盛顿州度过了童年和青年时代，1928 年在美国明尼苏达大学获哲学博士学位，1929 年起到美国贝尔电话实验室工作，一直到1967年。在长达38年的时间里，他专心从事半导体物理学和热离子学等方面的专题研究，对固体表面性质的研究尤为擅长。

肖克利、巴丁和布拉顿(从左至右)

研究小组成立不久，他们很快就确定以锗、硅半导体材料为研究对象。肖克利从理论上预计，假如半导体薄膜的厚度与表面空间电荷层厚度差不多时，可以利用垂直于表面的强电场把电子从半导体材料内部吸引到表面，在表面形成电荷层，增强表面的导电性能，这就是所谓的“场效应”。利用这个效应，对半导体薄膜垂直施加电场便可以控制横向流过的电流，实现对电信号的放大。不过，在初期的实验中未能明显地观察到放大效果，而且还出现了一些令人纳闷的现象。比如，在距半导体上方不到1厘米处加1 000伏电压，在如此强的电场作用下照理应该可以使电子向半导体表面集聚，出现沿平行于表面的电流脉冲，然而结果并没有探测到。而且，在表面聚集的电荷数也与预计数相差了大约1 500倍。

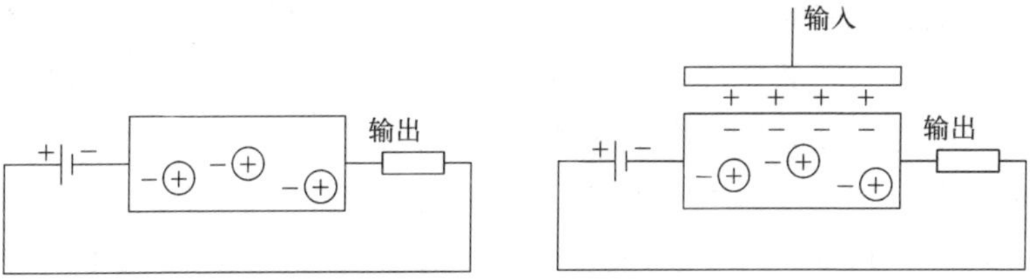

肖克利的场效应概念图 给外部电极板充电，使得半导体表面生成负电荷层，增强表面层的导电性即可放大通过的电流。

这时，巴丁发挥了他在半导体的体内和表面现象等方面的研究专长，提出表面态、表面能级等概念，试图解释肖克利在实验中出现的困惑情形。巴丁设想，如果某些电子来到表面时便被捕获，那么这些电子就会形成屏蔽层，阻止外加电场往半导体内部穿透，在内部的电子当然也就不受外加电场的影响，结果，在半导体表面上聚集的电荷数量会很少。如果不出现这种表面态，强电场应该能够深入到半导体的纵深区，肖克利设想的那个场效应应该会实现。但是，如果这种表面态真的存在，那么半导体的检波特性又该如何解释？这两种现象如何共存？为此，巴丁又再次深入研究他设想的半导体表面态。他认为，电子聚集在半导体表面层，在这电子层正下方将会出现一正电荷层，这种双层电荷层结构是半导体表面的固有特性。这就可以解释肖克利所预言的场效应观测不到的原因，也能够解释半导体具有的检波性能和光伏效应。如此看来，要想观察到肖克利提出的场效应以及制造出固体电子放大器，就需要设法消除半导体的表面态效应。

对此，布拉顿想了一个办法，他对肖克利原先观察场效应的实验装置做了一点改进，让半导体表面与垂直的外电极之间充满液体，液体以既包含正离子又包含负离子类似水的电解质为好。在这种情况下，由电解质产生的那些运动离子将向半导体材料表面迁移，使表面的电荷粒子数量发生增加或者减少。布拉顿发现在电极上加足够高的电压时，在半导体表面原先那层负电荷层果然消失，即克服了表面态效应，外加的电场此时就能够对半导体内部起作用，或者说，制造半导体电子放大器的困难有望解决了。巴丁建议布拉顿对实验装置再改进一下：用金属丝接触半导体，并在其周围注满电解质，这么一来，通过改变加在电解质上的电压，便可以改变此接触点下方的半导体的导电性，从而可以控制流入到接触点上的电流了。

说干就干，巴丁和布拉顿找来一根钨丝，在它的末端涂上熔化的蜡，目的让钨丝末端变成绝缘体，而顶端保持导体特性。然后在一片带有 n 型表面层的 p 型硅半导体晶体片上滴一滴蒸馏水，将这根钨丝穿过水滴压入硅晶体片，让它与晶体片保持良好的电接触。最后，他们用一根精细导线与水滴接触，给水滴加电压。实验发现当给这滴水滴加大约 1 伏正电压时，通过钨丝与晶体片的电流增加，增幅大约 10%，这表明利用电极控制半导体中的电流获得了成功。这个具有历史意义的时间是：1947 年 11 月 21 日下午。

接着，肖克利建议不采取与半导体表面做点接触的做法，而是将硼酸脂液滴在 pn 结界面，直接在液滴上加电压。实验结果表明这个方法也可行，它能够控制流过 pn 结的电流，并同样出现了放大现象。但是，要达到实际应用还需要解决一个重要问题，因为其工作电信号频率只在 10 赫左右，而通信应用的电信号的频率是数千赫。此外，获得放大倍数还太小，需要再增大。巴丁建议，耐高反向电压的锗或许能够改善器件的放大性能。他的理由是锗晶体对反向电流具有很大的阻碍作用，在正常情况下其表面层几乎没有载流子，外加电场在锗表面引起的额外载流子将大大改善其导电性能，只要加一点点电压，就可以获得较大的输出功率。实验结果让他们大受鼓舞，功率放大系数竟然达到了 6 000，但对信号的频率响应效果的改进依然不明显。

他们经过分析，觉得可能是那滴电解质对频率响应存在迟缓效应，要解决频率响应的问题就得从电解质入手。他们在实验中发现一个现象，实验过后透过硼酸脂液滴看到在接触面上有绿色膜层，它很可能是二氧化锗。二氧化锗具有电绝缘性，很可能会影响电解质的作用，从而引起频率响应迟缓。于是，他们先利用外电场在锗晶体表面产生绿色的二氧化锗层，然后在其上面沉积几个金电极，经过这样的改进后，终于制成能够在频率范围 10～10 000 赫内同样获得高放大倍数的固体电子放大器。

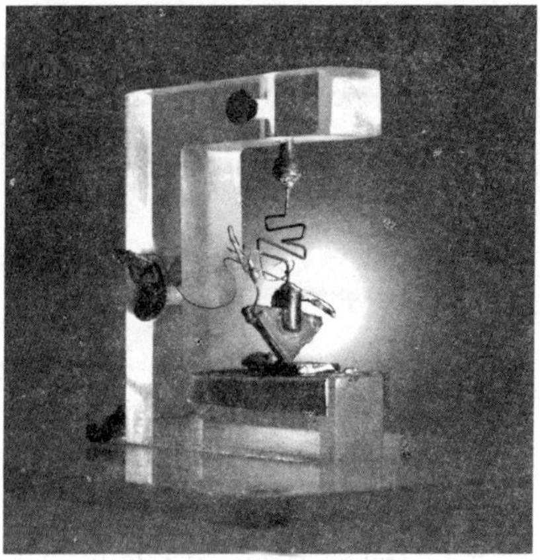

世界上第一只晶体管放大器

肖克利则设计了另外一种结构的器件。这是一种三层结构，最外两层是同种类半导体材料，比如是 n 型半导体，夹在这两层中间的一层是不同种类的半导体，比如是 p 型半导体，这层的厚度很薄。最外面的那两层中，一层类似真空电子管中发射电子的阴极，另外一层类似真空电子管中收集电子的板极。夹在它们中间的一层则类似真空电子三极管中用来调制电子的栅极。这三层半导体材料完全是精密面接触，同时允许它们都可以与电源连接，这样能够更好地控制加在每一层的电压和两层之间的电压。

肖克利认为他设计制造出来的固体电子放大器与真空电子三极管相比有一个显著特点，真空电子管只能放大电压和功率，不能放大电流，而他设计的半导体三极管则可以做到，而且性能更可靠稳定，便于批量生产。

在对这种新式固体电子放大器命名时，遇到的情况也与我国在命名激光器时类似。在没有正式命名前，这个固体电子放大器有好几种称呼，比如“半导体三极管”、“表面态放大器”、“三极管”等，后来还有人建议称为“微型电子管”、“三极检波器”和“晶体管”等。最后，贝尔实验室的名称命名委员会经过投票，“晶体管”(transistor)获得了多数选票。1948 年 6 月 30 日，贝尔实验室召开晶体管新闻发布会，向与会者展示晶体管，并做了现场实验演示。实验室负责人向公众介绍说："现在我手里拿的就是晶体管，它没有通常真空电子管的玻璃外壳，也看不到钨灯丝和真空，它完全是由常温的、固态的物质构成。然而，真空电子管能有的功能它都有，真空电子管不具有的功能，它也具备。一句话，这种晶体管比真空电子管先进。"鉴于肖克利、巴丁和布拉顿在发明晶体管放大器上作出的杰出贡献，他们共同荣获 1956 年度诺贝尔物理学奖。

晶体管是信息时代的"神经细胞"，今天若没有晶体管，恐怕连最基本的电子设备都无法制造。不过，人们对它的价值并不是从一开始就认识到，即使到了 20 世纪 50 年代中期，社会公众对这种新式电子元件依然知之甚少，一些每年生产百万台电子设备的大型电器公司宁愿在设备里面塞满又笨又重的真空电子管，也不愿意开发利用晶体管。只有一家小型、名不见经传的日本索尼(sony)公司与众不同，富有创新精神，采用这种新型电子元件开发了晶体管便携式收音机，这种便携式收音机立刻风靡全世界，一场电子工业革命也终于到来。

电子元件集成化

晶体管因体积小、重量轻、耗能低、可靠性好等诸多优越性，成为第二代电子器件，在电子设备中逐步取代了真空电子管。不过随着电子工业的发展，希望得到尺寸更小、耗能更低、可靠性更好的晶体管的呼声越来越高。于是科学家又开始研究晶体管的小型化，经过努力，制造出只有米粒般大小的微型晶体管，同时也制造出与之配套的微型电阻、微型电容和微型开关等。但很快就发现，这种微型化的情景并不光明，能够达到的微尺寸有限制；其次，把一个个独立细小电子元件焊接起来遇到了一些严重的操作问题，复杂的电子系统要安装成千上万个晶体管、电阻、电容和开关，它们相互之间的连接均需要小心翼翼地进行，如果有一处的接头出问题，整个电子线路就失效，使用它们的电子系统也就不能正常运作。新问题的出现，使得电子工程师们不得不更换发展思路，也许电路整体微型化是最好的出路。起初，人们将大量的晶体管及其他各种必需的电子元件装在一块印刷线路板上，这样的一块线路板在功能上是独立的，又可以被别的线路板替代，一旦出了故障很容易将它替换。

1952 年,英国皇家雷达研究机构的达默(G. Dammer)提出一种构造微型电路的新概念:晶体管及其他各种电子元件均由半导体材料制造,并将他们全体制作在一块半导体晶体片上。显然,这是一种彻底消除单一电子元件和连接线、由一组元件构造成固体电子线路板的新想法,将不再出现先前的各种麻烦问题,而且这种电子线路的小型化以及可靠性都有着非常巨大的发展潜力。不过,当时并没有一家公司愿意出资对这个富有挑战性的技术创新进行研制,那时还没有人设想过用半导体材料制作除晶体管之外的其他电子元件,比如电阻、电容、开关等,人们一方面担心能不能用半导体材料制造这些电子元件,另外一方面当时半导体材料的价格也相当昂贵。

大约过了 6 年,即在 1958 年,基尔比(J. Kilby)意识到晶体管、电阻、电容及其他电子元件有可能被集成到一块微型半导体晶体片上,他把用半导体材料制造电子元件的新认识以及如何把这些元件制作成一块完整的电子线路板等具体设想,向他所在的得克萨斯仪器公司的老板汇报,并获准研制试验。基尔比 1923 年出生于美国密苏里州,童年在堪萨斯州的大本德度过,他的父亲是一位电气工程师、堪萨斯电力公司的总裁。基尔比 1947 年毕业于伊利诺伊大学。晶体管发明后,他对这种新式电子元件产生浓厚兴趣,积极参加各种晶体管技术专题研讨会,收集各种制造晶体管的新技术信息,比如扩散制造法、气相沉积制造法,还有新型的光刻技术等。因此,基尔比认为,利用这些新技术有把握在半导体晶体片上制造出完整的电子线路板。

基尔比

大约在 1958 年 9 月,基尔比的试验工作获得重大进展,他采用扩散法在锗晶体片上制造晶体管、电阻和电容,然后用几根极细的金导线把这几个元件连接起来,组成一块电路板,这是世界上第一块锗集成电路。它外表看来并不漂亮,而且比较粗糙,但证明了可以在一块晶体片上集成制作出电路,这堪称是一项创新成果。这项成果将电子元件与电子线路合一,改变了以往电子元件与电子线路分离的状况。基尔比实现了仅需要利用一种半导体材料就可以制造出所有电子元件并把它们集成起来的目标,电路微型化成为了现实。鉴于他在集成电路上的开创性工作,他被授予 2000 年度

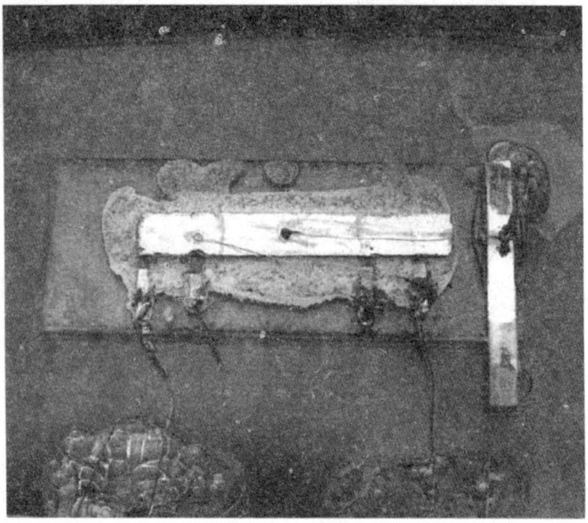

基尔比制造的世界上第一块锗集成电路

诺贝尔物理学奖。

几乎与此同时，时任仙童半导体公司总经理的诺伊斯在1959年1月也提出了有关集成电路的方案。仙童半导体公司是原先在肖克利实验室工作的8位年轻人在1957年9月组建的、由仙童摄影器材公司出资的公司，通过他们研发的扩散法，该公司主要生产高频晶体管。

诺伊斯

诺伊斯1927年12月12日生于美国爱荷华州的布灵顿，其父亲是一名公理会教长。他大学毕业后到麻省理工学院深造，并于1953年在麻省理工学院取得物理学博士学位。在1968年，他又离开仙童公司，与几位同伴依靠风险投资在硅谷创办了如今声名显赫的半导体工业巨无霸英特尔公司。他是与基尔比齐名的集成电路发明者，但因在评选诺贝尔奖时已经去世，因此没有与基尔比一起分享2000年度诺贝尔物理学奖的殊荣。

诺伊斯的集成电路方案有其独特之处。他采用的是硅晶体材料而不是锗晶体材料。其次，他在硅晶体片上制作的各个电子元件不像以往那样采用导线进行连接，而是利用光刻技术连接，因为他觉得导线的尺寸往往比由半导体材料制造出来的电子元件还大，而且那种靠手工做焊接的连接方式费时费力、成本高，可靠性也得不到保证。采用诺伊斯提出的连接方式，能够在一块硅晶体片上制作出包含几百只晶体管的电子线路板，电路简洁，而且集成工艺涉及的步骤不多，适合批量生产，成品率高，产品可靠性也高。

还有一项推进集成电路发展的关键性工作，就是场效应晶体管的发明。成功制造出这种晶体管的是贝尔实验室里一个由阿塔拉(M. M. Atalla)领导的研究小组。1945 年肖克利便提出场效应，但当时并没有想到如何利用该效应制造晶体管。1958 年，阿塔拉做硅片在水蒸气中加热试验时，发现在其表面会形成有光泽的氧化层，它的存在能够奇迹般减少出现在硅及其氧化层界面上的表面态，外加电场因此可以对硅起作用。由于表面态能获得有效控制，阿塔拉他们在 1960 年成功地研制出实用型场效应晶体管。这种晶体管带有一层沉积在氧化层表面上的铝层，这是“栅极”，在上面加电压就可以增强电流，所以这种晶体管称为“金属-氧化物-硅晶体管”，简称 MOS 晶体管。

世界上第一块硅集成电路

MOS 晶体管与先前介绍的各种晶体管不一样，它不是电流控制器件，而是电压控制器件，由于输入电流接近于零，所以功率损耗非常低，它的诞生使得制造大规模集成电路、超大规模集成电路成为可能。若采用普通晶体管制作集成电路，功耗的问题将严重制约它的集成度。例如要制作一个包括 1 千万只电子元件的集成电路，若采用电流最小的双极型晶体管，该集成电路的功耗将达几千瓦，这简直就是在集成电路内装进了大烤炉，无法想象集成电路能够正常工作。

集成电路，特别是大规模集成电路和超大规模集成电路的出现，使得电子设备的体积大幅缩小，重量大为减轻，可靠性得到极大提高。就以电子计算机来说，世界第一台电子计算机用了 18 000 多只电子管，约 30 吨重，占地 200 米^2，耗电功率达 174 千瓦，运算速度每秒却只有 5 000 次。今天，一台装有一块大规模集成电路的微型计算机，重量只有几百克，而运算速度已经比第一台计算机快了几十倍。这种微型计算机不仅用于计算，还可以用来进行生产管理和自动控制通信设备、交通运输工具等。

单电子元件

集成电路的发明带动了电子技术向前快速发展，并在社会上得到普及，任何地方都有电子技术的身影出现；而集成电路技术本身也在飞速发展，每一块半导体晶体片上集成的电子元件数量(通常称集成度)不断增加。起初，集成度只有一只晶体管、一只电阻和一只电容，到20世纪50年代末期，集成度达到100个左右电子元件，到1977年，集成度则已经达到数十万个电子元件，一只晶体管的直径缩小到仅2微米，我们直接用肉眼还看不见它。到了1985年，集成度又进一步提高到200万个电子元件，到1992年增加到3 200万个。为了提高集成度，科学家们做了不懈努力，比如在制作掩模板方面，采用计算机辅助设计布线图、制造感光颗粒非常细的感光板等，制作出了更准确、更精细的掩模；在提高制作电子元件和连线方面，制造出刻线分辨率高、稳定性非常好的光刻机；还制造出感光性能非常好的感光胶等。

但是，集成度最终能够提高到多少？限制提高集成度主要有两个因素，一个是制作电子元件刻线的宽度。集成度提高，电子元件的尺寸相应缩小，元件之间的连线长度和宽度也要缩小。集成度是3 200万个元件的集成电路，对应的线条宽度是在0.5微米之内，集成度为1.28亿个元件的集成电路，其线条宽度就缩小到0.3微米。为了在晶体片上刻画细小的刻线，科学家们已经开发了多项技术，但是，应对不断提高的集成度还是遇到了严重的大挑战。采用紫外光做光源的光刻技术，只能刻画尺寸在1微米以上的结构，用波长更短一些的X射线做光源，刻画的尺寸也只能在0.2微米左右。另一个限制因素是电子在半导体材料中的运动自由程。现有的理论显示，因受到晶体内电子运动自由程的限制，电子元件的最小尺寸在0.1微米左右。换言之，集成度是有限的，要想得到更高的集成度，需要发展刻线更精细的光刻技术以及开发电子迁移率更高的半导体材料。这两方面的研究工作虽然现在已取得了一些成果，但在近期还很难会有突破性进展。

人们认为，制作单电子元件，或许是一条突破提高集成度障碍的好途径。到目前为止，所有的电子元件都是通过控制成群电子在真空中运动，或者控制成群电子在固体材料中运动来实现各种功能的。现在，科学家设想制作单电子元件即只控制单个电子的晶体管，它靠单个电子的移动来实现各种功能。单从能耗来说，这将比起通常使用数以千计电子的晶体管的能耗降低几千倍。不过,还需要解决一些技术难题,这种单电子元件才有望研制成功。由于以往控制的是成群电子,因此只需要考虑电子的粒子性,对其波动性则不加考虑。单电子元件涉及单个电子的行为并以波动性来表达其工作特性,因此必须着重注意电子的波动性。研究和制作这种新型电子元件需要运用新的概念、新的思路和新的技术。

第6章　如鸟在空中飞

——飞机

鸟、昆虫能在空中自由飞翔，人类既羡慕又向往，梦想自己也能够在空中飞行。文人学者们谱写了许多人类飞行的美丽传说，表达了人类想在空中航行和飞往天外世界的愿望。古希腊神话中便有这么一个故事，一位叫达罗斯的工程师和儿子被国王囚禁在监狱。后来他和儿子都长了一副翅膀，效仿鸟的样子飞出了监狱，飞到那不勒斯搬来兵马，打败了这位国王。经过多少代人的不懈努力，如今人类终于能够在地球上空自由飞行，甚至还飞向太空，远比鸟儿高明。

大科学家想不到

人们很早就注意到，鸟和昆虫的翅膀是它们能够有在空中飞翔的本质所在，于是也学着给自己安上人造翅膀，试图模仿它们在空中飞行。《前汉·王莽传》中记叙着这样一件事，当年王莽与匈奴开战，为了侦察对方的行动，于是便广召天下，许愿给予官位，征集有特殊技能的人。应征者不计其数，其中有一位奇人说他能够在空中飞，一天可以飞行千里，能毫不费劲地进入敌营进行侦察。这位奇人的本领究竟如何呢？他用带子将大鸟的翅膀系在自己的两个手臂上作为两翼，头上身上披戴上用带子系住的羽毛，形同一只大鸟。结果他只飞行了数百步远便从空中掉了下来，当然也就谈不上飞到敌营去侦察了。此后还有些人也试图给自己安上人造翅膀试验飞行，但都以失败告终。

人们开始意识到单纯有翅膀还飞不起来，鸟之所以能在空中飞翔是由于它的体形和结构具有特殊性。鸟的骨骼比较特殊，一般是中空而尖细，强度大，而重量轻。一只军舰鸟的翅膀展开来有 2 米多长，而骨骼重量只有 100 克左右；一只重 11 公斤的鹈鹕，它的骨骼重量只有 0.5 公斤。此外，鸟的骨骼结构非常精巧，在胸骨的中心线处有高高隆起的龙骨，这样的结构扩大了鸟的胸腔体积。科学家在对鸟的飞行进行观察研究后还认识到，即使人有了翅膀，但依靠自己的力量进行扑翼飞行几乎是不可能的。人类要想飞起来，胸部得有两米宽，还要长出丰满且强有力的肌肉和翅膀。此外，鸟翅膀的复杂结构和运动方式人类也不容易模仿成功，鸟的翅膀在扇扑时能同时升举和推进。总之，人类并不具备自己飞行的条件。

虽然自身飞不起来，但人类可以依靠某种飞行器的帮助，实现空中遨游。人们注意到火炉的烟雾会自动上升，碎纸片在篝火上飞舞，在仔细分析研究这个现象后，人们发现了其中的秘密：那是因为热的空气比冷的空气轻的缘故。18 世纪，法国的 J. M. 蒙特戈尔费(J. M. Montgolfier)和 J. E. 蒙特戈尔费(J. E. Montgolfier)兄弟在这个现象的启发下，用纸做成一只球，然后往里面充吹进热空气，这只球果然自动往上升起。

J.M.蒙特戈尔费

J.E.蒙特戈尔费

蒙特戈尔费兄弟出生于法国里昂附近安诺地的一个造纸业家庭，富裕的家庭让他们有条件进行飞行试验。1783 年，他俩做了一只直径 12 米底部开口的气球，将在地面燃烧纸、麦杆和木头等产生的热空气充满这只气球，气球能够载着 200 公斤的东西冉冉升起，上升到离开地面 300 多米的高空，然后在离开起飞地点大约 900 米的地方落地。当时有几万人观看了这次飞行表演，热闹场面轰动了全法国。人类能够把物体送到空中飞行，在当时的确是件新鲜令人惊奇的事。为了纪念这个事件，人们便把这个气球称为“蒙特戈尔费”气球或热气球。热气球使用的热空气容易获得，但它的使用不太安全，容易发生燃烧事故。另外，气球上升到上空，里面的热气体会很快冷却下来，致使气球飞不高也飞不远。

氢气特别轻，只有同体积空气重量的十五分之一，所以往里充氢气，气球的飞行性能会比充热空气好。1783 年 8 月，法国科学家查里(J. A. Charles)制造了第一只大型氢气球，它在空中上升速度更快，

观看第一次气球升空表演的热烈场面

能够升高到3千米的高空，在空中停留的时间也很长，大约能够停留3刻钟。之后，人们还制造出可以载人载物升空并飞往别处的气球，把它做成了空中交通工具。不过，气球虽然能够在空中飞行，但在当时它的飞行速度还不及鸟快，也没有鸟飞翔那么灵活自在，加上气球的飞行方向不容易控制，只能随风而飘，飞行危险性比较大。

人们也注意到另外一个现象，老鹰常常不用扇动它的翅膀，只张开翅膀就能够在空中飞行，有时甚至越飞越高。受老鹰展翅滑翔的启发，人们又想制造另外一种飞行器——滑翔机。1849年，英国科学家凯利(G. Cayley)设计制造了一架三翼滑翔机。

凯利1773年生于英格兰约克郡斯卡巴勒，他是英国航空事业的先驱、空气动力学的奠基人。他在1810年写了一篇空气动力学论文，论述了飞行器的重量、动力、阻力和推力之间的关系。凯利设计的这架滑翔机样子有点古怪，有三层固定的机翼，机身下面装着三个小轮子。1849年，凯利制造的滑翔机进行第一次飞行试验，乘客是他佣人的10岁儿子，小男孩坐在机身下的小篮子里。凯利把滑翔机拉到一座小山的山坡上，用力将滑翔机往山下一推，滑翔机就慢慢地滑到空中，从上至下飞行了几十米的距离。这无疑是人类有史以来第一次载人滑翔机飞行，这架滑翔机是人类第一架自身重量比空气重的载人飞行器，凯利由此被誉为“英国滑翔机之父”，他做的那架飞行器模型现在陈列在澳大利亚的一个博物馆里。

凯利

在滑翔飞行的发展历史上，贡献最大的当属1848年5月23日出生于德国安克拉姆的科学家李林塔尔(O. Lilienthal)，他从1867年开始设计制造滑翔机，在1891

年至1896年间,他与兄弟G. 李林塔尔(G. Lilienthal)先后制造了18架双翼滑翔机,在利希腾菲尔德附近的人工山上先后进行了2 000多次滑翔飞行试验,创造了滑翔1 000米的记录,被众人称为"滑翔机之父"。不幸的是,1896年8月10日在滑翔飞行中遇到迎面突风,还未来得及将重心前移使滑翔机低头,他就与滑翔机一起坠落地面,于当天去世。德国为了纪念他的功绩,为李林塔尔树立了一座纪念碑,上面写着"最伟大的老师"。

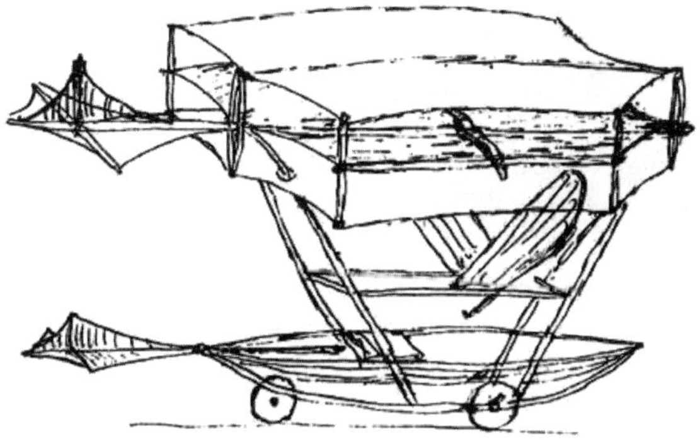

世界上第一台载人滑翔机

滑翔机存在很明显的缺点,它只能从高处滑飞下来,却不能从地面飞起来。后来人们从风筝能够从地面起飞得到启发,意识到空气和水一样也有浮力,如果做一只像船一样的器具,给它装上翅膀和发动机,让它在地面快跑,当奔跑的速度达到一定数值之后它就会飞起来。但是,这样的飞行危险性很大,为了进行飞行试验,已有多名科学家献出了自己宝贵的生命。有鉴于此,一位世界著名科学家在1896年公开发表他的看法:"除了气球之外,我对空中航行没有任何信心。"他就是诺贝尔物理学奖获得者瑞利男爵(J. W. Strutt),他在理论和实验方面都有杰出贡献,研究工作几乎遍及当时经典物理学的各个领域,并获得许多重大科学成果,多条物理学定律都以他的名字命名。令瑞利男爵没有想到的是,就在他对空中航行没有任何信心这番话发表7年之后,以修理自行车为生的美国人O. 莱特(O. Wright)和W. 莱特(W. Wright)研制的"飞行家"1号于1903年12月17日成功地在美国北卡罗来纳州基蒂霍克沙漠上空航行。

莱特兄弟没有上过大学,但他们很重视通过自学学习航空理论知识,还经常向学者请教和索取资料,同时也注意亲身实验,积累飞行的实践知识。他们设想制造出带动力装置的飞机,并信心十足,但是,缺

莱特兄弟

少提供动力的发动机。当时汽车内燃机刚刚发明不久且较笨重，汽车公司的老板也不看好飞机将来的命运，不愿意冒险为他们制造用于飞机的发动机。在这种情况下，莱特兄弟只好自己动手制造，他们花了 6 个星期的时间制造出一台 12 马力的活塞式发动机，重量达 77 公斤。他们对机身做了精心设计，机身骨架和机翼采用质量轻而坚实的枞木和桉木，用布料做蒙皮。为了减少重量，放弃了起落架和飞机轮子，把机身下部做成滑橇，靠滑轨起飞。机尾有两片垂直尾翼，在飞机头部最前端安装了由两块木片制成的螺旋桨，由研制出来的 12 马力活塞发动机带动它旋转。螺旋桨转动起来后往后吹风，对螺旋桨便产生一个向前的反作用力，使飞机向前进。莱特兄弟设计制造的飞机终于构建成功，并开始飞行试验。第一次在空中飞行了 12 秒钟，飞行高度 3 米，飞过 37 米远。当天又重复飞行了四次，第四次在空中飞行了 59 秒，飞过 260 米远。莱特兄弟的飞行试验，开创了人类能够乘坐有动力装置的飞行器在空中航行的新纪元，宣告了飞机的诞生。

世界上第一架飞机

突破“音障”

莱特兄弟发明了飞机，像鸟一样在空中自由飞翔的梦想终于实现。但是，瑞利关于飞行器危险性的评论仍在影响着飞机的发展。在一段时间内对于飞机到底值不值得发展依然争论激烈。比如，当美国科学家兰利(S. P. Langley)建议制造“重量比空气重的飞行器”时，随即受到美国国会的猛烈批评，说这是在浪费政府的资金。兰利是美国天文学家、物理学家和航空先驱，他最先明确解释了鸟类不需要鼓动翅膀就能够在空中飞行以及滑翔的原理。

在各种争论中，人们也认识到，只要让飞机能够实际应用起来，一切对发展飞机的怀疑就会自然消失。但是，要使飞机具有实际应用价值，必须实现两个目标：飞机飞得快，能承载的重量多。

要实现第一个目标，很自然会想到令装在飞机上的发动机马力变大，这样飞机获得更大的推力就会飞得更快。1882 年，一位俄国工程师曾经设计制作过一架形状像船一样的飞机，并在彼得堡附近的练兵场进行了飞行试验，但他的飞机没有飞起来，只是跳跳蹦蹦地往前跑，它飞不起来的一个主要原因就是使用的发动机的马力太小。要使飞机飞起来、飞得更快，科学家们的第一感觉就是提高发动机的马力。起初采用提高发动机马力的办法的确很奏效，飞机诞生后最初的飞行速度记录是时速 41.3 公里，和燕子的飞行速度相当。到 1910 年，采用大马力的发动机后，飞机的飞行速度达到时速 110 公里，10 年后的 1920 年，飞行速度又提高到时速 300 公里，1939 年进一步提高到时速 750 公里。

但是，往后飞行速度就再难提高了，尽管给飞机安装了马力非常大的发动机，飞行速度就是上不去，徘徊在时速 750 公里左右的水平。如果人为进一步强行提升飞行速度，就会出现机毁人亡的事故。科学家对这个问题进行了深入分析研究，终于找到了阻碍飞机飞行速度提升的原因：受声音传播速度的限制。这就是著名的“音障”，即由声音传播产生的障碍。理论和实验显示，物体的运动速度达到声音的传播速度时，在物体的前面就会产生激波，它会像一堵结实的“空气墙”堵在飞行物体的前方。如果物体想继续往前冲，就会被这堵“空气墙”撞得“昏头转向”，运动速度被迫降低。当飞机飞行时速达到每小时 750 公里时，飞机上的螺旋桨叶片尖端的旋转速度则达到每小时 1 200 公里，接近声音在空气中的传播速度（声音在空气中的传播速度是每秒340米），飞机前端产生的激波开始发挥作用，把飞机弄得“七倒八歪”，飞行员被撞得眼花缭乱、晕头转向、脑子不听使唤，全身从内到外都有被压碎的感觉，无法继续正常驾驶飞机，导致飞机失事。显然，要让飞机飞得更快，获得超过声音传播的速度，仅靠使用大马力的发动机无济于事，只有采用新思路，革新飞机的推动力技术，替代飞机的螺旋桨，才有可能突破“音障”，获得更高的飞行速度。

人们从热气球升空得到启示，利用热气体流让飞机获得推动力或许可行。转动着的螺旋桨向后吹风，与此同时产生的反作用力会推动飞机前进；如果设计一台直接往后面喷气的发动机，由喷气产生的反作用力也能够推动飞机前进，而且因为没有螺旋桨，由它带来的“音障”问题也自然迎刃而解。1928年，英国科学家、发明家、飞行员惠特尔(F. Whittle)发表了关于燃气涡轮和反作用力飞机的论文，首次提出设计燃气涡轮发动机并利用它为飞机提供推动力的新设想。惠特尔提出的这种发动机设计思想大体上与我国古代的走马灯相似。走马灯里面有一只叶片轮，安装在一个可以旋转的轮架上，轮架下面放着蜡烛或者灯泡，当蜡烛点燃或者灯泡点亮时会产生一股热气，热气能够推动叶片轮转动，同时带动贴在轮架上的纸人纸马转动。燃气涡轮发动机里有一只带叶片的涡轮、一只空气压缩机和一个用来产生热气的燃烧室。空气经过由涡轮带动运转的空气压缩机压缩后，在燃烧室里与燃油混合燃烧，产生的高温气体经由涡轮从喷管往外喷射，在高温气体喷射的同时产生的反作用力，推动着飞机往前飞行。1930年，惠特尔获得燃气涡轮发动机设计专利。但是，他的设计和设想在当时并没有得到英国航空部的重视，他的发明专利在1948年才获得英国公开承认。

与惠特尔同时期，德国工程师亨克尔(E. H. Heinkel)也进行了燃气涡轮发动机的设计。亨克尔是飞机设计家和制造家，第一次世界大战开始前担任柏林阿尔巴特罗斯飞机公司总设计师，战后在瓦尔内明德开办恩斯特-亨克尔飞机工厂。1939年春，他成功研制出世界第一台实用的轴流式燃气发动机，在同年8月，第一架安装了这种发动机的飞机在恩斯特-亨克尔飞机工厂诞生，并试飞成功，飞行时速达到700公里，飞机从此进入了喷气时代。

英国眼见德国积极开展研制燃气涡轮发动机，才意识到这种新型飞机发动机的价值，1937年英国航空公司终于同意制造惠特尔设计的燃气涡轮发动机,并于1940年制造成功,1941年5月安装了这种发动机的飞机也试飞成功,但比德国晚了约2年。

飞机采用燃气涡轮发动机后,飞行速度的“音障”被突破,飞行速度获得迅速提高,能够超过声音在空气中的传播速度,超音速飞机诞生。但是,超音速飞机又遇到一些新问题:飞行需要耗费大量燃油,并产生大量废气,污染环境;产生巨大噪声,影响人体健康,甚至造成人员伤亡和震毁建筑设施。1959年,美国一架超音速飞机从一群人头上飞过,导致10多人被震死。1962年,美国3架超音速军用飞机在日本藤泽市低空飞行,把该市许多民房的玻璃震得粉碎。于是,有人把飞机产生的噪声比作“死亡的呼喊”,而把超音速飞机比作“现代文明公害的制造者”。

面对超音速飞机所存在的问题,人们又回想到已经退役的螺旋桨飞机。螺旋桨飞机最大的缺点是飞行速度慢,超不过声音的传播速度,但它省燃油、噪声小。喷气发动机每产生10吨推动力,需要耗2吨燃油,而同等推动力的螺旋桨发动机耗油量只有0.2吨,仅为前者的十分之一。于是,飞行专家又请回螺旋桨,让螺旋桨发动机与涡轮喷气发动机“合作”。起初的做法是把燃气涡轮发动机的轴加长超出发动机外壳,再在轴端装上螺旋桨,这种发动机称为“涡轮螺旋桨发动机”,它驱动螺旋桨转动产生推动力,并为喷气产生反作用力提供部分推动力。涡轮螺旋桨发动机的推进效率高、耗油量少、经济性能好,受到飞机制造商的欢迎。最早使用这种发动机的民航客机是英国1950年生产的“子爵”号,它可以载客56～75人,很省燃油,装满6 800公斤燃油可飞行2 500公里。其后苏联、美国、日本、加拿大、荷兰等国生产的客机和运输机,比如伊尔18、安10、安12、安22、安24、图114、C-130、C-133、YS-11、DHC-6、F-27等都采用了这种发动机。

涡轮螺旋桨发动机吸收了燃气涡轮发动机和螺旋桨发动机的优点,但因为其螺旋桨露在飞机外面,依然有螺旋桨发动机的缺点,飞机的飞行速度受到了限制,一般飞行时速不超过800公里。于是,飞机设计家又对发动机进行改革,为了避免螺旋桨带来的缺陷,需要把螺旋桨缩回到发动机外壳中。飞机设计师将螺旋桨的尺寸缩小,把它放置在涡轮发动机内,由发动机喷管喷射的燃气和风扇排出的空气共同产生推动力。制成的这种新型发动机称为“涡轮风扇发动机”,它的进气量大、推力大、噪声低,成为现代喷气式飞机普遍采用的动力装置。不过,这种发动机也依然存在不足,比如它的耗油量还是偏高。为此,飞机设计家又对它进行改进，在发动机的轴上再添一只螺旋桨，这只螺旋桨的叶片更多，由一般螺旋桨的4片叶片增加到6片甚至12片，而且叶片较短、厚度较薄、外形较弯曲。这样的设计使得它的重量只有普通螺旋桨重量的一半，但单位面积得到的效率却是普通螺旋桨的几倍。飞机采用了该款发动机后便可以超音速飞行，同时又省燃油、噪声低。

闯“热障”关

要让飞机搭载的人员和货物多，飞机的尺寸就需要很大。但是，即使匹配的发动机性能满足要求，飞机的尺寸也并非可以大到任意程度。根据科学家的研究结果，飞机的尺寸受“二分之三规律”的限制。如果仍采用原先的飞机制造材料，在飞机的尺寸扩大到一定程度后，飞机的承载重量就差不多等同于飞机本身的重量，再也没有剩余能力来承载别的东西。显然，把飞机制成太大没有实际意义。当初莱特兄弟发明的飞机是用布料、木材和钢材制成的，其中47%是木材。这些材料做成的飞机，牢固性先不论，其本身重量就不轻，能够承载的重量自然也非常小了。当年试飞员为了减轻飞机的自重，即使在严寒冬天也需要脱下外套。所以，不革新制造飞机的材料，飞机无法“长大”。

1908年，德国科学家发现，比重约为钢材三分之一的铝合金轻巧又结实，是制造飞机的好材料。于是人们开始用铝合金板替代布料做飞机蒙皮，用轻质钢管框架替代木材做飞机的构架，经过这番改造，飞机自身重量获得大幅度减轻，制造大飞机也有了实际意义。第一架全金属飞机由德国制造，在1915年12月12日成功试飞。

飞机采用喷气式发动机后，飞行速度突破了“音障”，但又遇到了“热障”问题。当飞机飞行速度超过声音传播速度后，由于气流的冲击、压缩、摩擦，飞机表面发热，温度急剧升高。比如，当飞行速度达到音速的2.2倍时，飞机表面温度可达130℃；当飞行速度达到音速的3倍时，飞机表面温度高达330℃；当飞行速度达到5倍音速时，温度高达900℃；如果飞行速度再提高，达到6倍音速时，温度将高达2 000℃。在这样高的温度下，飞行员无法承受，飞机上的燃料承受不了，飞机本身更承受不了，因为铝合金最高允许的工作温度在200℃左右，超过这个温度，它的强度和刚度便急剧下降，飞机性能将变坏，极易发生事故。这就是所谓“热障”。因此，采用铝合金为基础构件的飞机，最高飞行速度被限制在 2.5 倍音速，制造飞行速度更高的飞机需要采用别的材料。

不锈钢的耐热性能不错，但它重量不轻，用它制造飞机显然不合适，出路之一是采用含钛的合金。钛的比重小、强度高，又不会生锈。钛的强度与比重的比值是不锈钢的 3.5 倍，铝合金的 1.3 倍，镁合金的 1.6 倍，可以说它的这个比值是目前所有金属材料中最高的。钛不锈钢合金的耐热本领也非常强，远高于铝合金和不锈钢，能够经受 400～500℃的高温考验，也能够经受得起零下一百多摄氏度的低温考验，而且在低温下，钛不锈钢合金的强度甚至比常温时还高。现在的超音速飞机的机身及发动机的大部分元件都采用钛不锈钢合金，有些超音速远程截击机，其中钛的含量比例占到了 95%。

制造飞机的材料除了过“热障”关之外，还要过“疲劳”关。超音速飞机使得人们的旅途时间大大缩短，世界第一架喷气式客机“彗星”号 1948 年制造成功，1952 年投入航线运行，它的飞行时速为 800 公里，从英国伦敦起飞，2 个小时后就可以到达意大利罗马，这么快捷的旅行在当时引起不小的轰动。人们风趣地说，乘坐“彗星”号，可以在伦敦吃早饭，在罗马吃中饭，晚上回到伦敦吃晚饭！但好景不长，1954 年超音速飞机接连失事，几次发生飞机坠海事件。人们纷纷议论该超音速民航客机的安全性，甚至认为民航客机不适宜采用喷气式。为什么会不断发生事故？经过一番调查分析后，终于查明事故不是喷气式客机的原理和设计有问题，而是制造飞机的材料在高速飞行时出现了“疲劳”裂纹。

拉近空间距离

飞机达成了人类在天上航行的愿望，也使得来往世界各地所花费的时间大大减少，拉近了世界各地的距离。1519 年，葡萄牙人麦哲伦驾驶帆船穿越大西洋、太平洋，绕地球航行一圈回到葡萄牙花了 3 年时间；19 世纪一位法国人乘火车环球旅行一周，花费了 45 天时间。空中客车 A320、波音 757、波音 767 等型号的飞机，时速大约 1 000 公里，是火车的 10 多倍、轮船的 30 多倍，同时它们不受高山、河流、沙漠、海洋的阻隔，是当今最快捷的交通工具。如今，我们不到 1 天就可以到达世界上的任何一个地方，这在飞机发明之前是无法想象的。

A320 客机

飞机也拉近了我们这个世界与宇宙空间的距离。已经建成的宇宙空间站成为人类通往宇宙的一个落脚点。起先来往空间站运送人员以及向空间站运送物资的交通工具是宇宙飞船，但是，飞船自己没有动力，必须得靠火箭运载进入太空。火箭只能使用一次，燃料用完了就完成使命，不能重复使用。一枚火箭造价昂贵，只能使用一次在经济上着实太不合算。宇宙飞船自己没有翼，不能像飞机那样可以在空中滑翔，必须选择合适的场地水平降落，有时还会掉到大海或者原始森林中，十分危险。因此，采用飞船作天地之间的交通工具不是长久之计，需要另谋出路。于是，人们想出了设计制造一种可以重复使用的在天地间进行运输的飞机——航天飞机。它像火箭那样垂直发射，能像飞船那样在太空轨道上灵活地飞行，又能像飞机那样在空中滑翔，在地面水平着陆。换言之，航天飞机是集火箭、载人飞船和飞机功能于一身的特色飞机。1971 年，美国总统尼克松正式宣布研制航天飞机，1976 年航天飞机进入总装，并命名为“哥伦比亚”号，它于 1981 年 4 月 12 日试飞成功。

美国研制的航天飞机由轨道飞行器(简称轨道器)、外挂燃料贮箱(简称外贮箱)和固体火箭助推器这三部分组成。当航天飞机竖立在发射台上时，外贮箱立在中央，固体火箭助推器位于两侧。轨道器是航天飞机的主体，形状像一架大型宽体客机，但它与飞机大不一样，飞机是靠喷气发动机推进的，只能在大气层内飞行，而轨道器装备的火箭发动机能够在太空中航行。

“哥伦比亚”号航天飞机的机长 37 米，翼展 24 米，可承载 7 名航天员和搭载一些太空实验的设备。它通常每次飞行 7 天，最长可飞行 30 天，设计使用寿命可重复使用 100 次。外贮箱长约 47 米，直径约 8

米，前箱装有 600 多吨液态氧，后箱装有 100 多吨液态氢，供轨道器上的主发动机使用。燃料用完后将外贮箱抛弃，它会坠入大气层烧毁。固体火箭助推器有两枚，固定在外贮箱两侧，长度大约 45 米，直径 3.7 米，起飞时它们和轨道器上的主发动机同时点火启动，托举着航天飞机垂直起飞直奔飞行轨道。当固体火箭助推器的燃料燃烧完毕后与轨道器分离，通过降落伞降落到地面回收，供下次使用，轨道器上的主发动机则继续工作，推动轨道器继续前进。当轨道器到达环绕地球的轨道时，外贮箱上的燃料也正好用完，它随即分离脱落。轨道器单独在轨道上作业，工作完成后自动启动发动机返回地球，再度进入大气层，最后低空滑翔，在飞机场跑道水平着陆。

竖立在发射台上的航天飞机

航天飞机经过一番清洗和修理后，可以重新起飞，能够重复使用几十次，为人类定期来往于地球与宇宙间创造了条件。同时它也具有非凡的太空作业本领。比如，它把多个卫星带到轨道上发射，大大节省了卫星发射费用；它既可以为空间站接送航天员和输送物资，也可以在轨道上捕捉卫星，把它放进货舱进行检修或者带回地面修理。航天员也可以亲自走出航天飞机，充当太空修理工，对失灵的卫星进行维修，使它“起死回生”。最令人难忘的是哈勃太空望远镜的发射和维修。1990 年 4 月，“发现号”航天飞机在太空轨道上发射了这台长 13 米、重达 11 吨的太空望远镜。由哈勃太空望远镜获得的太空图像，其清晰度比在地面观察时高 10 倍，能够探测到月球上一只蜡烛发出的光，能够拍摄到遥远的天王星和海王星的照片。但好景不长，不久这架望远镜便发生故障，长期处于不能正常工作的状态。1993 年 12 月 2 日，航天员乘坐美国“奋进号”航天飞机到太空，把望远镜收进飞机的货舱进行维修，更换了两组陀螺仪、两个太阳能电池电极及驱动控制组件，并安装了新的广角行星相机，矫正了光学轴向补偿系统，然后把它重新释放到轨道。经过维修的哈勃太空望远镜恢复了原先的设计功能，又能够向地球发回清晰图片。

美国的空天飞机

然而，实际使用情况表明航天飞机并没有达到降低航天成本的初衷，因为每次发射前的整修和发射准备工作所需要的人力、物力和时间都非常多，目前每次发射费用高达3.5亿美元。随着航天技术的发展，科学家又想出另外一种可以减少发射费用的办法，研制新型的交通运输飞机——航空航天飞机(简称空天飞机)。它装有喷气发动机，可以像普通喷气式飞机那样从飞机场跑道水平起飞，以高超音速的飞行速度穿越大气层进入宇宙空间。在太空完成作业后启动喷气发动机再进入大气层，然后在地面的飞机场跑道着陆。经过简单的维修后又可以重上太空，重复使用数十次乃至几百次，往返天地的费用将大幅度减低，每次发射费用可望减低到运载火箭和航天飞机的1/100～1/10。

空天飞机面临许多方面的挑战。它单靠自己的力量从机场水平起飞进入太空，其速度从零开始经过音速、跨音速、超音速和高超音速，一直加速到25倍音速的入轨速度，要制造能达到如此高速的发动机将是个艰巨的任务。其次，飞机的机体要经受起飞、上升、空间飞行、再入大气层、着陆等不同阶段的各种环境的考验，对飞机的结构、防热及热控制系统、发动机和燃料贮箱等的材料及结构也都提出挑战，要求机体重量尽可能轻，要求它能够耐高温、使用寿命长而且能够重复多次使用。还有，为了确保空天飞机在不同状态下的每一阶段都能够顺利飞行，需要有高度自动化和人工智能化的飞行控制系统。考虑到所遇到的众多技术难题，所以目前空天飞机在起飞时不直接从地面起飞，而是由大型飞机驮载到高空，然后让空天飞机在高空中水平起飞。完成驮载任务后，大型驮载飞机返回地面机场，空天飞机则在自身火箭发动机的推动下继续加速爬升，进入轨道，等到完成工作任务后便返回地球，像普通飞机那样在机场水平着陆。

飞机拉近了人类的通信距离。携带交流信息的信件，用飞机比骑马和乘坐汽车、火车和轮船都快捷得多，先前需要几天甚至1周时间才能够送达的国内信件，用飞机当天便可以送达；国际邮件之前需要几周时间甚至个把月才能送达，现在也在当天就可以送达。世界第一次开通官方航空邮件是在 1911 年 2 月 18 日，这一天，法国飞行员驾驶飞机携带大约6 500封信件，从印度的阿拉哈巴德起飞，越过珠穆那河，飞行了大约 8 公里到达奈尼江克欣，这次的航空邮件都盖有“阿拉哈巴德万国邮局第一次航空邮政 1911 年”的免费邮戳，收藏家视这个免费邮戳为无价之宝。不久后，建立了定期服务，作为印度阿拉哈巴德万国邮政局的业务组成部分。1918 年 3 月，世界第一个定期航空邮件机构建立，邮路是从维也纳到基辅，途径波兰的克拉科夫、苏联的里沃夫和普罗斯库罗夫。此后，世界各国相继建立了航空邮件服务，飞机成了人们快速传递信息最重要的工具之一。

当然，飞机除了作为交通工具之外，还有许多其他用途。在飞机上对地面进行观察，受地形、气象等条件的限制较少，因此，大地测量和监测的效率会很高。古代一些立志勘测国土之士，往往用尽毕生精力，也只能完成一小块地区的勘测工作，如今用飞机进行这项工作效率则高得多，10 多天就可以拍摄 100 万张全国土地照片，完成国土勘测工作。

遗憾的是飞机也被用到了军事作战上，成为了武器。在飞机诞生后的最初十几年，它基本上是一种娱乐工具和交通工具，用于竞赛、表演和运送紧急物资等。但是，第一次世界大战爆发后，这个“会飞的机器”逐渐用于承担军事任务。首先是侦察，为陆军部队作耳目。1910 年 6 月 9 日，法国陆军的一名大尉和一名中尉驾驶一架亨利·法尔曼双翼机进行了世界上第一次试验性的侦察飞行。这架飞机本是单座飞机，那名中尉钻到驾驶座和发动机之间，手拿照相机对地面的道路、铁路、城镇和农田进行了拍照。这架飞机就成为了第一架从空中获取情报的侦察机，之后，侦察机逐渐成为现代战争中的主要侦察工具之一。继而又在飞机上装上机枪，专门进行空中格斗。1914 年 10 月 5 日，法国飞行员弗朗茨驾驶飞机，机械员兼观察员的凯诺中士在空中执行巡逻任务时，发现一架德国“阿维业蒂克”双座侦察机正在侦察法国的防线，弗朗茨驾机逼近德国侦察机，展开了短暂的空战，成功地用机枪击落了敌机。这次行动被认为是航空史上第一次真正的空战。后来，飞机携带炸弹去轰炸敌方的地面阵地。有的飞机还专门执行攻击地面部队的任务。在战争的硝烟中，诞生了一群“铁鸟”，它们分别是侦察机、战斗机、轰炸机、强击机、预警机等。

目前，以飞机为依托的空中作战能力成了常规战争中的主体力量。空地一体化、空海一体化已经成为现代战争的模式，这种模式在1991年的海湾战争中全面展现。从1991年1月17日至2月28日，以美国为首的多国部队出动了飞机约11万架次，平均每天出动2 600架次，投弹10多万吨，从总体上破坏了伊拉克的作战能力，使得地面战斗只进行了4天便结束。

使用新能源

目前，喷气式飞机使用的燃料是煤油，螺旋桨飞机使用汽油，这些燃料都是来源于石油。地球上的石油储存量有限，且它们燃烧也会造成环境污染，从环境保护和能源可持续发展的角度，需要采用新能源作为飞机动力源。科学家认为核能、太阳能和微波是飞机的首选新能源。

早在研制核潜艇时，飞行家们便设想研制核能飞机，即采用一种轻便的核反应堆替代通常飞机发动机的燃烧室，用产生的核能为飞行提供动力。核反应堆中的核能转变为热能，所产生的高温气体从喷管向机外喷射，推动飞机向前飞行。核燃料很“耐烧”，大大减轻了飞机需要携带的燃料重量。比如，普通喷气式飞机需要携带150吨燃油，对于具有相同动力的核动力飞机来说只需要携带70克左右的核燃料。据测算，核动力飞机携带一公斤铀燃料就足够飞行10万公里。核潜艇早在1954年就研制成功下水运行了，而核动力飞机目前还没有投入商业运行，主要原因是轻便核发动机的研制遇到了困难，它要求能够承受反应堆产生的高温并具有非常轻便的防核辐射装置。

随着太阳能技术的发展，科学家们自然也设想建造以太阳能作为能源的飞机。第一架太阳能飞机由英国人设计，包括成组太阳能电池板、直流电机、变电装置和螺旋桨，它在1979年试飞，但仅能在空中飞行几分钟。比较成功的太阳能飞机是20世纪80年代初美国飞行家麦克里迪(P. MacCready)等合作制造的蝉翼“企鹅”号。他们采用轻薄而透明的塑料做机翼，在机翼和尾翼装满光电池，整架飞机重量很轻，只有4.5公斤。1980年8月，由一位女士驾驶这架飞机试飞，在太阳光照耀下，光电池产生的电力推动电动机带动螺旋桨旋转，牵引飞机飞行。这次飞行历时14分32秒，飞行距离3.2公里。紧接着，麦克里迪又设计制造了另外一架太阳能飞机，命名为“太阳挑战者”号。这架飞机翼长14.3米，翼面积30米^2，在机翼和平尾的上表面装了

16 128块硅太阳电池板，在晴好天气时可产生3千瓦的发电功率。在1980年12月仍由一位女士驾机试飞，飞行平均时速是54公里，在空中一共飞行了370公里。1981年7月，换一位男士驾驶这架飞机，从法国巴黎出发飞越英吉利海峡到达英国伦敦，飞行距离为290公里。

太阳能飞机

还有一种新能源飞机采用微波提供动力，这就是微波飞机。微波是一种超短波长电磁波，它的特点是可以集成一束定向发射。地面电站产生的电力转换成微波，利用天线定向发射给在天空中的飞机，在飞机上装的微波天线接收到微波信号后将它转换成电力，驱动发动机工作。微波飞机目前有两种设计方案。一种是螺旋桨微波飞机，它利用微波能量驱动电动机带动螺旋桨旋转，牵引飞机飞行。1978年10月，加拿大推出的“夏普”号微波飞机就采用这种工作方式。这架飞机的机翼长4.5米，机身下面装有一只大圆盘。在这只圆盘和机翼下装有许多特殊天线，用来接收从地面发射的微波信号，并将它转换成电力驱动螺旋桨旋转。另外一种是微波喷气式飞机，它将接收到的微波信号转换成电力，直接为喷气式发动机提供热能，发动机中的压缩空气加热后从尾部喷射出去，推动飞机前进。

第 7 章　更换人体器官

——人体器官移植

机器运行时间长了，某个零件会发生损坏，把它卸下来换上新零件，机器又能正常运作了。比如，发动机里面的汽缸有了磨损，工作效率便下降，换上新汽缸后，发动机重获新生，恢复先前的工作效率；汽车的轮子破损了便不能再行驶，换上全新的车轮后它又能够继续上路了。

人体的每一个部位、每一个器官、每一个组织都有它们各自的功能，同样也有患病和受损的时候。某个器官受损了，人就生病，不能正常生活和工作，甚至还会出现生命危险。能不能也像机器更换坏零件那样将患病受损的器官卸下来，换上健康的器官？人体器官移植技术可以让梦想成真！

冲破礼教的束缚

车辆、机器是没有生命的，需要更换的零件也没有生命，因此给机器设备更换零件比较容易，只要熟悉机器设备的性能和结构，同时又有规格相同的零件就可以实施更换。这种更换“手术”不影响生命安全，可以大胆去做，一次做不好，还可以做第二次，而更换人体内部受损的“零件”就不那么简单了。虽然更换受损器官不仅能够让病人解除病痛、恢复健康、延长寿命，然而人是生命体，器官也是生命体，更换手术不仅是技术问题，还牵涉到社会伦理和宗教问题。同时，生命最宝贵，所以更换人体器官的手术只许成功不许失败，要求手术技术高超确保手术成功。

更换人体器官涉及人体的切割和解剖，要社会接受这个观念需要一个漫长的过程。在过去，社会上的一些人包括一些社会名流仍然接受不了这样的做法，他们认为神灵赋予人类的肉体是神圣不可亵渎的，它的任何部分不可切割更换。在我国的春秋时代，孔子就认为，身体毛发皮肤都是父母给的，不得剖割毁伤，这是一种起码的孝道。相传在公元 5 世纪发生过这样一件事：一名叫唐赐的人有一天去朋友家喝酒，回家后突然发病，而且一病不起，身体越来越差，在临死的时候，他把妻子张氏和儿子叫到床前，叮嘱张氏在他死后，将他的尸体进行解剖，以弄清楚他究竟是得了什么怪病，导致他离开人世。唐赐死后，张氏遵照丈夫的遗嘱，亲手解剖了尸体。张氏解剖自己丈夫尸体的事很快传到了官府。官府以张氏冒犯了儒家礼教之罪，处于死刑。

尽管有“前车之鉴”，但为了实现人类更换器官，拯救面临死亡的生命，一些医学家毅然冲破礼教，从事更换人体器官的手术研究。首先的一项工作是将人体的腹腔打开，描绘腔内的各个器官。人体内部有些什么样的“零件”？体外的手、脚、鼻子、耳朵、舌头、眼睛等，它们的形状、组织结构一目了然，而腹腔内的那些“零件”，我们看不到也摸不着。如果弄不清它们的组织结构和位置，谈论医治无疑是纸上谈兵。要弄清腹腔里面的“零件”，最直接的做法就是把腹腔打开，这就是现在所说的人体解剖。

对活生生的人进行开膛破肚，在过去恐怕没有人有胆量去做，而且也没有人愿意被试验。于是只能拿尸体来进行试验，但当时可供解剖的尸体来源也是个大问题。我国第一张人体内脏分布实画图是北宋时期广西宜州的推官吴简和画工宋景利用刑场的尸体完成的。北宋庆历年间（1041—1048年），广西宜州的欧希范率领农民起义，后被官府使用奸计捕杀，被杀的共有 50 多位起义者。当时，推官吴简和画工宋景前往刑场，对欧希范等人的尸体进行了解剖观察，并绘制了他们腹腔内的各个器官。后经过整理，吴简出版了一本书，这就是经典的《欧希范五脏图》。书中对人体内各个器官的位置和形状都做了比较详细的描述。

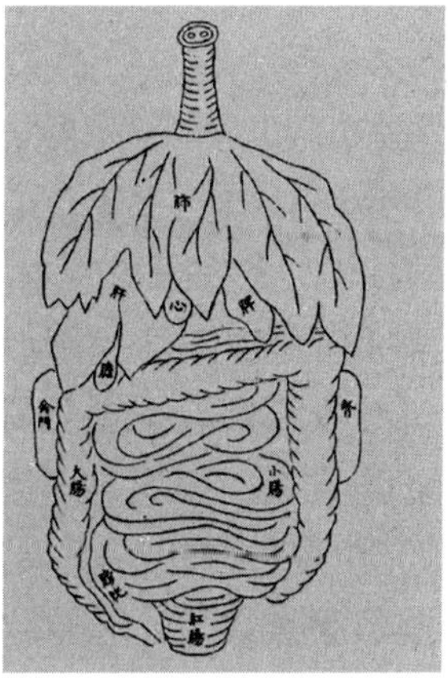

《欧希范五脏图》

另一位利用尸体绘出人体脏腑结构的是北宋名医杨介，他出身于医学世家，曾为太医，医术相当高明。在崇宁年间（1102—1106 年），泗州地区（今安徽省泗县）处决犯人，郡守李夷行派遣杨介及画工到刑场解剖尸体，察验脏腑，并一一绘制成图。杨介整理绘制的图并参校古书，出版了一本《存真环中图》（又称《存真图》），书中有脏腑解剖的整体图，对胸腔、腹腔、消化系统、泌尿系统、生殖系统以及血管分布等都有比较详细的描述。

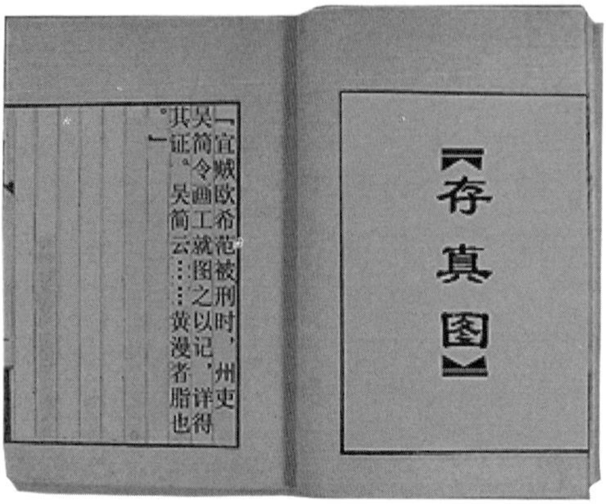

《存真图》

还有一位对人体脏腑结构研究作出杰出贡献的是清代名医王清任。1797 年春天，时年 30 岁的王清任行医到河北唐山一带，当地正流行麻疹病，不少小孩被夺去了生命。穷苦人家买不起棺材，用草席一卷就埋到了乱坟岗。他见此状况，心想这正是观察尸体内部脏腑结构的好机会。于是，他每天天刚亮就来乱坟岗，趁还没有行人经过，细心地翻动一具具尸体，一边察看，一边绘图。一连 10 天，观察了未掩埋的儿童尸体 300 多例，逐一进行了解剖和观察，绘制了大量脏腑图，并与一些古代医学书上记载的图相对照，又绘制了 20 多幅对照图。此后，

清代名医王清任

《医林改错》

他总结40多年积累的实践经验于1830年编写出版了《医林改错》,附图25幅。在这部著作中,他对过去一些医书关于人体脏腑的位置、大小和重量的不确切描述做了纠正,并补充了许多之前没有提及的重要器官。

更换人体器官的难题

车的车轴断了或者车轮坏了,换一根轴、一只轮子,车便又能使用。更换人体受损坏的器官可就不那么简单了,在更换的过程中会遇到许多之前从未遇到过的难题,医生们面临新的挑战。

遇到的最大难题之一就是人体器官之间的相容性,不同人体的器官会出现排异反应。1952年12月的一天,法国巴黎一家医院收治一位从高楼脚手架上坠落下来的年轻病人。病人不断呻吟,诉说腰部疼痛厉害,四肢发冷。测量后发现他的血压正在下降,脉搏细弱。医生做了紧急输液和输血后,初步判断他的肾受到了严重损伤,需要手术治疗。于是迅速将他送上手术台,打开腹腔一看,果然是他的右肾呈现粉碎状,只能做切除手术。但是,医生马上又发现这个病人只有右肾,没有左肾。如果把他的右肾切除,他就没有了肾。正常人体有两个肾脏,在腰部左右各一个。这对小小的器官相当于血液的清洗工厂,它们每50分钟就能把人体内的全部血液清洗一次,回收血液中的有用成分,同时把有害的以及不需要的物质通过尿液排泄出去。此外,肾脏还担负着调节体内水分和盐分的任务。所以,一旦肾出了问题,就会损害人的身体健康,甚至危及生命。目前这个病人该怎么办?正当医生们一筹莫展之际,病人的母亲对医生说,她愿意献出一个肾给儿子,请把她的肾从她的身上切下来,接到儿子身上。这可给医生出了一道难题,因为在那时医学上还没有更换人肾的先例。但这位母亲苦苦哀求医生把她的肾换给她的儿子。她说,她的儿子才16岁,往后的日子还很长,一辈子靠一个人工肾维持生命,这真的是太可怜了。她还鼓励医生,凡事都有个开头,就试一试吧,也许会成功。更换肾的手术在无影灯下进行,把这位母亲的肾切下来,迅速安装到病人身上。几分钟后,这个更换上的肾便开始发挥功能,制造尿液,医生们见状都非常高兴,换肾的手术成功了! 手术后2个星期过去了,病人显得很平静。可是好景不长,手术后22天,情况突然变化,这个被更换上去的肾停止了工作,病人也终于失去了生命。这个突然而来的变化让人们惊讶万分，这究竟是怎么回事？后经过许多学者的研究分析，终于查明这是免疫学上的排异反应造成的。

免疫系统是人体内的“安全部队”，负责保卫肌体，有效防御因细菌、病毒等引起的疾病。研究表明，其中对外来器官产生排斥作用是由一种叫做T淋巴细胞(简称T细胞)的活动所致。每个T细胞的表面都带有一种蛋白质分子(称为受体)，它使得T细胞能识别某个细胞是属于自身的还是外来的。当移植了外来器官后，T细胞便反复分裂，同时放出一种化学物质请求援助，并很快召集起一支由免疫系统细胞组成的大军，进攻并杀死那些属于外来器官的细胞群。因此，一旦人体移植了外来器官，哪怕是为了拯救生命而更换的心脏、肾脏等器官，“排除异己”的事件就会发生，使得被移植的人体器官失去功能。这么一来，病人企盼通过更换新的、健康的人体器官来解除痛苦、延长寿命的梦想就化作了泡影。

因此，解决人类器官之间的不相容性问题，成为更换人体器官成败的关键所在，科学家开始寻求导致排异反应的真正根源和解决办法。在20世纪50年代初，美国遗传学家斯内尔(G. D. Snell)在研究小鼠的组织相容性时，发现控制排异反应特性的H－2基因；法国血液学家、免疫学家多塞(J. Dausset)在多次研究了接受输血的病人的免疫反应后提出，免疫反应水平与人的某种遗传变异有关，存在一种基因复合体——“HLA”(组织相容性抗原)，它与斯内尔研究过的小鼠H－2基因有相同功能。与此同时，哈佛大学免疫学家贝纳塞拉夫(B. Benacerraf)通过动物实验发现，HLA基因不仅控制着人体免疫反应的强弱，还决定着移植人体器官的成败，当移植的器官与人体原先器官的HLA型号不一致，就会引起排异反应，使得移植的器官不能存活。这三位学者在研究免疫反应方面取得了卓越的成就，共获1980年度诺贝尔生理学或医学奖。

那么，该如何控制排异反应，让不同的人体器官能够相容并和睦相处呢？经过科学家的艰苦奋斗，现在已经找到几个办法。一个是选取遗传性质尽可能相似的器官，这么一来人体的免疫系统就会识别不出新移植的器官为异己组织，减轻排异反应的严重程度，提高植入器官的存活机会。另外一个办法是使用射线和药物抑制病人肌体的免疫系统，使其不能攻击外来的器官组织。1959年，美国医生默里(J. Murray)用放射线杀死免疫系统内的T细胞，因为它们是引发排斥反应的“肇事者”，这样做的确能够抑制排异反应。人们也尝试利用药物来对付 T 细胞，抑制排异反应。1958 年，剑桥大学的一位学者进行了一个更换牛肾的手术实验。术后，他每天给那只接受了新肾移植的牛吃一种叫做 6 巯基嘌呤的药，结果出现奇迹，这种药物居然能够阻止牛体内发生排异反应。这个实验鼓舞了科学家寻找药物对付机体的排异反应。随后，又找到了泼尼松抗淋巴细胞球蛋白、环磷酰胺等具有抑制排异反应作用的药物。但是很快又发现，使用这些药物会破坏免疫系统抵御疾病和感染的能力，结果就连伤风感冒之类的小毛病也往往会置病人于死地。研究人员绞尽脑汁，期望研制出一种新型的免疫抑制剂，它能抑制异体器官所引起的免疫反应，又不致于剥夺身体原先具有的抵抗力。然而，在相当长的时间里，研究没有实质性进展。

1970 年，与瑞士山道士公司合作的免疫学家博尔(J. Bord)从挪威的土壤样品中分离出一种带有极不寻常化学特性的真菌，这些真菌的代谢产物能选择性地抑制免疫系统中引起排异反应的那些细胞，而对绝大部分用来抵御感染和疾病的其他免疫细胞秋毫无犯。这种真菌引起了博尔的兴趣，立即进行筛选分析。结果发现，它是一种由 8 种氨基酸组成的环形多肽，于是它被命名为环孢菌素(Cyclosporrne)。后来又发明了一种更好的抗人体排异反应药物——FK－506，它比环孢菌素的功效还高大约 100 倍。不过这种药物虽然功效高，但也存在某些副作用。美国科学家通过基因工程研制出一种叫做 CTZA4Ig 的蛋白质，能够直接阻止发生排异现象。它实际上是一种通常能在免疫细胞中找到的改进型蛋白质，能和白血球表面上一种通常与排斥移植物有关的蛋白质相结合，从而使得免疫系统无法判别是否是外来的器官组织。经过大约两周以后，免疫系统逐渐对移植的组织"失去兴趣"，但仍然保留识别传染物和不同捐献者组织的能力。

我国科学家则在中药上寻找出路，并已经取得成果。从 1988 年开始，我国的外科专家在大动物大器官移植的实验中，独创性地采用中草药雷公藤制剂来部分取代西药，经过上百例动物的手术实验，证实使用雷公藤制剂既能较好地抑制急性排异反应，又能有效地抑制慢性排异反应，对肝、肾毒副作用小，且价格低廉。

此外，一些科学家进行的动物实验表明，器官更换移植时注入血液干细胞也有抑制排异反应的作用。血液干细胞移植进人体后能够产生"混血"的免疫系统，这样一来，移植的器官就不再被认作是外来的，而成了"自身"的一部分。

不同机体器官之间的排异性终于解决了，但要确保更换器官的手术成功，还有两项技术难题需要解决。一项是需要为更换的器官立刻接通血管，恢复血液输送，使器官组织细胞重获营养得以存活。接通血管要求有一套不同于缝合一般组织的外科技术。1903 年，法国外科医生卡雷尔(A. Carrel)创造了一种完善的血管吻合操作方法，终于解决了这个难题。

卡雷尔

卡雷尔 1873 年 6 月 28 日生于法国里昂，1944 年 11 月 5 日卒于巴黎。1890—1900 年，他在里昂医院担任实习医生，1900 年获里昂大学医学博士学位，并在里昂大学做了两年尸体解剖工作。1904 年赴美在芝加哥大学工作，后被派往纽约洛克菲勒医学研究所(现洛克菲勒大学)从事医学研究。他还研究出一种在体外保存器官组织的方法，曾经使鸡的心脏在体外存活 30 多年。鉴于他在医学上的杰出贡献，卡雷尔被授于 1912 年度诺贝尔生理学或医学奖。

另外一项技术难题是，要让更换的器官从离开人体，到被安装在接收器官者体内接通血管这段时间里存活。但是，任何人体器官一旦失去血液供应，细胞得不到所必需的氧和营养，在常温(35～37℃)下存活的时间很短，比如心脏和肝只有 10～15 分钟，肾为 45～60 分钟，超过上述时限，器官就很难恢复功能，而要在如此短促的时间内完成器官更换手术又不大可能。这就需要寻找能够让人体移植器官在较长时间内保持活性的方法。起先是将离体器官放在低温溶液中，低温能降低细胞对氧的需求量。一般在 0～4℃的低温下，离体器官耐受缺血的时间是常温时的 10 倍。不过，单纯把器官放进低温冷液体有个缺点，即器官表层温度降幅较大，而器官内部的降温较少，整个器官降温不均匀。后来改用 0～4℃的冷灌洗液，从离体器官的动脉迅速灌入，作短暂冲洗，让器官内部深处和外部的温度能够均匀降至 10℃以下，然后再将器官保存于 1～4℃的溶液中，这种方法叫做单纯低温灌洗保存方法，亦称简单低温保存或冷贮存法。灌洗液和保存液可以相同，也可以是两种不同的溶液。采用不同种类的保存液，得到的安全保存期限长短各不相同。起初是使用等渗溶液，如林格氏液、乳酸盐林格氏液(平衡液)等，其电解质的组成与细胞外液相仿，使用这些保存液所得到的安全保存时间仍然不长，如肾的保存时间在 12 小时以内，平均为 5 小时；肝的保存时间更短，仅约 2 小时，这样依然不能满足手术所需要的时间。1969 年，美国医学家科林斯(G. M. Collins)创制了一种与细胞内液组成相仿的溶液，能够大大延长离体器官的安全保存时间，肾的安全保存时间可达 20～24 小时，在现代化的高速货运条件下，这种溶液已能满足国内或国际间远距离传送器官的需要。1988 年，美国医学家贝尔泽(F. O. Belzer)又创制了一种新的器官保存液，取名 uw，能连续冷保存胰腺、肾脏达 72 小时，保存肝脏达 30 小时或更长时间，这是保存液研究工作的一个突破性进展。

梦想成真

人类很早就期望通过更换自己损坏了的器官，解除病痛，重新获得健康的身体。传说我国战国时代有两个名气很响的人，一个叫鲁公扈，另一个叫赵齐婴，他们俩经常心口痛，找了许多医生看过，吃了不少药，始终不见病情好转。他们听说名医扁鹊的医术很高明，于是便千方百计寻访到这位名医，请他给自己治病，解除病痛。扁鹊仔细给鲁公扈和赵齐婴做了检查，发现他们两人患的是心脏病，光靠吃药扎针是治不好的。该怎么办才能解除他们的病痛，令他们恢复健康呢？扁鹊想来想去，觉得惟有更换他们的心脏才成。于是，扁鹊给他们做手术。用刀打开他们的胸腔，分别把赵齐婴和鲁公扈的心脏取出来，然后放进对方的胸腔。经过这番手术后，他们两人果然都恢复了健康，不再心口痛了。当然，这只是一个寄托了人类美好夙愿的传说。给病人做手术在当时或许是有，但做此类移植心脏的复杂手术，以当时的医疗技术水平以及医疗条件是不可能完成的，即使在科学技术水平已经较高的今天，更换心脏也不是小手术。

第一个成功进行更换人体器官手术的是在美国波士顿一家医院工作的默里医生。在 1955 年的一天，一位 24 岁患晚期肾病的病人来到默里所在的医院，他的两只肾脏都已坏死，只有更换肾脏才能挽救生命。但由于之前法国巴黎一家医院为从高楼脚手架上坠落下来的年轻人做更换肾脏手术失败，导致病人死亡，因此默里不敢贸然做这个手术。该病人有个双胞胎的哥哥，当他知道手术的危险性后，让默

默里

里医生千万不要有顾虑，恳求医生救救他的弟弟。哥哥说不施行手术，弟弟肯定是活不成了，做手术还有一线生存希望，并决定献出自己的一个肾给弟弟。按照对排异性的研究结果，双胞胎更换器官后出现排异反应的几率比较小，手术的成功率较大。于是，默里医生决定做这个手术，他的医疗团队花了5个半小时的时间，终于顺利完成了他们兄弟俩的肾脏"搬家"手术。这位病人手术后恢复了健康，而且他还与照顾他的护士结了婚，共同愉快而健康地生活了8年。后来，由于其他原因，他离开了人世，但在临死前，从他孪生哥哥身上移植的那只肾脏还照样很好地工作着。默里成功更换肾脏的消息当时在社会上引起了不小的轰动，他开创了人体器官更换的新时代。

心脏是维系着人生命的一个重要器官，我国医学家在公元前3世纪就提出，"心者，生之本……其华在面，其充在脉"。心脏与人的关系宛如引擎与汽车一样，汽车的引擎损坏后就不能再发动，心脏停止了跳动，人的生命也走到了尽头。所以，"心脏创伤是致命的"一直被医学界视为真理。汽车的引擎损坏了只要换上新的，它就能继续奔跑，人的心脏损坏后，能不能更换一只呢？是不是能用别人献出的健康心脏，替换掉损坏而不能继续工作的心脏，使得病人能够恢复健康，继续工作？

科学家们很早就开始寻找答案。起先，科学家用动物做试验，用以探讨更换心脏的可能性以及熟悉这种更换器官的手术。第一个尝试更换心脏工作的就是法国医生卡雷尔。1905年，他把一只小狗的心脏移植到大狗颈部的血管上，并首次在器官移植中成功缝合血管。结果小狗的心脏跳动了两个小时，后由于血栓栓塞而停止了跳动，卡雷尔是心脏移植的先驱者。1958年，一位医生尝试做了一次真正的心脏更换手术。他将一只狗的心脏切下来，立即缝接到另外一只已经切除了心脏、依靠人工心肺机体外循环维持生命的狗的体内，所有的血管都按原来模样一一吻合接通，然后停止人工心肺机体外循环。这只狗接受手术后存活了接近120分钟。这意味着更换心脏是可行的。

许多医生都先后做了类似的动物心脏更换手术，积累了大量的心脏更换的手术经验。在此基础上,医学家开始对人进行这种手术。人类医学史上第一例成功的人体心脏更换手术是巴纳德(C. N. Barnard)医生完成的。

巴纳德1946年毕业于开普敦大学,1953年获得硕士学位,1956年赴美国明尼苏达大学访问学习,并开始人体器官移植方面的研究。1958年他回到南非,次年成功实施了南非第一例肾脏移植手术。在之后的几年中,他先后尝试给几十条狗实施心脏移植手术。1967年2月2日,巴纳德在南非开普敦赫鲁特斯库尔医院的一间手术室里,进行了正式的人体心脏移植手术。病人是一位54岁男性心脏病患者,在8年时间里他发生了3次心肌梗死,最后一次心肌梗死出现了严重的心力衰竭,药物治疗也无效,内科和外科医生都感到,如果不给他更换一个心脏,便无法挽救他的生命。于是,巴纳德决定给这位生命垂危的病人做心脏更换手术,或许这能使他重新获得健康。当时正好有一位25岁的南非姑娘遇到车祸,头部严重受损,意识和一切生命反应都已经消失,只有心脏还在微弱跳动,经神经专家认定这位姑娘已经处于"脑死亡"。她的血型与病人匹配,她悲痛的父亲也最终同意捐献女儿的心脏。巴纳德等30名医护人员在午夜进入手术室,在同一个房间的两张手术台上同时进行手术,在一张手术台上取出姑娘的心脏,在另外一张手术台上切除了病人的心脏,并在原位安装上姑娘的心脏。

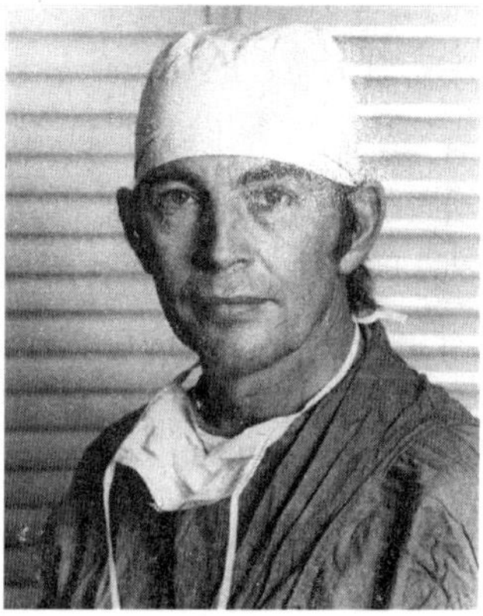
巴纳德

2月3日早晨8点,手术结束,手术进行得很顺利。第二天,病人醒来后感到非常舒服,8年来困扰他的胸闷、气喘症状没有了。第12天,病人可以下床活动,一度濒临死亡的他又恢复了生气。不幸的是到了第13天,病人感染了肺炎,此处感染比较难控制,到了第18天,这位病人还是告别了人世。在他临死时,那颗植入的心脏依然好好地跳动着。因此,巴纳德的这次心脏更换手术是成功的,他的创举载入了史册。

1968年1月,巴纳德又进行了第二例心脏更换手术。病人是一位患了严重冠心病、心脏极度衰竭、呼吸艰难、全身浮肿的老人。给老人更换的心脏也是取自一位因车祸死亡的年轻人。巴纳德吸取第一例手术后病人发生感染的教训，在术后他格外加强了护理和药物治疗。仅在术后第三天，病人手术前的一切严重症状都消失了，不久便可以下床活动，生命延续了2年多。巴纳德的手术成功后，世界各国都相继开展了心脏移植手术，让众多心脏病人免受心脏病带来的痛苦折磨，许多病人的生命得以挽救。

从1967年巴纳德第一例心脏更换手术至今，全世界大概进行了17万例心脏更换手术。90%的病人手术后能够恢复工作，享受正常人的生活，病人术后的生存周期也越来越长。专家们说，全世界范围内70%～80%的病人手术后可存活5年以上，60%～70%的病人手术后存活超过10年，目前有记载的存活最长记录是29年。

人类更换器官的梦想终于实现了！如今人类人体间的器官更换手术已经非常成熟，许多病人通过更换了失去功能的器官，重新获得了健康。

解决器官来源

人体器官更换手术使很多病人看到了重获健康的曙光，等待更换器官的人也因此越来越多。从哪里获取健康的器官供更换手术使用呢？起初，移植手术中使用的器官主要由在车祸、凶杀和其他事故中死亡的人体以及由志愿者提供。但是，这样的供应源提供的器官数量有限，远不能满足实际需求。世界卫生组织的统计表明，全世界需要进行紧急器官更换手术的病人数量与所捐献的人体器官的数量比为20∶1，这个数字还不包括那些暂时靠药物维持还可以等待器官更换手术的病人，如果把这一数字加上，器官需求数与器官提供数的比值将提高到30∶1，许多病人就在等待人体器官移植手术的过程中失去了生命。我国人体器官移植的缺口更大，每年大约有150万人需要做器官更换手术，但能够提供更换的器官只有1万个左右，比例高达150∶1。根据有关统计资料显示，美国每年有数十万心脏病人等待心脏更换手术，而平均一年能够如愿以偿的还不足4千人，有接近90%的病人因为得不到“零件”，无法进行手术治疗。从1984年开始，美国实行人体器官的有偿供给，销售额逐年上升，“人体器官库”和“细胞库”迅速发展起来。这些“器官库”把脑死亡者和心脏停止跳动者捐献的心脏瓣膜、皮肤、血管和肝脏等收集起来，有偿提供给需要进行器官更换手术者或新药开发者。这项“商业”的经济利益很大，如今包括红十字会在内，加入“全美人体器官库协会”的企业达到了70多家，如果再加上非成员团体以及从事细胞和遗传基因商品化的企业，那么数量已达到几百家。

尽管如此，人体器官市场仍然供小于求。人体器官短缺成了科学家们亟待解决的问题。他们先想到用动物器官代替人体器官。科学家发现，猪的器官在大小、功能上与人的器官比较接近，同时，存在于猪组织内的病毒似乎不会感染人类，这绕开了在实际中给人体更换移植猪器官的一个主要障碍。此外，猪容易大量繁殖，如果能够采用猪的器官，那么，器官短缺问题有望得到很好的解决。他们也想到，人体会对动物器官产生强烈的排异反应，要想给人体更换动物器官，必须设法解决异种生物器官之间的排异反应问题。科学家设想，先利用基因技术，把人体基因植入猪体，使猪的器官具有人的基因。经过这样的基因工程处理后，猪的器官就能与人类的免疫系统相兼容，移植到人体后产生的排异反应就会很小。第二步再利用克隆技术，克隆培育这种含转基因的猪，就可以得到大量可供移植手术使用的器官了。1992年，英国剑桥大学的科学家将猴子的一种基因植入猪卵细胞中，培育出世界上第一群心脏中含有猴子基因的猪。在猪长成后，将它的心脏植入猴子体内，实验表明，猴子几乎不出现排异反应，植入猪心脏的猴子手术后平均存活时间为40天。此后，英国科学家决定选择4到5名患者进行更换猪心脏手术。

不过一些科学家担心，某些对猪、狒狒等动物无害的病毒可能对人类来说却是致命的，会严重威胁人类健康。如果将转基因猪的器官移植进人体，猪体内的微生物或其他基因成分也可能随之进入人体，对人造成伤害。英国自然环境委员会在2000年7月底发表的一项报告说，引起癌症的罪魁之一——逆转录病毒比较容易在动物之间传播，猪是容易染上逆转录病毒的动物之一。这也就意味着，如果移植了猪的器官如肾和心脏等，可能会使人感染动物逆转录病毒。出于安全性的考虑，移植转基因猪器官的研究随之搁浅。不过，就在大家失望时，事情似乎又柳暗花明。2000年8月底，美国马萨诸塞州生物移植公司的研究人员宣布，他们已经培育出了一种新型转基因猪，猪体内固有的猪逆转录病毒不会传递给人。这个进展似乎给人们利用转基因动物器官作了某种安全性的保证。

另外一个解决移植器官紧缺的办法是运用现代先进科学技术，制造人造器官，即采用金属、化学制品和生物医学材料，仿照人体的器官来制造器官。如果用能够长时间无故障运行的人造心脏替换人体内损伤的心脏，这无疑会是医学史上划时代的事件。1982 年 12 月 2 日，美国西雅图一位 62 岁退休的牙科医生成为世界上第一个接受人造心脏更换手术的人。一颗用塑料制造的心脏更换了他那只损坏的心脏，这颗人造心脏在他的胸腔里跳动了将近1 300万次，延续了 112 天的生命。

64 岁的英国退休电影制片人古德曼患有严重的心脏病，医生认为如不接受特殊治疗他很可能活不到次年春天。1995 年 10 月，他在英国牛津约翰·拉德克里夫医院接受了人造心脏更换手术。这一次他用的人造心脏是经过了技术改造后制成的永久性人造心脏。这颗价值 8 万英镑的电动人造心脏大小如同拳头，固定在古德曼的胸腔内，通过从胸部引出的导线与体外的电池组相连。古德曼术后情况良好。在他手术初步成功的鼓舞下，当时英国很多心脏病患者都跃跃欲试。但次年 3 月，医生发现古德曼植入的电动心脏出现了问题，在做更换手术时他心脏病发作，离开了人世。尽管如此，人们还是没有放弃人造心脏的研制，现在人造心脏在美国的实验室中已经创造了 1.6 亿次无故障跳动的记录，相当于它已输送了 200 万升血液。把这种人造心脏植入病人体内，可以让他继续生存 5 年。专门为儿童患者设计的小心脏，其使用寿命则更长。

英国人研制出的人造塑料肺，主要由与小型光盘播放机大小相当的扁平盒子组成，盒子中包含由多孔纤维管组成的氧气、二氧化碳两套网络。扁平盒子可以植入胸腔，氧气管网中的氧气能够进入通过盒子的血液，而正常肺通过口或鼻部排出的二氧化碳可以由另外一套纤维管网排出。

之后，人造器官的制造技术又有了新进展，出现了一种生物性人造器官，即利用人体自身的细胞培育出需要的器官。根据病人需要更换的组织或者器官，在电脑上设计出其大小、形状，并用生物降解材料按照设计图形做出模拟“骨架”。然后从病人身上的有关部位取下一点细胞组织，进行细胞分离，分离出来的细胞放在由蛋白质和营养物质组成的培养液中进行培养，过后再把它们放到预先用生物降解材料做成的器官模拟“骨架”上，让它们生长成所需要的器官。采用该技术制造的器官不仅性能可靠，而且更换后发生的排异反应很小，因为这只器官的细胞来自本人。

现在，科学家正在进一步发展新的人体细胞培育法——“干细胞”

培育，利用这个办法，预期可以用病人身上的干细胞培育出任何一个完整的、属于病人本人的“人造器官”，且基本上不会出现排异反应。2008年，英国、意大利和西班牙三国的科学家组成的研究小组利用部分干细胞培育气管，成功地为一名30岁女病人做了器官更换手术。这位病人长期患有严重的肺结核病，左肺完全损坏，一根气管受到波及损坏严重，她呼吸困难，甚至无法行走。如果采用传统的手术治疗，只能把她的左肺切除，结果很可能会引起并发症，她的寿命也会大为缩短。于是，研究小组决定给她做气管更换手术，先从一位因脑溢血死亡的人身上切除部分气管，把气管上的细胞清除干净，仅留下胶原质组织结构。随后从病人身上提取骨髓干细胞培育气管壁的软骨细胞，并让它们生长在气管的胶原质结构上，然后植入病人受损的主支气管上，手术中病人没有服用任何免疫药物。4天后，接上去的气管与周围组织完全融合，没有出现排异反应。12天后病人就出院了，2个月后，她的左肺功能恢复正常，现在还可以爬几层楼。

有时，受损伤的器官只是因为其内部某一类细胞发生了问题，这时就不需要更换整个器官，只对它做“修复”工作便可以了。比如对面部皮肤烧伤、眼睛视力受损等，就可以采取“修补”的做法，即自身细胞培植法(或称细胞移植法)。方法是用病人自己的或者其他人的同类细胞进行替换、移植，也可以用动物的同类细胞做这种替换移植手术。用动物细胞的好处是比较容易获得所需要的细胞，主要缺点是往往会出现排异反应(利用他人的细胞也可能出现排异反应)，届时需要采取特殊的手段补救。

第8章　济世创举

——抗生素的问世

发明可以灭杀细菌的药物是20世纪医学界最伟大的创举。这些新药有神奇的功效,能够灭杀入侵人体的细菌,细菌感染不再具有威胁性,千千万万的人得以摆脱疾病的折磨,重获健康。这项发明使得人的寿命比先前平均延长了10多年,几位发明这种济世良药的科学家也因此分别在1905年、1939年、1945年、1952年荣获诺贝尔生理学或医学奖。世界最早建立的科学博物馆——伦敦科学博物馆为迎百年馆庆,挑选出最具影响力的十大科学成就,并邀请公众投票决定这些科技杰作的顺序,青霉素排在第七位。

重大发现

从古代到19世纪初,无论是东方还是西方,一谈到传染病,大家无不惊恐万分。每当传染病流行起来,更是一筹莫展,因为无药可治,只好眼睁睁看着一批又一批的人死去。是什么在作祟,让人类染上这种可怕的致死疾病?科学家和医学家都在寻找致病的原凶。显微镜发明后,借助它人类看到了平素肉眼看不到的细菌,或许它就是带给人类灾难的原凶。

第一个比较完整揭露细菌致病的科学家是法国化学家、微生物学家巴斯德(L. Pasteur)。1865年,法国流行一种蚕病,严重威胁着法国的养蚕业,直接影响了丝绸工业的生产,这可是法国当时最重要的经济来源之一。法国农业部很重视这个疾病的防治,要求巴斯德找到这种蚕病的根源,并希望他能够寻求到一种消灭或者抑制这种病的办法。经过一系列分析研究,巴斯德发现蚕病乃是由一种细菌引起的。在搞清蚕病起因后,巴斯德提出了合理可行的防治措施,终于挽救了法国的养蚕业,使法国的丝绸工业摆脱了困境。巴斯德从研究蚕病中得到启发,开始寻找导致高等动物生病的原因。他专心研究了动物患的炭疽病,成功地从患病动物(如牛、羊)的血液中分离出一种炭疽病细菌,并确认正是这种细菌致使动物感染死亡。这就是巴斯德提出的动物感染疾病的细菌学说。但是，当时许多内科医生和兽医并不认同巴斯德的说法，认为疾病是动物体自身产生的，是疾病催生了某种有毒的物质，这些有毒物质随后变成微生物导致了动物死亡。

巴斯德

巴斯德在动物致病原因研究的基础上，又进一步提出引起人类生病的细菌病原说。他认为人类患的许多疾病都是某些致病细菌造成的，治病就要弄清病原体，寻找出致病的细菌。此后，许多科学家继续研究巴斯德提出的致病原理，认识到许多细菌是严重威胁人类健康的病原体。在寻找致病细菌的研究工作中，德国细菌学家科赫(R. Koch)作出了杰出贡献，并因此获得1905年度诺贝尔生理学或医学奖。

科赫

科赫1843年12月11日出生于德国哈茨附近的克劳斯塔尔城，1886年从格丁根大学毕业后，在沃尔斯顿当外科医生，并建有一个实验室。他常常把病人的痰、大便、喉部的分泌物放到显微镜下细心观察，发现里面存在细菌。这些细菌与病人的发病有什么关联吗？他决定通过实验来回答这个问题。他在实验中发现一些细菌在肉汤里繁殖很快，于是他将从病人身上找到的细菌放在肉汤里进行培养，过了一些时候将这些有菌肉汤喂给动物。结果，吃了肉汤的动物很快便得了病，这说明细菌是发病的根源。但是他还不清楚，此种细菌将会引起什么病。为此，他又开展了培养单种细菌的工作。他用培养出来的白喉杆菌接种到兔子身上，两天后这只兔子便病死了。他又从这只兔子的喉部取出一些分泌物进行培养，再放在显微镜下观察，果然发现有白喉杆菌。他一连试验好几次，得到的结果都一样。于是他明白，白喉杆菌正是引起白喉病的原凶。

在科赫研究工作的启发下，各国科学家和医学家都开始寻找各种致病“原凶”，先后找到了诸如核杆菌、霍乱弧菌、百日咳杆菌、脑膜炎球菌等。“原凶”是找到了，又该如何把它们灭杀？德国化学家多马克(G. Domagk)首先找到了一种可以抗击细菌的药物。

多马克

多马克1895年10月30日生于德国勃兰登堡(现波兰)的拉戈，1921年在基尔大学获得医学学位，后在德国染料界的一家大企业——LG染料工业公司工作，探索将某些染料应用于医学上的可能性。当时有一种新合成的染料，其商品名称是百浪多息，多马克用它做动物实验，想看看它灭杀细菌的能力。他先给小白鼠注射一些溶血性链球菌，然后把这些小白鼠分成两组，一组给它们注射百浪多息，一组不注射这种药物。不久便发现，没有注射百浪多息的那组小白鼠一只只先后死去，而注射了百浪多息的小白鼠活得好好的。这个实验结果让多马克大受鼓舞。那么究竟这种百浪多息中的什么物质在起灭杀细菌的作用？多马克又做了进一步研究，他将百浪多息进行多次提纯和处理，最后得到一种白色的粉末，根据它的化学结构特点，多马克称它为“磺胺”，并且认定灭杀细菌的正是它。为了证实自己的推断，他选狗做进一步实验。给狗注射了溶血性链球菌后没多久，这只狗就发高烧，躺在地上大口喘气，而且病情还在不断加重。在这时候，多马克给这只狗注射磺胺。不久，奇迹便出现，这只狗开始活动，烧也退了，并开始吃东西，磺胺将这只狗从死神手中拉了回来。

多马克又做了多例其他动物实验，之后进行了将磺胺用于人体的临床实验。第一例使用这种药物的病人竟然是多马克的女儿，她感染了溶血性链球菌，发着高烧，昏昏沉沉，用过各种名贵药物都不见效，眼见就要离开人世。这时候有人提议用磺胺给她试一试，既然在动物身上试验过有奇效，或许在人身上也会有奇迹。果然不出所料，她注射了磺胺后不久就苏醒，高烧也退了，很快就恢复健康出院了。多马克发现的新药磺胺终于可以控制住那些曾经让人类遭受巨大苦难的传染病，多马克也因此获得了1939年度诺贝尔生理学或医学奖。

此外，一些科学家和医学家在寻找灭杀细菌物质的过程中还发现这样的现象，有些细菌对另外一些细菌的生长繁殖具有抑制作用，科学家称该现象为“抗生”。1874年，英国科学家罗伯茨(W. Roberts)在《皇家学会会报》上发表了关于细菌“抗生”现象的论文，文中报道了灰绿青霉生长旺盛的液体使得人不容易感染细菌。其后，埃默里赫(R. Emmerich)和洛(O. Low)于1899年发表论文，进一步论述了抗生现象，他们利用铜绿假单胞菌的提取物成功治疗伤口感染，而且取得了较好的效果。到20世纪初，人们已经发现细菌间抗生现象大量存在，并且证实在某种情况下，这种作用是由会扩散的抗生物质引起的。抗生现象启发了医学家，他们设想从某些细菌体内提炼出那些具有抗生作用的物质，将其制造成药物，人服用后让它在体内发挥抗生作用，灭杀那些入侵人体的致病细菌。当时，人类死亡的第一大杀手就是细菌感染致病，若有了抗生药物，人类便有能力抵御入侵的细菌，确保机体不受损害，远离疾病困扰。

从19世纪后半叶起，有些科学家开始尝试寻找具有抗生作用的物质。1888年，一位细菌学家培养了一种能够杀死炭疽杆菌和霍乱弧菌的绿脓杆菌。一年后，有两位科学家又进一步将这种绿脓杆菌液浓缩后用于临床，可惜没有达到预期效果。20世纪20年代，又有两位比利时科学家从放线菌中分离出称为"放线霉素"的东西，但在临床上使用同样没有获得抗生效果。一直到1928年，寻找工作终于有了转机，英国细菌学家弗莱明(A. Fleming)发现一种能够杀死某些细菌的霉菌。

弗莱明是英国著名细菌学家，1881年出生在苏格兰的洛克菲尔德。1906年从伦敦圣玛丽医学院毕业，是该学院的高才生。他受到该院细菌学家、免疫学家赖特(A. E. Wright)教授的赏识，恰好赖特领导的细菌研究室缺一名助手，于是弗莱明便进入该研究室工作，并跟随赖特进行相关研究。弗莱明多年来对各种葡萄球菌所进行的研究，使得他成为该研究领域的权威。他应邀参与编撰一本长达九卷的巨著《系统细菌学》，并负责其中有关葡萄球菌的内容编写。在编写过程中，有一篇关于新金黄色葡萄球菌变异研究的参考文献引起了弗莱明的关注。这篇文章称，金黄色葡萄球菌在琼脂糖平板培养基上经历约52天长时期室温培养后，会得到多种变异菌落，甚至还出现白色菌落。弗莱明决定重复这篇文章介绍的实验，从1928年年初到7月份，弗莱明一直在进行研究，同时也养成了一个习惯，即便那些本不是为了观察变异菌

弗莱明

落所做的正常培养基，也在清洗之前先在室温下放置一段较长时间，这么做或许会从中发现新的变异菌落。这么一来，实验室里很快摞上一大堆没有清洗的细菌培养基。

1914年第一次世界大战爆发，弗莱明在整个大战期间都在军队医疗队中服务。当时由于缺少有效治疗细菌感染的药物，导致许多士兵因简单的细菌感染引发败血症而死亡。弗莱明下定决心要找出一种新药来消灭细菌。战争结束以后，他回到圣玛丽医学院继续在细菌实验室工作。他认识到，要解决细菌导致人类感染生病的难题，或许需要某种对细菌有害而对人体细胞组织无害的抗生物质。

1922年，患了感冒的弗莱明无意中对着培养细菌的器皿打喷嚏，不久他发现在这个培养皿中，凡沾有喷嚏黏液的地方都没有任何细菌生成。随着进一步的研究，他又发现了溶菌酶，它能够溶解细菌物质，他以为这可能就是大家在苦苦寻找的天然抗生素。但试验很快表明，它虽然能够消灭某些细菌，但在那些对人类特别有害的细菌面前却无能为力。1928年夏天，当弗莱明准备用显微镜观察从培养器皿取出的葡萄球菌时，突然发现一个奇特的现象：在原来长了许多金黄色葡萄球菌的培养器皿里，长出了一些青绿色的霉菌。受当时实验室条件的限制，经常有一些空气中的微生物飘落到供实验研究用的细菌培养器皿上，所以，在细菌培养器皿上生长一些“杂物”并不奇怪。按照通常实验室管理要求，这只弄脏了的细菌培养器皿应该报废，但弗莱明出于好奇没有处理掉这只培养器皿，并对长出来的青绿色霉菌做了一番仔细观察。他发现，在那些长有青绿色霉菌的地方，原先培养的葡萄球菌竟然全消失了，而距离青绿色霉菌远一些的地方葡萄球菌依然存在。弗莱明觉得这里大有文章，说不定这种青绿色霉菌就是葡萄球菌的杀手。葡萄球菌是一种严重的、甚至会致命的病原体，能够找到它的杀手在医学上具有重大意义。

青霉菌

于是，弗莱明和助手小心翼翼地培养繁殖这种青绿色霉菌。之后他把过滤后的培养液滴到葡萄球菌中，几个小时后，发现葡萄球菌全都被杀死。把霉菌培养液加水稀释10倍甚至100倍，其杀灭葡萄球菌的能力依然很强。弗莱明断定，这种青绿色霉菌可以产出某种对葡萄球菌有毒害的物质，并将它命名为“青霉素”（penicillin，盘尼西林）。其实，我国早在2 000年前的汉代就知道豆腐上生长的绿色霉毛可以防止伤口发炎，促进伤口早日愈合。我国大医药家李时珍在他的《本草纲目》中也有霉豆腐渣是一种“治疗无名肿毒神药”的记载，但究竟是什么道理，当时没有人做深入研究。

弗莱明将研究结果写成一篇题为《论青霉菌培养物的抗菌作用》的论文，介绍了青霉菌的发现与作用，并指出青霉素在医疗上将会有重要的用途。1928 年，这篇论文刊登在著名学术期刊《实验病理学杂志》6 月的那期上。

曲折的成功之路

在此后长达四年的时间里，弗莱明一直致力于研究这种具有特异能力的青霉菌。这些实验结果显示，经过滤后的青霉素对许多引起严重疾病的传染细菌有着显著的抑制和破坏作用，而且灭杀细菌能力极强。不仅如此，青霉素还能够抑制许多其他对人体健康有害的细菌的生长。但弗莱明随即遇到如何提炼出纯青霉素的难题，由于缺乏提纯技术，青绿色的霉菌培养液中的青霉素含量着实太少，无法用于临床治疗。因为如果直接用含青霉菌的培养液来治病，那么一次就得给病人注射几千甚至上万毫升的液体，这是不切实际的。即便是能使用霉菌培养液来治病，接着又遇到其他人为的阻力。一次当弗莱明带着得到的那一点培养液去请当时的名医在医院试用，大家听说这是从阴湿肮脏环境中培养出来的，都连连摇头不接受试用。随着磺胺类药物的出现，人们对青霉素更是缺乏兴趣。一种灵丹妙药就这样被打入了冷宫，连记载这种灵丹妙药的论文也被束之高阁，躺在图书馆沉睡了11 年。

1940 年，欧洲战云密布，战争要求科学家研制抗菌消炎药物。澳大利亚的弗洛里（H. W. Florey）和英国的钱恩（E. B. Chain）加入了研制行列。弗洛里是澳大利亚裔英国病理学家，1898 年 9 月 24 日生于澳大利亚的阿德莱德，1922 年毕业于阿德莱德大学医学院后，到牛津高等生理学院和剑桥大学深造，1931—1934 年任谢菲尔德大学病理学教授，1935—1962 年任牛津大学病理学教授，他对由微生物产生的抗生物质进行了系统研究。钱恩是德裔英国生物化学家，1906 年 6 月 19 日生于德国柏林，是一位化学家的儿子，1903 年毕业于腓特烈·

威廉大学，1933年初离开德国到英国，在英国剑桥大学霍普金斯的领导下进行研究工作。1935年，他应弗洛里的邀请去牛津大学，与弗洛里一起研究探讨抗生物质。

弗洛里

钱恩

他们首先在图书馆寻找有关抗生菌的文献，当读到弗莱明关于青霉素的论文时非常兴奋，决定重复弗莱明的实验工作。他们的实验结果再一次证实了弗莱明发现的青霉素的确具有非常好的灭菌能力。于是他俩设计一种装置，从大量青绿色霉菌培养液中提炼出纯的青霉素，并设法把它做成一种新药。提炼工作是在艰苦条件下进行的，每天要清洗几百只玻璃瓶，配制成吨的培养液。经过18个月的艰苦努力，他们终于得到了100毫克纯的黄色粉末状青霉素，成功从青绿色霉菌培养液中提取出纯青霉素。接下来是进行生理实验，他们先在动物上做试验，选择了50只小白鼠，每只先注射足以令它们致病的葡萄球菌。然后对其中的25只每隔3小时注射一次青霉素，另外25只不注射任何药物。24小时后，那25只注射了青霉素的小白鼠安然无恙、生气勃勃，而另外25只没有注射药物的小白鼠全都死了。实验证明了青霉素的确有灭杀葡萄球菌的奇效，而且对生物组织无害。他俩还发现，由100万倍溶剂配制成的青霉素溶液，就能够阻止小白鼠身上的链球菌生长。1940年春天，他俩又进行了多次动物感染实验，结果都非常令人满意。同年8月，他们把青霉素的新研究结果全部刊登在著名的学术期刊《柳叶刀》上。

在动物试验的基础上，他们开始给病人试用。1941年，伦敦的一位15岁男孩手术后受到葡萄球菌感染，发着高烧，使用各种药物都无济于事，眼见死神就将把他带走。在万般无奈的情况下，医生征得病人的亲属同意，试用弗洛里等研制的新药青霉素，每隔 3 小时注射一次。结果是药到病除，挽救了这个年轻的生命。弗莱明、弗洛里和钱恩因发现了青霉素及其对多种传染性疾病的治疗作用而荣获 1945 年度的诺贝尔生理学或医学奖。

不过，当时青霉素提炼技术还不够成熟，从 100 千克青霉菌培养液中提取的青霉素，只够一个病人一天的治疗用量，而且提取工作需要花费大量的人力和财力。当时，战争需要大量的这种新药来拯救千百万受伤战士的生命，而英国正遭受德国法西斯的疯狂轰炸，没有财力和人力进行这种昂贵的研制生产。牛津大学不仅拒绝为弗洛里和钱恩申请青霉素的专利保护，还拒绝了他们组建试验工厂以进一步探索工业化生产青霉素的工艺条件的要求。弗洛里和钱恩等人不得不四处奔波，希望英国能有药厂投产这种前途广大的新药，遗憾的是多数药厂都借口战时困难而不予理睬。最后，他俩只好请求美国协助，他们提着一只装着青霉素菌种的手提箱，横渡大西洋到美国寻求发展。在美国，弗洛里和钱恩等人终于获得了资助。他们也惊喜地发现，在他们研究青霉素结构的同时，美国也开始大规模开展该项研究，大约有 200 多名化学家参加研究，他们中有的来自研究机构，有的来自工厂企业。

要想大批量生产青霉素，关键问题是要找到好的菌种。于是，美国政府命令飞行员从世界各大洲的机场附近带一包泥土回来，让研究人员从中选择所需要的菌种。结果发现生长在西瓜表皮上的 832 号青霉素菌种最好，它的青霉素产量比其他菌种的产量高 2 倍。研究人员又在培养液上下功夫，发现用玉米粉调配的培养液最有利于青霉素菌繁殖，能够使青霉素的产量提高 10 倍，如果里面再添加一些乳糖，产量则更高。经过这些技术改进，青霉素终于可以大批量生产。1943 年第一季度，每天生产的青霉素量还只能够供十几个病人使用，到了 1945 年，仅美国一天的产量就足够上百万的病人使用。

辉煌成就

起初，不仅一般人对青霉素表示怀疑，就连多数医务工作者也不相信它的药效。但一次医疗结果大大改变了人们的看法，青霉素的价值终于被发现了。1942 年冬天，第二次世界大战正进行得如火如荼之时，英国首相邱吉尔突然因感冒得了肺炎。首相得病，无疑是关系到战局的大事。当时使用了被认为是最好的药也未见效，于是医生决定使用青霉素来治疗。果然，邱吉尔服药后没过几天便恢复了健康，重新投入到战争的指挥工作中。邱吉尔的康复为青霉素的推广应用做了最好的宣传，青霉素从此名声大振。1944 年，英美联军在法国诺曼底登陆，开辟了第二战场，同德国法西斯进行大规模作战，受伤的士兵越来越多，对抗菌药物的需要也越来越迫切。在磺胺和其他药物治疗无效的情况下，青霉素能够药到病除，在医治伤员时发挥了极大的功效。现实使得医护人员不得不对青霉素刮目相看，于是在军方的大力支持下，青霉素开始走上了工业化生产的道路。在战争期间，防止战伤感染的药品是十分重要的战略物资，所以美国将青霉素的研制生产放到与原子弹研制同等的地位。1943 年，生产青霉素的消息传到中国，当时还在抗日后方从事科学研究工作的微生物学家朱既明随即也开展了这项研制工作，从长霉的皮鞋上分离得到青霉菌，并用这种青霉菌制造出了青霉素。

青霉素的卓越疗效，开启了人类利用抗菌物质杀灭人体内致病菌的新思路，科学家们在世界各地到处寻找新的抗菌物质，比如用来医治结核病的抗菌药。在青霉素应用于临床后，的确能够治愈多种细菌性的传染病，但它对结核病却束手无策。肺结核是对人类危害最大的传染病之一，在 19 世纪的欧洲，它是导致死亡最多的一种疾病，进入 20 世纪，仍约有 1 亿人死于肺结核，著名作家契诃夫、劳伦斯、鲁迅、奥威尔等都是因为得了肺结核而过早去世的。世界各国的医生都曾尝试使用许多种药物治疗肺结核，但是没有一种药物真正有效，患上结核病就意味着被判了死刑。

瓦克斯曼

青霉素虽然也无法治愈结核病，但是它的神奇疗效给人们带来启发，需要找到一种能有效治疗肺结核的类似抗生素。完成这一使命的是美国土壤微生物学家、拉特格拉斯大学教授瓦克斯曼(S. A. Waksman)，他在 1946 年 2 月 22 日宣布，在他的实验室发现了第二种应用于临床的抗生素——链霉素，它对治疗结核杆菌有奇效，开启了人类战胜结核病的新纪元。1952 年 10 月，瓦克斯曼获得了该年度的诺贝尔生理学或医学奖。

瓦克斯曼 1888 年 7 月 22 日出生于乌克

兰普卢里卡，1916年加入美国籍，职业生涯中的大部分时间在新泽西州新不伦瑞克的拉特格拉斯大学度过。人们很早就注意到结核杆菌在土壤中会被迅速杀死，1932年，瓦克斯曼受美国对抗结核病协会的委托研究这个现象，他认为这很可能是土壤中的某种微生物起的作用。在药业巨头默克公司的资助下，瓦克斯曼带领他的学生开始系统地研究从土壤微生物中分离的抗菌物质。他们对1万多个菌株进行筛选，在1940年分离出了一种抗生素，叫做“放线菌素”，可惜它的毒性太强，使用价值不大。1942年又分离出另外一种抗生素，叫做“链丝菌素”，它对包括结核杆菌在内的许多细菌都有很强的杀伤力，但对人体的毒性太强，同样不太适宜用做医药。转机出现在1943年，瓦克斯曼终于分离出一株灰色的放线菌，它产生的抗生素能杀死结核杆菌，而对人体的影响不大，瓦克斯曼将其命名为“链霉素”。在证实链霉素对人体的毒性不大之后，两名医生开始尝试将它用于治疗结核病患者，得到的效果出奇得好。随后，链霉素也被证实对鼠疫、霍乱、伤寒等多种传染病有治疗效果。

瓦克斯曼及其学生继续研究不同菌株的链霉菌，发现不同菌株产生的链霉素的灭杀细菌能力也不尽相同，其中只有4个菌株能够用以大规模生产链霉素。基于瓦克斯曼的发现，默克公司很快就进行了链霉素的大规模生产并投放市场。

链霉素虽然不是第一个问世的抗生素，但它引起的轰动效应一点不亚于青霉素，因为它征服的是“白死病”。美国1904年以前，10万名肺结核患者中有188人死亡，链霉素诞生后，到1953年，每10万患者只死亡4人。瓦克斯曼的成功不仅挽救了千百万结核病患者的生命，更重要的是为其他科学家指明了寻找抗生素的方向——从土壤中寻找放线菌，迄今为止，大多数临床应用的抗生素都来源于这类微生物。开发抗菌药的微生物学家纷纷来到污水沟旁、垃圾堆上和沃野之中“淘金”，采集样本、筛选菌种，迎来了大规模筛选抗生素的时代。到2005年，抗生素家族成员已经增加到133个，它们都为人类征服疾病作出了巨大的贡献。统计资料显示，今天人类的寿命较20世纪初增加了近20岁，其中约有10岁得益于抗生素的发明。

双 刃 剑

抗生素药有着非常好的药效，但它同时也是把双刃剑，虽然可以挽救生命，但若被滥用将会导致非常严重的后果。例如：由于抗生素的广泛使用，不少孩子的牙齿发黄且发育不好，变成了四环素牙。有的患者因为长期使用链霉素而丧失了听力，变成聋子。根据有关统计资料显示，我国三分之一的残疾人属于听力残疾，而其中60%～80%的致聋原因与使用抗生素有关。更为严重的是，抗生素会导致人体的免疫力下降。人类机体内往往含有一定量的正常菌群，它们是维持正常生命活动的有益菌，而其他对人体有害的菌群因它们的存在而不容易在人体内生存。抗生素虽然没有直接伤害人体，但它不能识别有益和有害菌群，所以它在杀死有害细菌的同时，也大量损伤了这些有益菌，使得人体对疾病的抵抗力减弱，让其他有害细菌趁机繁殖，形成了所谓的二次感染，并致使其他抗生素失去疗效。

其次，抗生素的普遍使用会使越来越多的细菌产生耐药性。抗生素在灭杀细菌进行治病的同时，也锻炼了那些细菌的耐药能力，使得治病效果越来越差。每一种抗生素投入使用后，没有被杀灭掉的那些细菌会迅速产生对这一抗生素的抗体，从而成为耐药菌。比如，耐药性绿脓杆菌，它可以改变细胞膜的通透性，阻止青霉素类抗生药物进入；结核杆菌通过改变体内蛋白质结构阻止抗生素与其结合，导致抗生素对它们失去灭杀能力；更有甚者，有的革兰氏阴性菌还能主动出击，化解青霉素以及头孢菌素类药物。耐药性能纵向遗传给后代，当这些细菌再次传染给其他病人时，它们就会对原来应用的抗生素具有一定的耐药性。如此反复传代，最终使得这种抗生素对细菌不再有效。

在抗生素发现之前，金黄色葡萄球菌是人类的主要杀手之一，医生对此束手无策。青霉素问世之后，金黄色葡萄球菌的猖獗有所收敛。但随着青霉素的大量使用，某些金黄色葡萄球菌开始出现抵抗力，并产生青霉素酶，破坏青霉素。为了对付耐药的金黄色葡萄球菌，科学家又研制出一种半合成青霉素即甲氧西林，临床使用取得了很好的效果。然而，道高一尺魔高一丈，仅仅时隔两年，又出现了耐甲氧西林的金黄色葡萄球菌。20世纪80年代初，甲氧西林灭杀金黄色葡萄球菌的效果达95%，可没过5年，到了1985年，其有效率一下子下降了20%，到了1996年，无效比例高达72%。现在，这种药基本上没什么医疗效果了。20年前生产的抗菌药环丙沙星，开始在临床上应用时被证明副作用小、治疗效果好，而现在，它差不多对60%以上的病人失去了疗效。由耐药菌引起的感染，抗生素对它们无能为力，最终病人还是死亡。在被称为抗生素“黄金时代”的20世纪50、60年代，全世界每年死于感染性疾病的人数约为700万，到1999年这一数字竟然上升到2 000万。耐药菌的发展速度令人触目惊心，在某种新的抗生素出现以后，很快就出现一批耐药菌株。医学工作者开发一种新的抗生素一般需要10年左右的时间，而一代耐药菌的产生只需要2年，药的研制速度远远赶不上耐药菌的繁殖速度。

更麻烦的是，大量生产出来的抗生素并不全都是用在人类身上，动物与人一起使用抗生素。动物饲养使用抗生素，也可导致产生耐药菌株，这些耐药菌反过来又通过食物或与人的接触传播给人类。科学家发现，土壤和农田地下水中的细菌从猪的肠道菌那里获得了耐受四环素的耐药基因。耐药基因长期存在于土壤和水生细菌中，很可能会传播给那些毒性很强的细菌，而如果人饮用了受污染的水，这些细菌就会侵入人体。自然环境中的细菌接触了各种各样的抗生素，由此产生耐药性，并导致抗生素的耐药基因蔓延，形成细菌耐药性扩散链。其实，在粮食、蔬菜、肉类、乳品乃至医院的空气中，也存在着耐药菌。这些耐药菌通过饮食、呼吸进入人体后，自动组成了一个耐药菌库。一旦发生细菌感染，即使从来没有使用过抗生素药物的人，同样面临抗生素束手无策的局面。

不过，目前还没有完全弄清楚这些不惧怕抗生素的超级细菌产生的原因，究竟是因为抗生素刺激细菌产生变异从而具有抗药性，还是自然界中本来就存在着少数变异菌株，而抗生素只不过对其进行了筛选，使得原先并不占数量优势的但具有耐药性的突变株生存下来，并大量繁衍，最终占据了主导地位，使得抗生素的使用剂量越来越大以及失去效力的抗生素越来越多。有些科学家就持有超级细菌是先天存在的观点，他们认为细菌的耐药性是不可避免的。

即使存在耐药性细菌，科学家认为这也并不意味着人类对超级细菌就不可控制。近年来，已经有越来越多的微生物学家、医学家在研究如何阻止超级细菌流行，重要的手段之一便是停止滥用抗生素，即不超时、超量以及对症使用、严格规范使用抗生素，减少对抗生素的依赖，改善居住环境，调整生活节奏，培养良好的生活习惯尤其是饮食习惯，加强身体锻炼，并通过营养医学方法提升自身的免疫力等。

科学家也在研究灭杀细菌的新方法，以期代替使用抗生素。目前有三种设想方案，即噬菌体杀菌法、细菌素杀菌法和益生菌方法。噬菌体是感染细菌、真菌、放线菌或螺旋体等微生物的病毒的总称，凡是有细菌的场所就可能有相应的噬菌体存在。噬菌体以吞噬细菌作为自己生存和繁衍的物质基础,把细菌涂布在培养基上长出一层菌苔时,用一个噬菌体感染其中一个细菌后,便会迅速生成几百个子代噬菌体,每个子代又去感染其他细菌细胞,然后又生成几百个子代噬菌体。周而复始,就会把周围成千上万个细菌感染致死。可以设想,如果能找到一些具有选择性且对人体无害的噬菌体,那么它将是替代抗生素的优秀药物。

细菌素是某些细菌在代谢过程中,通过核糖体合成机制产生的多肽或前体多肽,能较强烈地抑制甚至杀死其他细菌和微生物。比如在食品中加入十万分之几到万分之几称为 Nisin 的细菌素,就足以抑制许多革兰氏阳性菌的生长和繁殖。由于细菌素具有与抗生素相似的一些性质和作用,因此最初它被认为是抗生素。但其实两者不一样,大部分细菌素只对近缘关系的细菌有损害作用,它无毒、无副作用、无残留、无抗药性,同时也不污染环境。细菌素能减少抗生素的使用,甚至取代抗生素。值得指出的是,植物体内的细菌素可以通过基因方法进行移植,被移植的植物天然就具有杀菌能力。如果人体也能实现这样的基因移植,那么将大幅提升人类的免疫力。

益生菌方法是利用一些益生菌在人体中建立起与其他细菌共生、竞争的关系,阻止有害细菌对人体的伤害。一百多年前,俄国免疫学家梅哥尼科夫(E. Metchnikoff)注意到保加利亚的农民大多健康长寿,他把原因归结于他们所食用的发酵牛奶中含有活细菌——益生菌。现在,科学家对这种细菌的种类、剂量、作用机理、安全性能等方面已经进行了许多探索研究,结果显示,补充足够数量的适当种类的益生菌,有助于人类增强免疫力和抵抗细菌感染的能力。抗生素不仅杀死致病细菌,同时也灭杀了一些原本对人体非常有益的益生菌。科学家设想在使用抗生素治疗疾病的同时,及时补充某些益生菌,以维护人体的动态平衡,恢复人体应有的抵抗力。人逐步走向衰老,体内的益生菌数量也会不断减少,补充益生菌则可以进一步提高人类机体的防御能力,帮助预防疾病。

第 9 章　窥视微观世界

——显微镜

人类双眼的视力有限,能够看到的物体尺寸只在 1 微米左右,再小尺寸的就无法看清了。17 世纪,人们发明了显微镜,借助于它们,人类的视力一下子提高了千万倍。科学家探索微观世界有了先进的工具,对微观世界的认识逐渐加深,许多新技术也随之纷纷出现,推动了纳米时代的到来。

窥见“狄尔肯”

1673 年的一天,英国皇家学会(The Royal Society)收到了一封厚厚的来信,打开一看,原来是一份用荷兰文书写的、字迹工整的实验记录,其标题是《列文虎克用自制的显微镜观察皮肤、肉类以及蜜蜂和其他虫类的若干记录》。学会的许多专家对“列文虎克”这个名字都感到陌生,他是谁?英国皇家学会是英国最具名望的科学学术机构,其成员在尖端科学领域均饶有贡献,学会的成员都是来自英国及英联邦国家的著名科学家、工程师和科技人员,因经常参加学术交流活动,他们彼此之间多少有些熟悉。信的标题念起来很拗口,所述的内容看起来也不像是通常收到的那种学术文章。对于这样一封“陌生”人的来信,专家们难免带着几分轻视的态度开始阅读。但往下细读,他们被信中生动新奇的内容吸引,信中陈述的内容竟然是当时还没有人深入研究的生物世界。信的作者介绍说:“利用自己制作的显微镜观察到各种活体生动的活动,在一滴水中就有大量不同的、令人难以置信的极小‘狄尔肯’(拉丁文中意为细小活泼的物体,即现在所说的微生物),它们不仅生长良好,而且能大量繁殖——大约有 270 万只。这些‘狄尔肯’的动作相当优美,它们来回地转动,也向前和向一旁转动……”显赫的英国皇家学会的专家们均觉得这位陌生“学者”叙述的事太不可思议。这位写信人列文虎克(A. van Leeuwenhoek)究竟是何许人也?英国皇家学会的一位通讯会员、医生兼解剖学家德格拉夫(R. De Graaf)告诉学会,他认识列文虎克,列文虎克是经过他劝说才给学会写这封信，报告其用显微镜观察微生物的结果。

列文虎克在 1632 年出生于荷兰代尔夫特城，父亲是制造篮子的手工艺人，母亲来自酿酒艺人家庭。6 岁时，他的父亲就去世了，16 岁时他挑起了养家糊口的重担，到首都阿姆斯特丹的一家布店当学徒。六年的学徒生活结束后，为了谋生，他只好辗转回到故乡代尔夫特，好不容易经人介绍在市政厅的门房找到了一份当门卫的差事。看门工作比较轻松，时间也算宽裕，而且接触的人也很多。一个偶然的机会他从一位朋友那里得知，阿姆斯特丹有许多眼镜店，除磨制镜片外，也磨制放大镜，并告诉他说用放大镜可以看清楚肉眼原先看不清的东西。列文虎克对这个神奇的放大镜充满了好奇心，但因价格太高而买不起。于是他经常出入眼镜店，学习磨制透镜。

列文虎克

一天，他透过两块透镜，偶然发现透镜后面的小铁钉一下子变大了好多倍。这个发现引起他莫大的兴趣，为了固定透镜方便仔细观察，他动手做了一个金属支架和一个小圆筒，把两块透镜分别装在圆筒两头，又在透镜下面安装了一块铜板，上面钻了一个小孔，使光线由此进入从而照射到所观察的东西，并安上旋钮来调节两块镜片间的距离。1665 年，他制成了一台性能良好具有“显微”功能的器具，他称其为“显微镜”，并利用它观察到许多肉眼所看不见的微小植物和动物。几年以后，列文虎克制成了多种显微镜，而且做出来的显微镜越来越精巧、越来越完美，能把细小的东西放大两三百倍。但是，列文虎克对自己的这项工作一直保密，从不允许任何人参观他的工作室，总是单独一个人在小屋里耐心地磨制各式透镜，或运用制成的显微镜观察神奇多彩的微生物世界。

德格拉夫听说列文虎克正在研制某种神秘的“眼镜”，于是他决定专程前去拜访列文虎克。德格拉夫是代尔夫特城里的名医和著名人士，也是列文虎克的好朋友，他受到列文虎克的热情接待，并被邀请去参观显微镜以及观看一些观察结果。德格拉夫不看则已，一看就大为震惊，这是一件非常了不起的工作！他告诉列文虎克他制造的显微镜和观察结果具有极其伟大的意义，不能再保守秘密了，并鼓励他立即把显微镜和观察记录送给英国皇家学会，这样一来，可以让世人有机会了解这个伟大的成就，同时也能够获得其他人的帮助，使自己的工作有更好的发展。

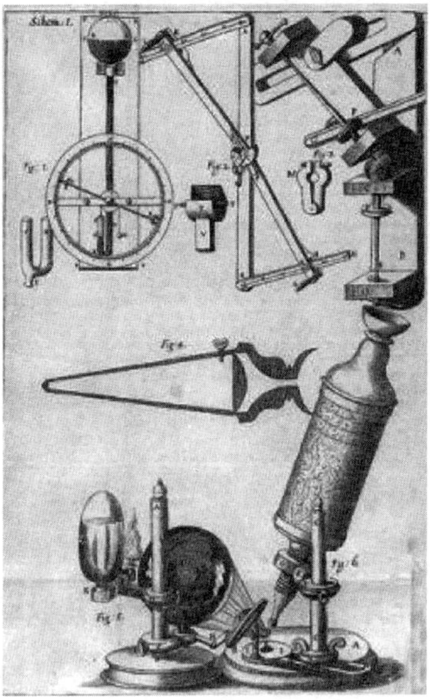

世界上第一台实用显微镜

英国皇家学会不计较列文虎克出身低微、并非名门望族和学者教授，认为如果列文虎克信中所说属实，那的确是件非常有意义和有价值的工作。于是，便委托学会两位秘书、一位物理学家和一位植物学家替皇家学会找来质量好的显微镜进行重复观察，以验证列文虎克信中所述的内容是否真实。

皇家学会的专家经过严格的实验检验后确信，列文虎克信中介绍的那些看似荒诞不经的"狄尔肯"故事在微观世界里竟然都是真实的。这样，列文虎克的科学实验终于得到了皇家学会的公认，他的信也被译成了英文，并在英国皇家学会的刊物上发表。窥见"狄尔肯"的事立即轰动了英国学术界，列文虎克很快成为皇家学会的会员。接着，英国女王还亲笔给他写来了贺信。列文虎克从一个最普通最平凡的看门人变成了世界瞩目的名人，成为在显微镜下观察到微生物和原生动物的第一人，开辟了生物学的崭新研究领域，可称得上是科学史上的传奇人物之一，英国皇家学会不拘泥于刻板的制度选拔人才的举动也受到了人们的称赞。

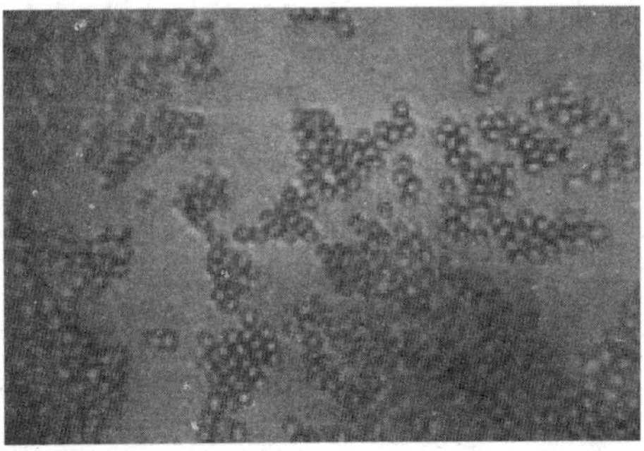

显微镜下的微生物

列文虎克并没有陶醉在巨大的荣誉之中，他还是一如既往地把自己关在屋子里，用显微镜记录微生物世界里发生的各种"故事"。他利用显微镜在雨水中发现原生动物，在人口腔的牙垢中发现细菌，惊呼其数量比整个荷兰王国的居民还要多。列文虎克将根据观察到的情况整理出的文字及图像都一一寄往英国皇家学会,并在学会的刊物上先后发表。

当时除了荷兰,英国也有人在研制显微镜,胡克(R. Hooke)就是其中颇为著名的一位。他1635年7月18日出生于英格兰南部威特岛的弗雷施瓦特,父亲是当地的教区牧师。1653年,胡克作为工读生进入牛津大学里奥尔学院学习,1663年获硕士学位,同年被选为皇家学会正式会员。1665年,胡克根据一会员提供的资料设计了性能结构相当好的显微镜,利用它发现了软木塞片有着其他材料没有的结构,看上去全部是多孔多洞,很像蜂窝,这些"蜂窝"并不很深,他给它们起名叫做"细胞"。胡克所指的"细胞"其实是那些一度被活的物质所占有过的小格子。从此以后,"细胞"一词就用来描述生命的基本结构单位,并且一直沿用至今。之后,胡克又观察过萝卜、芜菁等其他植物,也观察到了它们所具有的类似的细胞结构,并将观察到的许多东西汇编成《显微图志》,书中记录下了人类最早发现细胞的许多珍贵资料,还记录了微小的化石生物结构。可惜胡克对生物学的兴趣不大,他很快就不再对细胞进行深入研究了。

据有关资料记载,荷兰很早就开始磨制玻璃和宝石镜片,并且知道一块一个面或者两个面凸起呈弧形的透明玻璃片有放大作用,利用它可以看清物体的一些细节。现在人们称这种用单片透镜做的放大器为单式显微镜。这种简单显微镜的放大倍数不超过30倍,一般是20倍左右。要得到更高的放大倍数,需要让几个透镜组合,这就是复式显微镜。据说最早发明这种复式显微镜的也是荷兰的一位眼镜制造商,他是米德尔堡的詹森(Z. Janssen)。他制作镜片的技术非常精良,能够制作各种大大小小、厚厚薄薄的镜片。1590年,他做了两个圆筒,把它们套在一起,然后在套筒的一端安装一块双凸透镜,在另外一端装一块双凹透镜。他手拿着这个套筒左右比划着,突然从双凹透镜中看到自己放在凸透镜上的手指变粗了不少。他又把一只小虫放上去观察,发现这小虫也变大了。这个现象启发詹森,使用多块透镜叠在一起可以把物体放得很大。经过一番努力,终于制造出能够看见微小物体的复式显微镜。今天,在荷兰米德尔堡科学协会还保留了一架镜筒长18英寸、直径大约2英寸的显微镜,据说它是詹森当年制造的。不过,詹森没有估计到显微镜的使用价值,并未对显微镜做进一步完善工作,也没有利用他发明的显微镜对微生物进行观察,真正开展这些工作则是在多年之后。

列文虎克利用显微镜窥探微生物世界取得的成就，鼓舞了许多科学家，他们利用显微镜探索其他科技领域，如医学领域、金属结构领域、矿物领域、机械领域和电子工业领域等，相应也发展出各种专业显微镜，比如用于观察微生物和生物细胞组织的生物显微镜，用于检测和研究金属组成和结构的金相显微镜，用于对岩石或者矿物标本进行检查分析用的岩相显微镜，用于精密测量零件、部件尺寸和外形轮廓的量度及工具显微镜等。

显微镜是人类最伟大的发明物之一，在它发明之前，人类关于世界的认知局限在用肉眼或者靠手持透镜。虽然列文虎克在世时就已得到人们的承认，但真正认识到他对人类认识世界所作出的伟大贡献以及显微镜的巨大价值，还是在100多年之后。

用电子替代光子

人们很快发现，显微镜的放大倍数存在一定限度，最大不超过2 000倍。但这不意味着不能再放大了，比如把显微镜的显微图像投影到大屏幕上，可以放得更大，但是这样一味追求图像的大尺寸，却看不到更多的细节。科学家用一个称为“分辨率”的物理量来评价显微镜观察细节的能力，分辨率是指显微镜能够分辨的最细微结构的尺寸。光学显微镜能够分辨的最微小结构的尺寸是0.2微米左右，尺寸再小的结构就无能为力了。

众所周知，光束在空间以直线传播，当传播路途上遇到物体时会被反射回来或透过物体继续直线传播。但是，如果遇到的这个物体的尺寸与光波波长差不多时，传播方式就会出现新状况，有一部分光会绕过这个物体的边缘，改变传播方向，这个现象称为光的衍射，这是光的基本特性之一。正是衍射效应限定了显微镜的分辨率最高只能达到所用光的波长的一半。可见光的波长是390至770纳米，换言之，采用可见光照明的显微镜能够分辨的最小细节尺寸是0.2微米左右，人类不可能察觉小于这个尺寸的细节。这就好比盲人读书，他们靠手指抚摸字形的凹凸纹来认字，所以，手指只有抚摸出字与字之间的空隙时才能辨认出前后的字具体是哪一个。在光学显微镜中，这只“手”是光束，光的波长相当于手指的粗细，显然，要它辨别出比波长小的物体是不现实的。根据这个道理，显微镜使用发射短波长辐射的光源照明，比如紫外射线或者X射线就可以提高分辨率。不过，最“革命”的做法就是用电子束替代光束制造显微镜，这种电子显微镜的分辨率一下子获得几千倍的提高。

德布罗意

初听起来或许会感到不可思议，电子是粒子，它能够替代光波“执行”放大物体的任务吗？著名法国科学家、诺贝尔奖获得者德布罗意(L. de Broglie)为这道难题的解决提供了科学基础。德布罗意1892年8月15日出生于法国塞纳河畔的迪耶普，是法国一贵族家庭的次子。光有波动性，著名的干涉现象和衍射现象都证明了光的这个特性。

但是，随后发现的光电效应又证实光也具有粒子性(爱因斯坦的光子说就是根据这个效应而提出的)。根据这些事实，人们普遍接受了光辐射具有波粒双象性的理论。光的双重性质给了德布罗意很大启发。他想，既然过去一直认为光只有波动性，后来发现它又有了粒子性，那么一直以来认为是微观粒子的电子、质子、中子、原子、分子等等，它们会不会也有波动性？根据这样的推理，他在1924年撰写的博士论文《量子论研究》中做了系统阐述，提出波粒二象性不只是光子独有的性质，一切微观粒子包括电子、质子、中子等等都具有波粒二象性，并把光子的动量与波长的关系式 $p=h/\lambda$ 推广到一切微观粒子上，指出具有质量 m 和运动速度 v 的运动粒子也具有波动性，这种波称为物质波，其波长 λ 等于普朗克常数 h 与粒子动量 mv 的比值，即 $\lambda=h/(mv)$。这个关系式后来被称为德布罗意公式。德布罗意的物质波假设是在当时没有得到任何已知事实支持的情况下提出来的，这就使得博士论文答辩委员会对其真实性存有疑虑，答辩委员会主席当时就向德布罗意提出如何用实验来证实的问题，德布罗意回答说，用晶体对电子的衍射实验将会验证。其实，通过一些实验来验证粒子本身也伴有波动的思想早在德布罗意1923年9月24日发表的论文《光量子、衍射和干涉》中就已指出：从很小的孔穿过的电子束，可能产生衍射现象。不过，德布罗意的物质波假设终归是在无实验证据的情况下提出的，人们一时很难接受，就连德布罗意的导师、法国著名物理学家朗之万(P. Langevin)也不相信他的这个假定，只不过觉得德布罗意这篇博士论文写得很有才华，才让他得到博士学位。

德布罗意关于物质波的假设传到美国后，纽约便开展了显示电子衍射的实验研究。1927 年初，美国贝尔实验室的戴维孙(C. J. Davisson)和革末(L. H. Germer)在电子束通过镍晶体时观察到了电子的衍射现象，并根据衍射图测量了波长和电子动量之间的关系，在测量精确度范围内证明了德布罗意公式的正确性。同年，英国阿伯丁大学的英国物理学家 G. P. 汤姆孙(G. P. Thomson，他是 1906 年度诺贝尔物理学奖获得者 J. J. 汤姆孙的儿子)在高能电子穿过金、铂、铝等金属箔时，也观察到类似 X 射线在多晶体产生的衍射条纹，观测到的物质波波长和根据德布罗意公式计算得到的结果非常一致，这个实验再一次证明电子具有波动性。以后又有其他一些实验观察到氦原子、氢分子、中子等发生衍射现象，进一步证明德布罗意物质波假设的正确性。1929 年，德布罗意因物质波假设获得诺贝尔物理学奖，而戴维孙和 G. P. 汤姆孙因为出色实验验证工作共享了 1937 年度诺贝尔物理学奖。

从德布罗意公式很容易算出运动电子的物质波波长。电子的电荷是 1.6×10^{-19}库，质量是 0.91×10^{-30}千克，它经过 200 伏电势差加速获得的运动速度 $v=8.39\times10^{6}$米/秒，按照德布罗意公式可以算出这个运动电子的物质波波长是 $\lambda=h/(mv)=8.7\times10^{-11}$米，大约是可见光波长的 1/4 500，这就意味着利用电子替代光子做成的显微镜，其分辨率可以获得几千倍的提高。目前，已经制造出放大倍数达 300 万倍的电子显微镜。

用电子束来制造显微镜，关键是找到能使电子束聚焦的透镜，光学透镜是无法汇聚电子束的。德国科学家布施(H. Busch)1926 年在研究射线传播时发现，高速运动电子在电场或者磁场的作用下会发生折射并能够被汇聚。在这一年他发表了有关磁聚焦的论文，指出电子束通过轴对称电磁场时可以聚焦，如同光线通过透镜时聚焦一样。这一发现为制作电子显微镜最重要的部件——电子透镜提供了技术理论基础，使用一个对称于镜筒轴线的空间电场或磁场便可以使电子轨迹向轴线弯曲形成聚焦。现代电子显微镜大多采用电磁透镜，由很稳定的直流励磁电流通过带极靴的线圈产生强磁场使电子聚焦。

世界上第一个制作出实用电子显微镜的是德国著名科学家、诺贝尔奖获得者鲁斯卡(E. Ruska)。1906 年 12 月 25 日，他生于德国巴登市海德堡，父亲是柏林大学历史学教授。他后跟随父亲来到柏林，1928 年夏进入柏林恰洛廷堡的柏林技术大学学习，并在高压实验室工作，从事阴极射线示波管的研究。从 1929 年开始，鲁斯卡在

鲁斯卡

诺尔(M. Knoll)的指导下从事利用磁场和电场使电子束聚焦成像的研究，不过，起初他们的认识仍然局限于阴极射线管的聚焦现象，并未认识到其中的深远意义。但很快他们明白，根据德布罗意方程，利用高能电子束可以获得波长比光波波长短 10 万倍的电子波，利用电子替代光子制造的显微镜可获得比光学显微镜更高的分辨率。于是，他们开始尝试制作能够控制电子波的透镜以及电子显微镜。1931 年，他们制造成功二级电子磁透镜，焦距小到 3 毫米，获得 16 倍放大率。1932 年 3 月，此项磁透镜成果申请了德国专利。接着，鲁斯卡又加大对电子加速的电压，产生了能量更高的电子束，制作的电子显微镜获得 12 000 倍放大率，拍摄了分辨率优于光学显微镜的铝箔和棉丝的照片。1934 年，鲁斯卡以题为《电子显微镜的磁物镜》的论文获得柏林技术大学工学博士学位。此时，鲁斯卡打算继续进行改进电子显微镜的实验研究，但这项研制需要经费，然而当时他们的发明并未立即获得学术界和有关部门的承认，因此得不到有力的经济支持。

为此，鲁斯卡不得不花时间到政府部门和工业研究部门去做说服工作，使他们相信可以研制出性能超过光学显微镜的电子显微镜，争取得到财政支持。经过 3 年的奔走，1937 年春，西门子-哈斯克公司终于同意出资建立电子光学和电子显微镜实验室，同时还有许多青年学者纷纷前来参加研制工作。鲁斯卡从 1937 年开始着手研制实用电子显微镜，1938 年制成了两台电子显微镜，可获得30 000倍放大率的图像，一些医学家立刻用它来研究噬菌体等，获得很大成功。1939 年，西门子公司制造出世界上第一台商品电子显微镜，它的分辨率为 7 纳米、放大倍率达 30 000 倍，同年首次在莱比锡国际博览会上展出，引起世界各国的广泛注意，欧洲各国科学家先后开展了电子显微镜的研究和制造工作。

世界上第一台实用电子显微镜

电子显微镜的出现使人类洞察微观世界的能力大幅度提升，开创了物质微观结构研究的新纪元。通过 20 世纪 50 年代中期制成的中、高分辨率电子显微镜就能够观察到固体的缺陷、细胞的内部结构、病毒和一些大分子，促进了固体物理、金属物理、材料科学和医学的发展。70 年代出现的超高分辨率电子显微镜能够直接观察原子，对现代科学技术的发展起了巨大的推动作用。

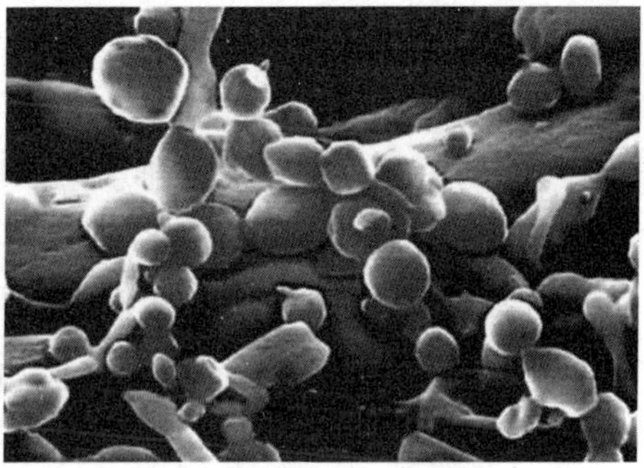
电子显微镜下看到的禽流感病毒

鲁斯卡毕生从事电子显微镜的研制和生产工作，他不但在实验室中研制成功世界上第一台分辨率超过光学显微镜的电子显微镜，而且亲自参与商品电子显微镜的设计及制造工作，制造出世界上第一台商品电子显微镜，其贡献是巨大的，他早该获得诺贝尔奖，只是由于出现了种种争议，直到第一台电子显微镜问世五十多年后，那些有争议的人都已过世，诺贝尔奖评选委员会才决定把 1986 年度诺贝尔物理学奖的一半颁发给鲁斯卡，表彰他在电光学领域做的基础性工作和设计了第一架电子显微镜。

看清原子，操纵原子

电子显微镜的分辨率虽然远超过光学显微镜，但它也存在一些缺陷：必须在真空条件下工作，所以很难观察活的生物体；电子束的照射会使生物样品受到辐照损伤；为了让电子束能够透射被观察的样品，需要事先对样品进行加工，把样品做得足够薄；不容易观察物质的表面结构。此外，受电子显微镜本身的工作原理和现代加工技术手段的限制，它的分辨率已经接近极限，要进一步观测研究比原子尺度更小的微观世界，必须有概念和原理上的根本突破，才能制造出分辨率更高、性能更佳的显微镜，特别是适合观测物质表面结构的显微镜，这是科学家们一直努力的方向。

在物质内部，一个原子总是被其他原子完全包围着，但物质表面的原子面向外部世界，这些原子的排列方式显然与内部的不同，因此，物质的表面结构往往比内部结构更复杂，它是影响物质与其他物质“见面”时发生物理或者化学反应的重要因素。例如，硅集成电路的集成度越来越高时，集成电路的表面积与体积之比就相应变得越来越大，集成电路的工作状态以及它与其他逻辑元件的相互关联也越来越受到集成电路表面结构的影响。所以，科学家渴望能深入研究物质的表面结构，然而，利用光学显微镜或者电子显微镜都不能让他们获得更多的物质表面结构信息。透射式电子显微镜虽有很高的分辨率，但它获得的图像实际上是很薄样品的内部信息，用于表面微观观察及分析几乎不可能。

许多科学家也曾想过各种办法，试图制作出能够进行物质表面结构研究的新型显微镜。比如，1951 年德国科学家穆勒(E. W. Muller)发明了一种场离子显微镜，试图用来研究物质的表面结构。这种显微镜的分辨率可以达到原子大小的量级，从分辨能力来说，它能够观察物质表面的原子，但在使用时要求将样品制作成纳米直径的针尖，同时又要求它在高压电场下保持很高的机械稳定性，这样高的技术要求限制了它的使用。1956 年，美国奥基夫(J. A. Okeefe)根据近场光学分辨率与光波长无关的原理，避开了光学显微镜分辨率受衍射效应的影响，提出设计制造拥有足够高分辨率的扫描近场显微镜，用以研究物质的表面结构。但是受当时技术条件的限制，不能保证样品作高精度的移动及定位，最终未能成功制造出显微镜。1972 年，美国物理学家扬(R. Young)在穆勒制作场离子显微镜的启发下，提出了一种新型显微镜构想。他不将样品制作成针尖，而是专门制作一个探针，让它的尖端与样品表面保持一定距离进行扫描。当在探针和样品之间加电压后，针尖和样品之间就产生场发射电流，电流的大小和针尖与样品表面的距离有关。因为针尖进行扫描时保持着与样品表面的恒定距离，所以当遇到表面细微的凹凸不平处时，针尖就会做相应的上下起伏运动，把针尖的运动轨迹记录下来就可以知道物质的表面结构。扬的这个设想非常有创意，但在实际操作时又遇到了困难，要精确保证针尖与样品的距离在小于 1 纳米的条件下对物体表面扫描，其技术难度很大，扬的设想在当时同样没有实现。不过，他利用探针扫描物体表面的工作方式来获取物质表面结构信息的想法给其他科学家很好的启发，也为之后扫描隧道显微镜的发明提供了设计基础。

直到 20 世纪 70 年代末，德国科学家宾尼希(G. Binning)和瑞士科学家罗雷尔(H. Rohrer)利用电子隧道效应替代物理学家扬采用的场发射方式，制造出一种实用的新式电子显微镜——扫描隧道显微镜，科学家终于有了研究物质表面结构的得力工具。这种显微镜不需要光源和透镜，利用针尖扫描样品表面并通过隧道电流获取显微图像。它的分辨率非常高，放大率可达3亿倍，最小可分辨的两点距离为原子直径的1/10，分辨率高达0.01纳米，能让人们"看到"物质表面上的一个个原子，甚至还能分辨出约百分之一个原子的面积。

宾尼希(左)和罗雷尔(右)

宾尼希1947年出生在德国法兰克福，1978年在法兰克福大学获博士学位。当年，他受聘加入IBM公司在瑞士苏黎世研究实验室的物理研究组，与该实验室的瑞士科学家罗雷尔一起工作。罗雷尔1933年6月6日出生于瑞士的圣加伦，1949年全家迁往苏黎世。1961年罗雷尔到美国的罗格斯(Rutgers)大学做了两年博士后，1963年回到瑞士，在IBM公司苏黎世研究实验室工作。

隧道效应是微观世界特有的"景色"，宏观世界因为没有这种现象，所以不怎么好理解。比方说，人想进入一个有围墙的园子，一种办法是搬一把高度超过围墙的梯子，爬上梯子翻墙而入；另外一种做法是破墙而入，但这么做的后果是围墙遭到破坏，人本身也会受伤害。而在微观世界，一些微观粒子如光子、电子、质子、中子等，它们能够穿墙而入，非但不用破墙，而且粒子本身也没有受到丝毫损伤。这里所说的"墙"只是一个形象的说法，其实指的是阻挡微粒子运动的能量体，它在物理学上被称为"势垒"，比如夹在两片金属之间的绝缘层便是阻挡电子在这两片金属片之间来往的势垒。理论和实验都证实，如果金属片之间的绝缘层厚度薄到一定程度时，携带少量能量的电子便可以轻易穿过，跑到对面的金属片，由金属片制成的电路就会出现电流。这个现象就是单电子隧道效应，它是由在挪威出生的美籍科学家加埃沃(I. Giaever)从实验证实的效应。

加埃沃1929年出生于挪威的卑尔根，1952年毕业于挪威理工学院机械工程系，他曾在挪威政府担任了一年专利审查员。1954年，加埃沃移民加拿大，进入加拿大通用电气公司。他1956年移民美国，

加埃沃

1958年在美国通用电气公司从事薄膜研究工作，并试图利用由薄膜绝缘层隔开的金属研究量子力学预言的电子隧道效应。实验中的样品是这样制作的：两片金属薄膜作为电极，中间的绝缘层通过金属薄膜再氧化的办法制作出来，它的厚度不超过5纳米。约在1959年4月份，加埃沃做的几次实验都显示出隧道效应，并测量得到隧道电流。但是，当他在公司举行的报告会上报告自己的实验内容和实验结果时，并没有获得认同，包括许多有名望的物理学家在内的专家们都对他的实验结果提出了严重质疑，比如，电路上出现的电流是不是由于漏电或者短路产生的？会不会是半传导作用而不是隧道效应的结果，等等。加埃沃在当时找不到足够的理由解释清楚这些质询，连他自己也怀疑实验结果的正确性。不过，他没有放弃自己的实验工作，继续寻找新的实验方法以期做出令人信服的实验结果。一次，他在听固态物理课时了解到超导体的能隙，他想，如果巴丁等的超导理论是正确的，那么采用超导体，实验应该能有令人满意的结果。于是，他把超导实验与自己设想的隧道效应实验结合起来，重新设计实验装置。所用的实验样品是铝-氧化铝-铅隧道结，选用铅是因为它在－266℃以下会变成超导体。经过几次技术改进和反复试验，在1960年5月2日，终于获得隧道电流，并准确测量得到超导体的能隙。这一次的实验结果，征服了通用电气公司的科学家们，他们完全信服并热烈祝贺加埃沃获得了实验成功。加埃沃荣获1973年度的诺贝尔物理学奖。

约在1978年，宾尼希和罗雷尔根据电子隧道效应安排了这样一次实验：用铂片做一个电极，用腐蚀得很尖的钨针做另一电极，在它们之间小于2纳米的范围内，变动钨针对铂片的距离，并测量隧道电流随它们之间距离变化而发生的变化。测量结果表明，间隙即使只发生0.01纳米的变化，也能引起隧道电流的显著变化。从微观上看，非常光滑的样品平面也是由原子按一定规

扫描隧道显微镜的头部

律排列而成的。用一根很尖的探针在距离该物体表面十分之几纳米的高度沿表面扫描,由于每个原子有一定大小,因而在扫描过程中针尖与物体表面的实际间隙就会发生变化,流过探针的隧道电流也会不同,即使间隔出现百分之几纳米的变化,也能够在隧道电流上灵敏地反映出来,隧道电流的变化携带了物质表面结构的信息。电子隧道电流的产生不需要在电极上加很高电压,只需要几伏电压,这就避免了物理学家扬的实验需要高电压的技术困难。宾尼希和罗雷尔根据自己的设想和实验安排,在 1978 年系统地论证了一种新的物理探测系统——扫描隧道显微镜。

宾尼希和罗雷尔设想了两种显示隧道电流携带信息的方案。一种方案是利用一套电子反馈线路控制隧道电流,使其保持恒定数值,再通过电子计算机系统控制针尖在样品表面扫描,即让针尖沿样品表面沿 x、y 两个方向作二维运动。由于要控制隧道电流保持不变,因而针尖就会随着样品表面的高低起伏而作相应的起伏运动,记录下这个高低起伏的信息便得到了样品表面的三维立体图像。另外一种方案是在对样品表面进行扫描的过程中保持针尖的绝对高度不变,于是,针尖与样品表面的距离便不断发生相应变化,隧道电流的大小也随之发生变化。通过电子计算机处理该隧道电流的变化,并将其转换成图像信号,便可以获得样品表面的显微图像。这种工作方式仅适用于样品表面较平坦而且是组成成分单一(如由同一种原子组成)的物质情形。

经过多个月的艰苦工作,宾尼希和罗雷尔在 1981 年 3 月终于制造成功扫描隧道显微镜。他们将这种新型显微镜研制成功的消息先投稿给当年 9 月在美国洛杉矶召开的低温物理国际会议。1982 年 7 月号的《物理学评论通信》上刊登了他们写的论文,宣布扫描隧道显微镜正式问世。文章详细介绍了这种显微镜的工作原理、设计及实验条件,还给出 $CaIrSn_4$ 及金的表面结构图片。不过,他们的发明并未立即被社会普遍接受,在宣布扫描隧道显微镜问世后的三年,他们在澳大利亚召开的一个显微镜国际会议上做相关报告时,在场的显微镜专家们纷纷摇头大笑,表示这种全新东西他们不愿意接受,甚至有人怀疑报告展示的那些分辨率达到原子水平的表面结构图像并非从实验中得到,而是计算机的模拟结果。不过,宾尼希和罗雷尔并不在乎他人的冷漠和嘲笑,依然集中精力努力提高扫描隧道显微镜的性能,同时深入进行各种材料表面结构的研究。功夫不负有心人,他们又研制出高性能扫描隧道显微镜,利用这种显微镜获得了高质量的石墨、硅等物质的表面结构图像。他们在 1985 年 3 月美国物理学年会上作了相应报告，获得了巨大成功，与会科学家高度赞扬他们取得的成就，有些科学家还预言他们将获得诺贝尔奖。果然不出所料，他们在 1986 年获得了诺贝尔物理学奖。此后，扫描隧道显微镜开始走向世界科技舞台。

石墨表面结构图像

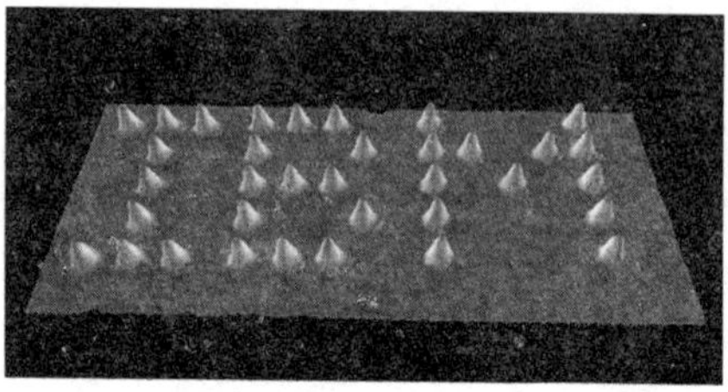

用 35 个氙原子拼出的“IBM”

扫描隧道显微镜终于让人们完成了物质表面结构的探测研究工作。利用它，不仅可以看清楚单个原子，而且还能操纵原子。1987 年，IBM 公司一个研发小组通过扫描隧道显微镜，在一块镍板上操纵 35 个氙原子拼出了“IBM”的字样。

不过，扫描隧道显微镜也不是完美无缺，它同样也有不足之处。从其工作原理可以发现，它检测的是针尖和样品之间的隧道电流变化，因此只能用于观察导体和半导体等物质的表面结构，不能直接用来研究非导电物质(其中包括大部分生物材料)。如果用它来观察非导电材料，必须在其表面覆盖一层导电膜，而导电膜的存在往往会掩盖样品的表面结构细节。宾尼希当时也意识到扫描隧道显微镜的不足，并着手进行改进。1986 年，他们又发明了另外一种新式显微镜——原子力显微镜。一个对微弱力敏感的微悬臂的一端固定在原子力显微镜上，另一端有一微小的针尖，针尖与样品的表面轻轻接触。针尖尖端的原子与样品表面的原子间存在着微弱的排斥力，扫描时通过控制此排斥力保持恒定，微悬臂将在垂直于样品表面的方向上做相应起伏运动。利用光学检测法和隧道电流检测法，测得微悬臂对应于扫描各点的位置变化，便可以获得样品的表面结构信息。原子力显微镜既适合用于研究导电物质的表面结构，也适合于研究绝缘材料的表面结构，而且它的显微分辨率更高。

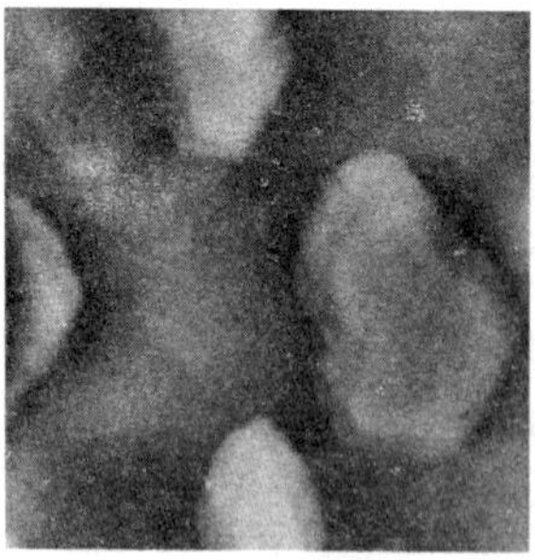

扫描隧道显微镜下的单个原子

第 10 章　看穿宇宙深处

——望远镜

人类视力所及的范围很有限，站到平原的高台上最多只能看见方圆约 50 公里的物体。各式光学望远镜和射电望远镜大大拓展了我们的视野，不仅可以将地球每个角落的一山一水尽收眼底，也能够窥见离我们千万亿公里宇宙深处的恒星、行星，它们的诞生、成长、衰亡以及它们之间发生的碰撞和吞并事件通过望远镜都能看见。

远山近在眼前

17 世纪初，荷兰研磨光学玻璃片的技术已经相当高超，能够制造质量很好的曲面玻璃器件。可工匠们只知道制作矫正视力用的老花眼镜和近视眼镜，没有想到用它们制作其他的器具，望远镜的诞生是很偶然的。据说，出生在德国韦塞尔、1594 年迁居荷兰小镇米德尔堡的眼镜店的主人李普希(H. Lippershey)，一天在检查磨制出来的透镜质量时，无意中把一块凸透镜和一块凹透镜排在一起，他透过这两块透镜看窗外，发现远处的教堂塔尖好像变大，感觉拉近了。于是他做了一只金属长形圆筒，一端装一只凸透镜，在另外一端装一只凹透镜，制成一只可用来看远处物体的玩具。远处的景物通过它就变得近在眼前，十分清晰。

李普希

李普希制作出能够把远处景物拉近观看的玩具这个消息很快传遍了小镇，人们纷纷到他的眼镜店要求一饱眼福。李普希立即意识到制造这种玩具会赚到钱，于是向荷兰国会提出申请专利。国会审议李普希的申请时，要求他给这个玩具起一个正规的名称，并要求他对玩具做改进，让两只眼睛能够同时观看。李普希遵照当局的要求，给玩具起名为“窥镜”，后来称其为“望远镜”，并将一只改进后的双筒望远镜送交国会，国会发给他一笔奖金。

李普希制作的望远镜在当时荷兰与西班牙的战争中发挥了作用，荷兰舰队的战舰上配备了他的望远镜，能先行发现敌舰的动向，获得了战争的主动权，最终赢得胜利。1609 年，荷兰与西班牙的战争结束，荷兰政府认为望远镜很简单，于是将它解密。发明望远镜的消息很快就在欧洲各国流传开，当时居住在意大利威尼斯的科学家伽利略(G. Galileo)也有所闻，不久他从在巴黎的朋友的来信中证实了荷兰人发明望远镜的事。“利用它能够窥见远处肉眼看不见的东西。这难道不正是我们要寻找的千里眼吗?”自己研制望远镜的想法在伽利略的心中油然而生。

伽利略 1564 年 2 月 15 日出生于意大利西海岸比萨城一个没落的贵族之家。17 岁那年，他进了著名的比萨大学，按照父亲的意愿，他选择了医科。不过，他的兴趣不在医学，而是寻找机会学习别的科目。1589 年夏天，他经贵族盖特保图侯爵推荐进入帕多瓦大学，帕多瓦是意大利北部一个学术气氛浓厚的小城，在这里他接触到了数学、物理和天文学等新科学。1592 年，28 岁的伽利略被任命为帕多瓦大学的数学、科学和天文学教授。之后，他便在佛罗伦萨的宫廷里继续进行科学研究，特别是天文观测。

伽利略

当他得知望远镜出现，立即意识到这是很有用的东西，于是马上动手研制。他先是研磨凸透镜和凹透镜，然后制作了一个精巧的、可以滑动的双层金属管，把一块稍大的凸透镜安在管子的一端，另一端安上稍小的凹透镜，1609 年第一台望远镜制造成功。这台望远镜只能把远处物体的图像放大 3 倍。一个月之后，他制作的第二台望远镜的放大倍数达到 8 倍，随后他又制作了能放大 30 倍的望远镜。伽利略制造的望远镜中的两架现在收藏在意大利佛罗伦萨科学博物馆。

伽里略先是用望远镜在窗前观看远处的教堂，通过望远镜，教堂仿佛近在眼前，能够清晰地看见钟楼上的十字架甚至一只在上面落脚的鸽子。之后，他登上威尼斯的最高钟楼，眺望远在港外的那些船只。若是不用望远镜，根本看不清它们。他又在夜间用望远镜眺望晴朗的天空和美丽的月亮。过去，人们一直以为月亮是个表面光滑的天体，像太阳那样发光。但当伽利略透过望远镜观看月亮时，看到的情景却是大不一样，它的表面并非往日想象的平坦如镜，而是高低不平，

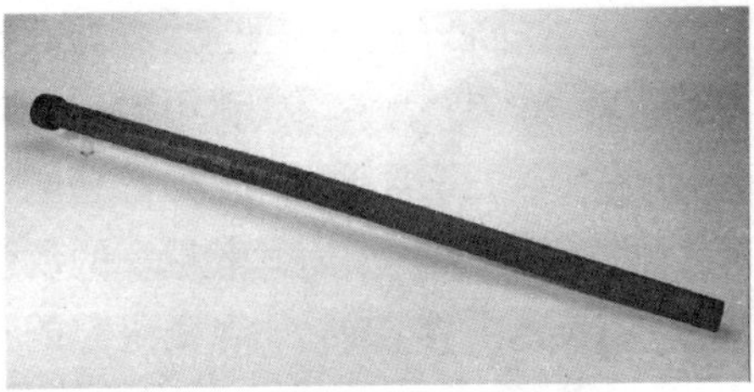

伽利略于 1609 年发明的望远镜

与地球一样有高峻的山脉、火山口的裂痕，还有低凹的洼地(当时伽利略称它是“海”)。他还根据月亮上亮和暗的部分移动情况，发现月亮自身并不发光，它的光亮是从太阳那里得来的。伽利略又把望远镜对准横贯天穹的银河，也发现了与往日传说大不相同的新情况。以前人们一直认为银河是地球上的水蒸气凝成的白雾，希腊哲学家、逻辑学家和科学家亚里士多德(Aristotle)就是这样认为的。伽利略通过望远镜发现银河根本不是云雾，而由千千万万颗星星组成。伽利略观察了天空中的斑斑云彩——星团，发现星团原来也是由很多星体组成的。对着木星观察，他发现木星附近有 4 个光点，它们在木星两侧日复一日来回移动，始终与木星保持着不远的距离，而且总是大致在一条直线上。伽利略断定，这 4 个小光点是木星的“卫星”。通过这些观测，他确信哥白尼(N. Copernicus)在 16 世纪初提出的“日心学说”的正确性，即太阳是宇宙中心，地球绕自转轴自转，并同五大行星一起绕太阳公转，月亮则是绕着地球旋转。而亚里士多德等提倡的“地心说”即一切天体星球是绕地球运转的思想是错误的。伽利略利用望远镜观测天体，改写了几千年来天文学家单靠肉眼观察天体的历史，开创了天文学研究的崭新时期，证实了人类有能力观察和了解居住的地球和浩瀚的宇宙。

伽利略推动了人类的文明进步，可没有想到却给他带来了灾难。伽利略利用望远镜揭开了宇宙的秘密，证明“日心学说”的正确性，否定了主宰多年的“地心说”，显然这与基督教义大相径庭，不可避免地大大触怒了当时的罗马教廷。在他们看来，太阳围绕地球运转，上帝创造太阳的目的就是让它照亮地球，施恩于人类，这是永恒不变的真理。罗马教廷不能容忍伽利略的“异端邪说”，先是对他发出措辞严厉的警告，继而把他召到罗马进行审讯。1633 年，罗马教廷宗教裁判所审判伽利略，判处他 8 年软禁。长期的软禁生活极大地损害了伽利略的健康，1638 年，伽利略双目失明，4 年后他与世长辞。

开普勒

罗马教廷对伽利略的迫害制止不了人们利用望远镜对天体的观测研究，相反，望远镜的神奇功能以及对宇宙世界的求知欲使得越来越多的科学家加入到望远镜的研制和天体观测研究的行列中，制造出了性能更先进、观测天体能力更强大的望远镜。1610 年，德国天文学家开普勒(J. Kepler)从朋友那里得到一架伽利略望远镜，他充分意识到这架仪器的重要作用，先是对它进行细致的研究，接着提出改进，设计了一种新式望远镜：保留长焦距透镜作物镜，将目镜换成短焦距的凸透镜。这样设计使得从目镜射出的光线汇聚，由此可以获得较大的视野和更大的适眼距，具有更高的放大倍率，这种望远镜被称为开普勒望远镜。

当时受工作条件的限制，开普勒并未制造出他设计的望远镜。德国的科学家沙伊纳(C. Scheiner)大约在 1611 年制作出了这种望远镜，后来他还遵照开普勒的建议制造了有第三个凸透镜的望远镜，将由两个凸透镜构成的望远镜形成的倒像变成了正像。沙伊纳制造了 8 台望远镜，分别用它们观察太阳，无论用哪一台都能看到相同形状的太阳黑子。根据观测结果，他纠正了当时认为黑子可能是望远镜透镜上尘埃引起的错觉的错误看法，证明黑子确实是太阳表面真实存在的。

伽利略望远镜和开普勒望远镜都是利用透镜进行成像的，透镜的成像原因是光的折射，因此，这类望远镜又称为折射望远镜。17 世纪以后的折射望远镜基本上都是开普勒结构的望远镜。折射望远镜的“视力”与它的口径有关，口径越大观测距离就越远。因为就实质来说，望远镜只不过是扩大了人眼睛收集光辐射的面积，望远镜口径增大，收集光辐射的面积就相应扩大，眼睛就能够看清更远的物体。人眼的瞳孔只有 6～7 毫米，伽利略初期制作的望远镜的口径是 4.2 厘米，聚光面积大约是 55 厘米^2，望远镜将眼睛收集光辐射的面积扩大了约 36 倍。这意味着，原本远在 3 600 米处的物体，通过望远镜看它便彷佛近在 100 米处。天文学家根据这个原理，为了探测更远的宇宙空间，开始制造大口径望远镜。1655 年，著名荷兰天文学家惠更斯(C. Huygens)制作了一架口径比伽利略和沙伊纳制造的望远镜都大的望远镜，口径为 5 厘米，放大倍数大约为 50 倍。伽利略在 1610 年曾经用望远镜观测过土星，那时他模模糊糊地看到土星两旁有一个附属物，按照先前对木星观测的经验，他认为它是土星的卫星。然而，这个附属物却一天比一天小，2 年后竟然消失了，又过了 4 年即在 1616 年又重新出现，它究竟是何物？惠更斯也想弄明白这件事，他用自己制作的大口径望远镜仔细观测土星，终于发现那个附属物是土星外一层又薄又平的光环。这是人类第一次发现太阳系行星有光环。

随着光学制造技术的提高，19 世纪末，已有能力制造出更大口径的折射望远镜。1885 年到 1897 年期间建成了 8 架口径 70 厘米以上的折射望远镜，其中最有代表性的是 1886 年建成的口径达 91 厘米的里克望远镜和 1897 年建成的口径达 102 厘米的叶凯士望远镜，叶凯士望远镜放置在美国威斯康辛州威廉斯湾的叶凯士天文台(Yerkes Observatory)，它是迄今为止世界上最大的折射望远镜。此后的一百年中再没有出现更大的折射望远镜，这主要是因为技术上无法铸造出大块完美无缺的望远镜透镜。望远镜的玻璃透镜的质量要求非常高，玻璃内不能有气泡、沙粒等杂质。同时，大块玻璃透镜自重大(例如叶凯士望远镜的透镜本身重量约 230 千克，镜筒长 19.2 米、质量约 6 吨，整台望远镜重达 18 吨)，重量使得大尺寸透镜的变形非常明显，难以产生明锐的焦点，造成成像质量低下。限制折射望远镜发展的还有第三个重要因素，它存在难以消除的球差和色差这类严重缺陷，无法获得高质量的图像。

叶凯士望远镜

叶凯士天文台

牛顿的反射望远镜

随着天体观测的不断深入，人们发现折射望远镜产生的远处天体图像总有些模糊，成略微扩展的圆斑。此外，图像周围还有一圈蓝色或紫色的晕痕，不清晰的图像甚至会造成误判天体，用同样一台望远镜观测同一个天体，观测结果常常会出现差异。英国天文学家马斯基林(N. Maskelyne)的一个助手观察天体的结果和马斯基林总有一点细微的差异，马斯基林觉得这个助手工作不得力，就辞退了他。马斯基林哪里知道，并非助手有错，这是他的天文望远镜本身存在的像差造成的。要保证远处的物体在望远镜中有清楚的影像，最重要的便是物镜一定要将从该物体上任何一点来的光都聚集到同一个焦点上。若聚集点略有偏移，物体看起来就会模糊不清。尽管透镜可以加工得非常完美，但它也无法将从远处物体来的所有光线集中在同一个焦点上，这是透镜的固有缺陷——球差。

另外，物体图像会出现中心部分清晰，边缘部分模糊不清并带有彩色的现象，望远镜的口径愈大情况愈严重，这勾起了英国年轻科学家牛顿的回忆。1666 年，他从剑桥大学回到家乡林肯郡，在家里做起光学实验。有一次，当他把手中的玻璃三棱镜插入从一扇百叶窗射进屋里的太阳光时，出现了一种奇妙的现象：光柱展开成一条彩色光带，彩色带的上端是红色，接下去是橙、黄、绿、蓝、靛、紫等。这个现象说明平常的光都是各种不同颜色的光混合组成的，当它们通过三棱镜时，各种颜色的光便被分离。所以，对眼下望远镜看到的图像边缘出现彩色以及图像模糊不清的现象，牛顿断定那是因为玻璃材料对太阳光或者星光“分解”的结果。不同颜色的光有不同的折射率，因此，不同颜色光汇聚在不同的焦点，红色光的焦点离物镜最远，而紫色光离得最近。这就是透镜的另一个缺陷——色差。

为了克服这些缺陷，科学家花了不少心血。先是采用了减小球面凸透镜表面弯曲度的方法，即采用长焦距透镜做望远镜的物镜，让从星体来的全部光线经过透镜后尽可能在远离透镜的地方汇聚。但这么一来，物镜与目镜之间的距离便被拉长，使得望远镜的镜筒又细又长，远远看去像个细长的怪物。1665 年惠更斯制作的第一架望远镜的物镜口径为 5 厘米，镜筒长度为 6 米，他在同年制造的另一台望远镜的长度则接近 41 米；意大利天文学家卡西尼(G. D. Cassini)制造的望远镜长度达 41.5 米;波兰天文学家赫韦留斯(J. Hevelius)制作的望远镜长度为 46 米;英国天文学家布拉德雷(J. Bradley)制作的望远镜长度更长,达 65 米。长度这么长的望远镜使用起来很不方便,难道就没有别的办法可以解决望远镜的色差问题吗?

一些科学家尝试从材料着手,试图制造没有色差的透镜。牛顿对此比较悲观,他认为透镜的色差是永远避免不了的,因为玻璃材料对不同颜色的折射率不相同,这是光的基本特性所决定的。但是有些科学家并不认同牛顿的观点,认定一会找到办法制造出没有色差的透镜,这便引发了在 1747 年发生的一场关于透镜色差能否消除的争论。首个持不同意见的是英国法学家、数学家霍尔(C. M. Hall),他根据对人眼睛的研究,确信可以制作出消色差的透镜。他进行了各种不同类型玻璃的实验,尝试使用两种折射率不同的玻璃制造实现消除色差的透镜。经过多次实验,他选定火石玻璃和冕牌玻璃两种,把折射率大的火石玻璃做成凹透镜,折射率小的冕牌玻璃做成凸透镜,然后把凹透镜的凹面与凸透镜的凸面拼合在一起,组成一块复合透镜。经分析和测定,这只组合透镜对多种颜色的光线具有相同的焦距,它的色差在很大程度上被消除了,消色差透镜诞生。1733 年,霍尔利用自己发明的消色差透镜制作了口径 6.5 厘米、焦距 50 厘米的望远镜,性能果然不错。不过,霍尔对自己的发明保密,没有对外公开。另外一位持不同意见的著名科学家是英国的多朗德(J. Dollond),他通过研究玻璃和水的折射和色散,建立了消色差透镜的理论基础,认为采用不同折射率的玻璃材料制造的组合透镜能达到消除色差的要求,他也认为采用冕牌玻璃和火石玻璃就可以制造出消色差透镜。1757 年,多朗德将冕牌玻璃制成的凸透镜和用火石玻璃制成的凹透镜组合起来,果然得到了消色差透镜。实验结果最终证实牛顿的观点是错误的,大科学家有时也会犯糊涂。1765 年,多朗德的儿子 P. 多朗德又发明了质量更好的消色差透镜。他把两块冕牌玻璃凸透镜和一块火石玻璃双面凹透镜合在一起,制成三合消色差透镜,这就是迄今依然使用的消色差透镜。消色差透镜的诞生使得折射望远镜迎来“柳暗花明又一村”,重新焕发了生机。从此,消色差折射望远镜完全取代了长镜身望远镜。但是,由于铸造技术的限制,很难铸造较大的火石玻璃,最初只能制造出直径为 10 厘米的透镜,直径超过 10 厘米的透镜难免会有气泡、条纹等缺陷,这些缺陷会使所观测到的天体图像形状扭曲。看来要制造质量更好的望远镜还得另寻出路。

人们很早就知道一定形状的反射镜可以把平行光线聚焦在一起成像，而且反射镜不存在色差问题，因为所有光线的反射角都等于入射角，光反射之后不会分散。因此，科学家决定利用反射镜制造一种新型的、令人满意的反射望远镜。最早提出制作反射望远镜的是英国数学家、天文学家格雷戈里(J. Gregory)，他在1663年出版的《光学的进程》书中，首先提出了使用两个凹面反射镜制造反射望远镜的设计：利用两块凹面反射镜，一面做主镜，一面做副镜。口径较大的凹面镜作为主镜，在镜中心钻个圆孔，这块镜放在望远镜圆筒的一端。来自天体的光线进入镜筒射在主镜上，经过主镜反射后汇聚至焦点处。另外，在镜筒内主镜焦点上放置口径较小的副镜，经这块凹面副镜反射形成的发散光束将进入观测者的视野。格雷戈里提出的反射望远镜设计对使用的反射镜面要求较高，在当时的技术条件下难以制造出来，所以格雷戈里始终没能造出一架实用的可以进行天文观察的反射望远镜。

第一个成功制造反射望远镜的是牛顿，他1643年1月4日生于英格兰林肯郡格兰瑟姆附近的沃尔索普村一个自耕农家庭，1661年入英国剑桥大学圣三一学院，1665年获文学士学位。

牛顿

牛顿被誉为人类历史上最伟大的和最有影响力的科学家，创立了微积分、万有引力定律和经典力学。1668年，牛顿亲自动手在合金(铜、锡、砷)材料上磨制了一块凹球面镜，口径为2.5厘米，在15厘米长的金属筒末端安装上这块反射镜，将其作为望远镜的物镜。来自天体的平行光束投射到物镜上，经过反射后汇聚到焦点处，这就是天体星球的像。不过，怎样观看这个像还需要想点办法。

在折射望远镜中，物镜是一块透镜或许多透镜的组合，被安置在镜筒的上端，它将光线折射到接近镜筒下端的焦点上形成天体的像，从望远镜下方的目镜可以很方便地观看。在反射望远镜中，物镜是一凹面镜，安置在镜筒最下端，它的焦点在接近镜筒的上端，要观察天体星球的像，就必须从望远镜的上方朝反射镜看。这么一来，如果观测者俯在镜筒上看，就会看到自己的影子在镜中，头和肩都会遮去大部分射进望远镜的光辐射，因此需要设法把焦点移到镜筒的外面。牛顿的做法是在镜筒中接近镜筒顶端焦点处斜放一小平面反射镜，它的反射面正好和望远镜的主轴成45°，这样望远镜物镜形成的汇聚光束便可以从旁边反射到镜筒外，观测者就可以用平常的目镜来观看由物镜形成的天体像了。换言之，牛顿式反射望远镜的观测口是在镜筒上端侧边附近，目镜的观测方向与所观测的天体位置成直角。采用这种反射式的光路在获得相同焦距时，望远镜的镜筒可以做得比折射望远镜短小许多，牛顿制作的那台反射望远镜外形上是短粗矮胖，不过它的放大倍数不小，达到40倍，利用它已经能清楚地看到木星的卫星、金星的盈亏等。

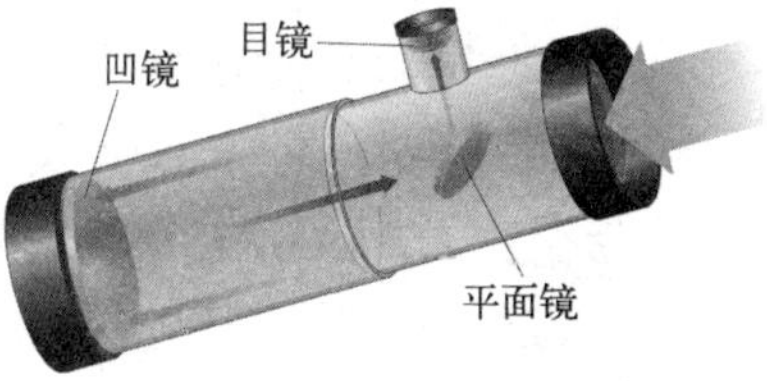

牛顿反射望远镜的原理图

牛顿制造的第一台反射望远镜

牛顿制造第一架反射望远镜虽然不想公开宣传，但演示出来的优秀性能引起了人们的关注。后来，牛顿又制作了第二架反射望远镜，物镜口径为5厘米，1672年1月11日，他赠送给皇家学会，目前这架反射望远镜还保存在皇家学会的图书馆里。

牛顿发明的反射望远镜虽然消除了色差，但是还是受到两个因素的制约，性能并未马上超越折射望远镜。第一个因素就是原先折射望远镜也存在的球差问题，因为反射望远镜使用球面反射镜，靠近反射镜中心附近的光线与靠近反射镜边缘的光线的反射焦点不完全重合，同样会导致图像模糊。后经过约40年的研究改进，才获得显著的改进。1721年，英国数学家和发明家哈德利(J. Hadley)通过自学掌握了用青铜磨制反射镜的技艺，并和他的两个兄弟成功磨制出抛物面反射镜，制造了一架球差极小、长度1.8米、直径15厘米的格雷戈里式望远镜，其成像质量可以媲美惠更斯设计的长达37.5米的折射望远镜。根据抛物面的几何特性，平行于物镜光轴的光线将被精确汇聚在焦点上。采用抛物面反射镜做望远镜的主镜后，消除了球差和色差，反射望远镜终于在光学性能上全面超越了折射望远镜。

第二个因素是制作反射镜的技术。起先采用金属制造反射镜，铸镜用的青铜易于腐蚀，容易失去光泽，导致反射率下降，不得不定期抛光，耗费了大量财力和时间。有些金属虽然耐腐蚀性好，但重量比青铜重并且昂贵。而玻璃的重量轻、价格低廉、耐腐蚀，并且能够抛得很光洁，比金属容易研磨成形。其实在早期望远镜诞生的同时代，就已经有那种在玻璃后面贴一块金属背板类型的镜子了，就像现在家用的镜子那样。但这种镜子没法用在望远镜上，因为光线在金属背板上反射之前和之后都要通过一定厚度的玻璃，这就会使图像变得模糊。1856 年，德国化学家李比希(J. von Liebig)利用新发现的一种化学反应，发明了新的制镜方法，实现了在玻璃表面覆盖一个薄薄的银层：银镀到玻璃上，经轻轻抛光后可以获得很高的反射率。那年晚些时候，德国物理学家斯坦黑尔(C. A. von Steinheil)使用这种工艺制作了质量相当好的反射镜。法国物理学家傅科(J. B. Foucault)发明了测量镜面形状的更好方法，他的方法虽与早期研磨反射镜者使用的检测方法相类似，但测量精度高了许多，使得镜面形状的研磨更有保证。于是，天文学家便获得一种轻巧便宜并且比金属反射镜具有更高反射率的玻璃反射镜。尽管银层仍然会因氧化变黑，但重新镀银远比重新抛光金属镜面容易。接着又出现一种新技术，即在研磨抛光好的玻璃表面通过镀铝来制造反射镜。铝镀层比银镀层能更长时间保持光泽，并且不容易损坏脱落。镀金属层玻璃反射镜逐步取代了金属反射镜，1868 年，金属反射镜时代结束，这一年制造了最后一架采用青铜反射镜的大型望远镜。

玻璃反射镜的成功，为制造大口径反射望远镜扫除了最后一个障碍，巨型反射望远镜的时代终于到来。1908 年，著名天文学家海耳(G. E. Hale)请名望颇高的美国光学家、望远镜制造家和天文学家里奇(G. W. Ritchey)为他制造一块口径为 1.5 米的反射镜，之后，安装此镜的反射望远镜制造成功并投入观测。1917 年，海耳得到美国洛杉矶商人胡克(J. D. Hooker)资助，建造了一架 2.5 米口径的反射望远镜，这架胡克望远镜安装在美国加利福尼亚州威尔逊山顶上的威尔逊山天文台，并于 1918 年开始进行常规的观测研究工作。1923 年，海耳在美国帕洛马山选取了一个新台址，决定在那里建造一架 5 米口径的反射望远镜。1948 年，大约 1 000 人参加了这架举世瞩目的大望远镜的落成典礼。1975年,苏联建成一台6米口径的反射望远镜,超过了保持多年"世界之最"称号的美国帕洛马山天文台5米口径的反射望远镜。20世纪90年代,天文学家建造了多架巨型反射望远镜,口径达8米左右,其中属凯克望远镜的口径最大,达10米。凯克Ⅰ望远镜和凯克Ⅱ望远镜是以投资者凯克(W. M. Keck)的名字命名的,它们坐落于海拔4 200米的夏威夷莫纳克亚山顶,都有8层楼高,重300吨,目前天文观测精度可达到纳米,凯克Ⅰ和凯克Ⅱ完全一样,它们的反射镜不是整块,而是由36块镜面六角形反射镜拼接构成,每块镜面口径均为1.8米,厚度为10厘米,通过主动光学支撑系统使镜面保持极高的精度。这样的设计使得巨型反射望远镜重量轻、造价低、口径很大而镜筒很短。苏联建成的那台6米口径的反射望远镜重达800吨,而凯克望远镜的重量就轻得多。1993年,凯克Ⅰ望远镜投入科学观测使用,1996年,凯克Ⅱ望远镜投入使用。进入21世纪,人们依旧孜孜不倦地致力于建造更大口径的望远镜,计划建造100米口径的望远镜。

凯克望远镜

射电望远镜

在20世纪30年代又出现了一种新型望远镜,叫做射电望远镜。折射望远镜、反射望远镜等光学望远镜通过接收天体星球的光辐射实现观测,而射电望远镜与它们完全不同。它没有镜筒,也没有目镜,它的"物镜"是一个接收电磁波的天线,通常是做成"大锅"的样子,接收到的电磁波经过处理后就可以获得天体结构以及发生的变化等信息。

科学家怎么会想到制造这种新型望远镜?这得从发现天体除了发射光辐射还发射无线电波谈起。1928年,一个名叫央斯基(K. Jansky)的青年电信工程师到美国贝尔电话实验室研究短波通信的各种干扰。当时,无线电话刚刚开始运营,不仅很贵,通话中还常常受电磁干扰。1931年,他被派往新泽西州的一个观测站工作,任务是搜索并鉴别无线电话通信中各种形式的干扰。他在工作中常常听到一种奇怪的“咝咝”干扰声，但不知道干扰源是什么。为了找到答案，央斯基特地设计制作了一架可以转动的定向天线，用于辨别各种干扰信号的方向。通过这架天线，央斯基收到大量来自雷暴的干扰信号，其中还有一种微弱的、有规律的干扰信号。开始他以为这种干扰信号与太阳有关，但测量发现此干扰信号出现最大值的周期不是 24 小时，而是每天提前 4 分钟来临，即该周期是 23 小时 56 分时，他改变了看法，认为这微弱的干扰信号并非来自太阳。那么，它来自哪里呢？央斯基想到它很可能来自星空上某一固定点，由于他设计的天线一时无法确定其准确位置，只能大体上认为是来自银河中心某个地方。1933 年 4 月，他在一次国际会议上公布了这一发现。1933 年 5 月《纽约时报》在头版进行了“来自银河中心新的无线电波”的报道，全世界不少报纸也做了广泛报道。不过，这一发现在当时并没有引起科学家的注意，谁也不认为一颗恒星或一种星际物质会发出强烈的无线电波，央斯基本人也没有把握那是真的，不觉得自己的发现有些什么意义，因此他没有做进一步研究。央斯基的发现却引起一个无线电业余爱好者、美国工程师雷伯(G. Reber)的注意，他并不是专业天文学家，但他热爱天文，央斯基的发现使他产生了浓厚的兴趣。1937 年，在朋友的帮助下，他在伊利诺伊州杜佩奇郡惠顿的自家的后院里安装了一架抛物形金属天线，直径为 9.45 米，工作波长1.87米，天线接收到的电波信号聚集在距离抛物镜面 8 米的接收器上。这便是世界上最早的射电望远镜。

世界上第一台射电望远镜

1938 年初，雷伯开始利用这架天线进行天体观测，接收到来自太阳和其他天体的无线电波，也探测到来自银河系中心方向的无线电波，确认了央斯基的发现。1940 年，雷伯发表了他的观测结果。这是人类第一次探测到来自太空中的无线电波即射电波，开创了通过射电波研究天体的新纪元。

天体的辐射覆盖整个电磁波段，射电辐射是天体发射波长在 0.3 毫米至 3 000 米波段的辐射，光辐射也属于电磁波，是波长在 400～

700 纳米波段的辐射。射电波可穿透宇宙中大量存在的星际尘埃，而光波无法通过，故射电望远镜可以透过星际尘埃观测更遥远的未知宇宙，对已知星际世界能够做更深入的了解。另外，射电波基本不受光照和天气的影响，射电望远镜几乎可以全天候、不间断地工作，而光学望远镜深受气候条件的影响。因此，射电望远镜能够探测到的信息会比光学望远镜多许多。20 世纪 60 年代，获得了脉冲星、类星体、宇宙微波背景辐射、星际有机分子等四项天文学史上的重大发现，对此射电望远镜起了重要的作用。

阿雷西博射电望远镜

射电望远镜的极限分辨率与望远镜的口径和观测所用的波长有密切关系，口径越大，使用的辐射波长越短，得到的分辨率越高。世界各国建造的望远镜口径数值不断更新。1946 年，英国曼彻斯特大学建造了口径为 66.5 米的固定抛物面射电望远镜。1974 年 11 月 16 日，美国设在中美洲波多黎各岛的阿雷西博天文台(Arecibo Observatory)，在山谷中建成口径为 305 米的射电望远镜，取名为"阿雷西博射电望远镜"，后又扩建为 350 米，这是世界上目前单口径最大的射电望远镜，是灵敏度最高的宇宙监听系统，能够接收和分辨出来自数百万光年以外的宇宙电磁信息。这台望远镜自建成以来出尽风头，比如在宇宙深处发现了一个双生中子星系统，两名科学家利用这一发现成功验证了著名的爱因斯坦重力波理论等。

2008 年 12 月 26 日，在我国贵州省平塘县一片名为"大窝凼"的喀斯特洼地中正式启动建造口径为 500 米的射电望远镜 FAST。那儿的三座山峰每峰间距是 500 米左右，形成一个天然"锅架"，可以将 FAST 那口"大锅"稳稳架在上面，望远镜建成后将会填满整个山谷。FAST 的主反射面由 4 600 块三角形单元拼接成球冠，接收面积相当于 30 个足球场大小，外形与卫星天线相似。预计 2014 年建成，届时它将是世界最大单口径射电望远镜。

贵州省平塘县的大窝凼

20世纪50年代以来，美国、加拿大、澳大利亚、英国等国，相继建成了大型全可动抛物面射电望远镜。1955年，英国在曼彻斯特的焦德雷尔班克观测站建成口径为76米的全可动抛物面射电望远镜，并在1957年跟踪苏联发射的第一颗人造地球卫星时发挥了重要作用，从此闻名于世。1971年，德国建成一架口径达100米的全可动抛物面射电望远镜，它是目前世界上最大的一架全可动抛物面射电望远镜。

1962年，英国剑桥大学卡文迪什实验室的赖尔(M. Ryle)利用干涉的原理，发明了综合孔径射电望远镜，大大提高了射电望远镜的分辨率。其基本原理是：用相隔两地的两架射电望远镜接收同一天体的射电波，两束波进行干涉，得到的等效分辨率最高可以等同于一架口径相当于两地之间距离的单口径射电望远镜。赖尔因为此项发明获得1974年度诺贝尔物理学奖。此后，人们开始建造列阵射电望远镜。美国国家射电天文台(NRAO)1981年在美国新墨西哥州的圣阿古斯丁平原建成甚大天线阵(very large array，VLA)射电望远镜，它由27台天线口径为25米的射电望远镜组成，这是目前世界上最大的综合孔径射电望远镜。

甚大天线阵射电望远镜

星际中的空间是什么样的？有的天文学家曾认为那里非常洁净透明，不可能有什么物质。但很多天文现象显示，那里可能也有物质。根据各个星体的物质成分基本相同且其中大量的是氢这个结果，科学家推论在星际空间可能就有氢。在星际空间发现氢之后，一些科学家又进一步推论那里可能还会有其他许多分子，比如 OH、CO 和 NH_3 等，并认为采用射电天文望远镜有可能探测到它们。当然也有些人认为探测不到，理由是宇宙空间即使有这样的分子，分子之间的碰撞肯定很稀少，以致于它们发射的辐射会与空间中的冷背景辐射平衡，导致检测不到。这些仅仅是逻辑推论，关于所有星际空间的分子密度很低，因而碰撞很稀少的基本假设却并不一定符合实际，后来的探测结果修正了星际云密度不高的观点。

天文科学家也认识到由于星体空间中分子密度低，故产生的辐射强度肯定很低，为了能够探测到它们发射的信号，除了使用的射电望远镜有大口径之外，还需要使用接收灵敏度很高、噪声很低的探测器。20 世纪 50 年代发明的微波激射器是一种噪声极低、灵敏度非常高的辐射探测器，射电望远镜装备上它就如虎添翼，在探测宇宙空间时获得了许多重大发现：在人马座 B2 一堆暗云中发现了氨分子；不久在同一个区域又发现了水；在猎户座星云里发现一个巨大的水微波激射源（其实，微波激射源在宇宙空间各处已经存在了几十亿年，只是人类没有仔细进行观测和研究）；后来又成功寻找到 OH、CO、甲醛等分子。

探测星际空间存在的物质分子工作意义重大，它能提供大量天文信息，在揭示天体演化进程方面扮演了重要角色。比如，在恒星形成区探测到水和 OH 的强微波激射，这往往是大质量恒星正在形成的标志。恒星演化的几个关键阶段均可以在分子辐射谱找到相应的表现。对于正在消亡的恒星，它的质量很快地流失，形成了一个由分子和尘埃组成的包层，包层的形成就是恒星物质重新回到星际的反映。天体中的分子辐射谱是最好的示踪各种星际云物理条件的探针，用它可以探测那里的温度、密度、质量、内部运动、演化状态、元素含量等。

太空望远镜

地球周围有着厚厚的大气层，大气不停息的扰动导致从天体来的光束发生不规则的折射，因此我们看到的星球是颤抖的。这种情况在使用望远镜观看时更严重，尽管加大了望远镜的放大倍数，但同时也同比例加大了图像中的模糊。地球大气层不仅阻碍我们观察更远一些的星球,甚至还会让我们"走眼"。

1877年火星大冲,这是观察火星的好时机,意大利天文学家斯基帕雷利(G. Schiaparelli)使用了比较原始的望远镜进行观察,发现火星上有些交错的网络,但他很难看清楚这些网络线条是什么,于是就发挥了想象力,认为这些线条就是连接海与海之间的"水道"。1896年,美国天文学家罗维尔(P. Lowell)在他私人建的天文台上观测火星,认为斯基帕雷利发现的那些"水道"应该是人造"运河"。于是他也突发奇想,认为这是火星人建的灌溉系统,引火星极冠每年溶化的水灌溉农作物。虽然他对自己的说法是否正确还拿不准,但他发布火星上有人造运河的消息后,立即引起了轰动。很显然,火星上的运河应该是火星人开凿的,由此可以推断火星上有人,而且能够开凿如此巨大的水利工程,足见他们还是有极高智慧的人群。一时间有关火星人的各种传说和争论纷沓而至,有怀疑的,有赞同的,还出版了多种描写火星人和火星人世界的科幻书籍。后来,一些科学家在天气特别好、大气抖动很小时使用高质量望远镜对火星进行仔细观测,没有发现火星上有运河,也没有看到什么火星人。直到1965年7月,美国发射的"水手"4号行星探测器在飞经火星时拍摄了照片,才让事情真相大白,火星上那些线条实质上是一些大大小小的环形山,并非农田水利灌溉网。虽然这只是人类认识火星过程中的一个插曲,但是,大气层的确困扰着天文学家对宇宙世界的准确观测,他们一直希望寻找到一个空气宁静或者没有大气的的地方进行观测,以便得到尽量清晰的天体轮廓,把望远镜搬到大气层外则是一种好想法。地球大气层外几乎没有一点空气,完全避免了大气干扰带来的影响;同时,那里几乎没有地球的吸引力,安放在那里的望远镜将不会出现受重力影响而产生的畸变,可以大大提高观测及分辨能力,甚至还可使一些光学望远镜兼作近红外、近紫外观测。所谓"站得高,看得远",在远离地球表面的高空进行观察,视野更宽阔,更能够看清宇宙深处的情况。

第一架太空望远镜是以天文学家哈勃(E. P. Hubble)的名字命名的哈勃太空望远镜(Hubble Space Telescope,HST),由美国航天局和欧洲空间局合作,在1990年4月24日由美国"发现"号航天飞机送上太空,在地球大气层外缘离地面约600公里的轨道上运行。这台望远镜整体呈圆柱型,总长12.8米,镜筒直径4.28米,主镜直径2.4米,总重量11.6吨,焦距57.6米,前端是望远镜部分,后半部是辅助器械,观测波长从紫外的120纳米到红外的1200纳米,造价15亿美元。它的“眼力”相当好，能够看清楚 1 000 公里之外尺寸为 3 厘米的物体，能够看见一个离开地球大约 260 亿光年的星球(光年是天文学上用来计量距离的单位，1 光年就是光在真空中行走一年的距离，约为 94 600 亿公里)。哈勃太空望远镜不负众望，为人类了解宇宙世界提供了许多信息。它给太空中的 2.5 万个天体拍摄了 50 多万张照片，记录了千载难逢的慧一木相撞过程、恒星形成的不同过程、星系之间“搏斗”以及相互吞并的残酷场面，也记录下宇宙物质被黑洞吞噬时发出的美丽“幽灵之光”。科学家通过分析哈勃望远镜拍摄的照片，证实了主要星系中央都存在黑洞，确认了宇宙中存在暗能量。从分析拍摄到的照片，科学家获得了多项发现，比如发现了宇宙诞生早期的原始星系，发现了各类类星系的形成规律似乎是一致的，发现了年轻恒星周围孕育行星的尘埃盘，证明宇宙正加速膨胀。照片也帮助科学家测定了宇宙年龄和了解宇宙诞生早期恒星形成过程中重元素的组成。哈勃太空望远镜送来的这些宇宙深处的信息让人类大开眼界并深化了对宇宙世界的认识。

哈勃太空望远镜

哈勃望远镜还在 2010 年 1 月到 5 月间拍摄到两颗小行星于 2009 年 2 月到 3 月间，在远离地球大约 9 000 万公里处发生碰撞，它显示出一个怪异的 X 形核，X 形臂可能反映的是不规则的形状以及一次偏离中心的撞击。

婴儿时代的宇宙照片

哈勃太空望远镜为人类认识宇宙作出了杰出贡献，而它自己也曾三次“患病”。一次是在 1993 年患了“近视症”，按原设计它应该能够看清距离 140 亿光年的星系，但它实际只能看清 40 亿光年的星系。为了治疗好“近视”症，美国航天局在当年

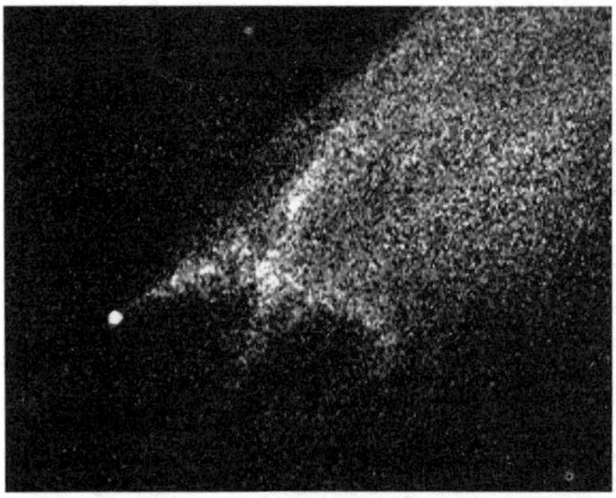
X 形天体小行星碰撞照片

12 月派了 7 名航天员乘坐“奋进”号航天飞机进入太空，对哈勃太空望远镜进行修复工作，给它佩戴了“近视眼镜”，那是一组矫正透镜。第二次患的是“视力不佳症”。按设计要求它应该能够看清发射紫外线、红外线的物体，但实际上它在这两个波段的视觉能力下降。1997 年又一次给哈勃太空望远镜做手术，航天员在太空给它更换了近红外照相机、多目标分光仪和图像摄谱仪等。第三次是“疲劳”症，它在太空忙碌了近 20 年，已经疲劳不堪，许多零件也频频发生故障。于是，科学家给哈勃太空望远镜做大手术，进行升级改造，升级后它的观测灵敏度提高了约 100 倍，图像清晰度提高了 4 倍，能够观察到宇宙中最古老和最黯淡的星云。

除哈勃太空望远镜之外，科学家还先后发射了多台太空望远镜。1991 年 4 月，美国发射了第二架太空望远镜——康普顿伽马射线太空望远镜(The Compton Gamma Ray Observatory)。它重达 17 吨，由“亚特兰蒂斯”号航天飞机送入太空。它主要用来观测宇宙中的高能射线，寻找高能伽马射线(这是电磁光谱中能量最高的光子)。它发回的信息已展示了宇宙中高能伽马射线脉冲爆发的分布情况。

1999 年 7 月 23 日，美国“哥伦比亚”号航天飞机将钱德拉 X 射线太空望远镜(Chandra X-ray Observatory)送上太空。它的主要任务是帮助天文学家搜寻宇宙中的黑洞和暗物质。它拍摄到具有 340 年历史的超新星残骸“仙后座 A”，揭示了高能爆发的恒星可能是宇宙射线(宇宙射线是不断轰击地球的高能粒子)的重要来源。

1999 年 12 月，欧洲发射牛顿 X 射线太空望远镜(XMM-Newton, Europe's X-ray Observatory)，它观测到迄今在遥远宇宙中最大的星系团，证明了一种称为暗能量(普遍认为，暗能量加速了宇宙的膨胀速度)的神秘力量的存在。

2003 年发射的斯皮策太空望远镜(The Spitzer Observatory)，主要探测星系、新形成的行星系及形成恒星的区域。

2008 年 7 月发射的费米伽马射线太空望远镜(The Fermi

Gamma-ray Observatory)，主要探测宇宙中的黑洞，了解宇宙最极端环境中的暗物质。黑洞是太空中最有名气的旋涡，它吞噬其周围的一切东西。但是，当黑洞吞噬恒星时，它们会以近乎光速的速度向外喷涌释放伽马射线的气体。这台天文望远镜能揭开伽马射线脉冲和暗物质的来源，有助于科学家进一步了解宇宙中最极端的环境。

2009 年 3 月 6 日发射的开普勒太空望远镜(Kepler Observatory)，以提出行星运动三定律的著名德国天文学家开普勒命名。它专门用于搜寻太阳系外类地行星(类地行星是指类似于地球的行星)。它将对天鹅座和天琴座中大约 10 万个恒星系统展开观测，以寻找类地行星和生命存在的迹象。天文学家认为这些行星上可能有生命或者它们是第二个地球世界，很具有研究意义。

2009 年 5 月 14 日，欧洲空间局发射赫歇尔太空望远镜(Herschel Observatory)，它以英国天文学家赫歇尔(W. Herschel)的名字命名，是一台大型远红外线望远镜。其镜面直径比哈勃太空望远镜大，对波长较长的光线极为敏感，使命是研究恒星和星系的形成以及发展变化。

还有计划在 2013 年发射的詹姆斯・韦伯太空望远镜(The James Webb Observatory)，它被看作是哈勃太空望远镜的“接班人”。它将利用其 7 倍于哈勃太空望远镜的聚光能力对太空展开探索，可能会观测到宇宙中最早形成的恒星和星系，提供从恒星、星系、行星形成到太阳系演变等线索。

第11章 粒子周期王国

——元素周期表

到19世纪早期，人们已经发现了几十种化学元素，这些元素难道彼此都是孤立存在、互不相关的吗？原子量是元素最重要的特征量，随着原子量增大，元素在性质上会出现什么变化？这个问题终在元素周期表发表后得到了解答。元素周期表是化学发展史上的重大成就之一，被视为19世纪化学发展的里程碑。看似简单的元素周期表，却是自然科学尤其是化学、物理学、生物学、地球化学等领域必不可少的重要工具，对国民经济发展、工农业生产发展起着重大作用。

遭嘲笑和讽刺的发现

英国化学和自然哲学家玻意耳(R. Boyle)在1661年提出了化学元素概念，人们开始努力寻找各种新化学元素，发现的元素数量不断增加。一些科学工作者开始研究这些元素彼此之间的关系，试图找到规律来对它们分类，以便进一步掌握它们的性质。19世纪20年代，1780年出生的德国化学家德贝赖纳(J. W. Dobereiner)发现，液溴的性质介于氯气和固体碘之间。他又发现钙、锶、钡这组元素和硫、硒、碲这组元素在性质上也有随着原子量增加逐步变化的情况，并且这两组元素中，原子量最小的与最大的平均值刚好接近中间那个元素的原子量。德贝赖纳的发现反映了各个元素之间并非完全没有“亲缘”关系，它们有着性质上的某种关联。不过由于当时发现的元素数量不多，不能充分证明元素之间确实存在他所发现的“亲缘”关系，因此，人们对此发现并不看重，只将它当成趣闻。1865年，英国青年科学家纽兰兹(J. Newlands)把当时已经发现的元素按照它们的原子量递增的顺序进行排列，发现每隔8个元素就有物理性质和化学性质重复出现的现象。他把已知的50多个元素按照化学性质相近分组，发现8个元素可以组成一个组，他将一组组元素按顺序列成一个表格，并称其为八音律表。因为纽兰兹从小受母亲的影响，爱好音乐，觉得排列起来的元素有点像音乐上会重复出现的八个音阶。1866年3月，他在伦敦化学学会发表他关于化学元素周期性的见解和八音律表时，却未得到支持和重视，相反受到“您怎么不按元素的字母排列”之类的嘲笑和讽刺，他写的论文也被退稿。七年之后他写的关于这方面的论文还是被拒绝发表。大概是因为当时纽兰兹很年轻，资历又浅，不是什么大人物，正所谓“人微言轻”，这的确让人感到很遗憾。虽然纽兰兹的八音律表存在一些缺陷和不成熟，但他发现了元素的性质按原子量变化出现周期性，八音律表可以说是元素周期表的雏形。18 年后，门捷列夫的元素周期表的重要性得到普遍承认，纽兰兹之前写的论文终于获得发表，英国皇家学会也给他颁发了勋章。1998 年是纽兰兹逝世 100 周年，英国化学学会在他的出生地设立一块纪念牌，上面写着“纽兰兹，1837—1898，化学家，化学元素周期律的发现者，在这里出生并长大”。对科学作出过贡献的人，人们不会忘记。

纽兰兹

八音律表

H 1	F 8	Cl 15	Co,Ni 22	Br 29	Pd 36	I 42	Pt,Ir 50
Li 2	Na 9	K 16	Cu 23	Rb 30	Ag 37	Cs 44	Os 51
G 3	Mg 10	Ca 17	Zn 24	Sr 31	Cd 38	Ba,V 45	Hg 52
Bo 4	Al 11	Cr 19	Y 25	Ce,La 33	U 40	Ta 46	Tl 53
C 5	Si 12	Ti 18	In 26	Zr 32	Sn 39	W 47	Pb 54
N 6	P 13	Mn 20	As 27	Di,Mo 34	Sb 41	Nb 48	Bi 55
O 7	S 14	Fe 21	Se 28	Rh,Ru 35	Te 43	Au 49	Th 56

尽管一再受到嘲笑和奚落，但寻找元素“亲缘”关系的工作并没有停止，科学家要把看似荒谬的事变成合理，他们坚信自然界存在的各种元素之间不会毫无关联，它们之间一定遵循着某种规律。除德贝赖纳和纽兰兹两位拓荒者之外，还有几位科学家也作出了卓越贡献。

一位是德国化学家迈耶(J. L. Meyer)，他虽然是学医出身，但兴趣主要在化学和物理学，他潜心研究元素的分类。在他 1864 年出版的著作《现代化学理论》一书中给出了按原子量排列元素的初步方案，并讨论了元素的原子量与其化学性质之间的关系，阐明了元素随原子量变化出现的周期性。他在书中指出：“在原子量的数值上存在一种规律性，这是毫无疑义的。"迈耶画了一张按此规律变化排列的元素周期表，这张表的许多方面与门捷列夫的元素周期表很相似，但直到1870年他才发表，比门捷列夫晚了一年。不过，迈耶不在意自己是否居先发现，他坦言道："我没有足够的勇气作出像门捷列夫那样深信不疑的预言。"他之所以没有勇气这么做，在他1870年发表的有关元素周期性的文章里有答案，他写道："在差不多每天都有许多新事物出现的领域里，任何概括性的新学说随时都会碰到一些事实，它们把这一学说加以否定。这种危险的确是存在的……因此我们必须特别小心。"

另外一位研究元素周期性的科学家是奥德林(W. Odliang)，他是牛津大学化学教授，他在1864年发表了元素按原子量排布的图表，与此表今天的元素周期表很相似，其中大约有57个元素的排列位置已被承认。

门捷列夫

还有一位就是俄国著名的化学家门捷列夫(D. I. Mendeleyev)，他非常热衷尝试寻找元素之间的规律以及对它们进行分类。门捷列夫1834年出生在俄国西伯利亚多波尔斯克。1847年进入彼德堡专科学校学习，1855年取得教师资格，1857年取得大学职位。1859年被派到德国海德堡大学进修，1864年任彼得堡专科学校化学教授，1867年任彼得堡大学化学教授。

他著有《化学原理》一书，在著书过程中，他深入探索化学元素之间的性质关系。他深信元素虽然有种类的不同，可是元素与元素之间一定有着某种规律性或者统一性，他要找出一切元素均服从的自然规律。他把每种元素的主要性质和它的原子量写在一张张小卡片上，对在当时已知的63种元素反复进行排列，比较它们的性质，研究分析它们之间的联系。为什么要按元素的原子量排列呢？因为原子量是元素的特征标记，无论在什么时候、什么条件下，元素的原子量都不会发生变化。他认为根据原子量这个特征，会摸索出元素相似和不相似的规律。他发现按照元素的原子量大小进行排列，元素每隔7个其性质就重复出现一次，比如氢后面的第2个元素锂(原子量7)与第9个元素钠(原子量23)、第16个元素钾(原子量40)都属于金属元素，化学性质很活泼，容易与别的元素化合等。他认为，所有的元素都可以被分成多少有些“亲缘”关系的“组”或者“族”，在同一个族里的各个元素以及由它们构成的各种化合物在性质上都相类似，而且是随着原子量递增而渐变的。他把性质类似的各族元素横排，周期竖排，列出一张表，这就是最初的元素周期表。1869年3月18日，俄国化学学会举行报告会，门捷列夫因病未能出席会议，他委托彼得堡大学的一位教授代他在会上宣读他的论文，在这篇论文中门捷列夫正式提出元素周期律——元素的物理和化学性质随着原子量的递增出现周期性变化，并公布了他的第一张元素周期表。与当年纽兰兹在伦敦化学学会报告时遭遇的情景差不多，人们也并没有重视门捷列夫的这个发现，还有不少反对意见，认为他的那个周期表中留有那么多的空缺位置，表明这个周期表存在不合理性和矛盾。至于门捷列夫辩称那些空位是预示待发现的元素，更是引起不少科学家的质疑，批评者说这简直是一种狂妄行为，说门捷列夫是在臆造一些不存在的元素，甚至嘲笑他的书不是科学著作，等等。连门捷列夫的老师也说他不务正业。

其实，此时还没有建立原子结构的知识，已知元素只有63种，元素家族的信息很不完整。而且，当时公认的许多元素的原子量和化合价也不准确，要确定元素在周期表中的排列次序面临着很大困难，甚至有一些元素放错了位置。因此，元素周期表存在不完整性和缺陷在所难免。

面对各种责难，门捷列夫并没有失去信心，他对周期律又做了更深入的研究，2年后即在1871年，他发表了第二张元素周期表，修正了第一张周期表的不足。在这张新表中，每一横排为一个周期，每一竖列为一个族。在同一个周期中，从左到右，随着原子量增加，元素的金属性逐步减弱，非金属性逐步增强；同一个族里，自上而下，元素的金属性逐步增强，非金属性逐步减弱。

面对新问题

在门捷列夫第二张周期表中，元素的周期性显示更清楚了，它是按元素的原子量从小到大的顺序排序，但其中存在着一些矛盾，比如在元素周期表中有三对元素的排列位置出现了倒置。周期表上的钴-镍，氩-钾，碲-碘不按原子量从小到大的顺序排列，恰恰相反，原子量大的元素反而排在原子量小的元素前面。氩的原子量是40，钾的原子量是39，但在周期表上，氩元素排在钾元素的前面；钴元素的原子量是59，镍元素的原子量是58.7，但钴元素排在镍元素的前面；碲元素的原子量是127.6，碘元素的原子量是126.9，碲元素却排在碘元素的前面。这个倒置问题困扰了科学家几十年，为了解决它，英国物理学家、化学家莫斯莱(H. G. J. Moseley)对门捷列夫的元素周期表进行了革新。

莫斯莱

莫斯莱1887年11月23日出生在英国赛特郡的维茅泽城，他的祖父是数学家和物理学家，父亲是动物学家，他们都是知名教授。1910年，莫斯莱毕业于牛津大学，获硕士学位，应卢瑟福之约，到曼彻斯特大学卢瑟福实验室工作，很快他就成为大学的讲师。1913年12月，莫斯莱离开曼彻斯特到牛津大学工作，开始研究各种元素所产生的特征X射线的波长。莫斯莱认为，元素周期表中的元素应该按照某一个固有排序量的大小为序排列。这个固有排序量是什么呢？

莫斯莱根据他做的元素原子的X射线光谱，终于找到了答案。莫斯莱研究了许多元素原子的X射线光谱，取得了大量X射线光谱数据，根据这些数据，他得出了一条规律：在大多数情况下，原子量越大的元素，它们发射的X射线波长就越短。但之前特殊的三对倒置元素，镍元素的X射线波长比钴元素的短；氩元素的X射线波长比钾元素的短，碲元素的X射线波长比碘元素的短，按波长的长短，它们的顺序情况正好与按照原子量大小排列的顺序相反，而与元素周期表上的位置顺序一致。于是，他把所测量的元素原子的X射线波长按照长短排列起来，这回得到的元素排列次序就与元素周期表上的次序全都一致了，他称这个次序为“原子序数”。这样，莫斯莱发展了门捷列夫的元素周期表，以原子序数大小为序排列元素以替代原先以原子量大小为序的排列，这项革新让人们对元素周期律的认识又有了一次飞跃。

现在大家都知道，元素的原子序数在数值上就等于该元素原子核中的质子数，元素的化学性质与它们的原子结构有着内在的必然联系。

在门捷列夫周期表中原先没有“0”族元素，后来是英国科学家莱姆塞(W. Ramsay)添上去的。莱姆塞1852年出生在苏格兰格拉斯哥市,1866 年进入格拉斯哥大学学习文学。17 岁时为当地的化学家担任分析工作助手,从这时候起他对化学产生了浓厚兴趣。大学毕业后到德国留学并获得博士学位,在留学期间曾受到化学名师的指导和严格训练,为日后的研究工作打下了良好基础。

1892 年,英国剑桥大学的物理学教授瑞利男爵在测量氮气密度的实验过程中发现一个奇怪的现象。他发现将空气中的氧气等气体除去后,得到的氮气与从氨气(氮和氢的化合物)氧化后制得的氮气密度不一样。用第一种方法制取得的氮气密度为 1.257 2 克/升,而用第二种方法制取的氮气密度是 1.250 8 克/升。同样是氮气,为什么得到的密度会不同呢?为了慎重起见,瑞利又将上面的实验重复了好几遍,得到的结果仍是如此。面对着数据出现的微小差别(两次实验测量的密度只相差 0.006 4 克/升)。有的人认为这是很小的测量误差,完全可以忽略不计;有的人则认为,即使是很细微的差别,也一定存在原因,应该弄个明白,瑞利属于后一种人,他决心要把造成这种差别的原因找出来。于是,他写信给世界闻名的英国《自然》杂志,公开征求答案。

瑞利 1842 年 11 月生于英国埃塞克斯郡的莫尔登,他在理论和实验方面都有杰出才能,研究工作几乎遍及当时经典物理学的各个领域并获得了许多重大科学成果。以他名字命名的“瑞利散射定律”,从理论上解释了天空为什么呈蓝色的问题;他进行了光栅分辨率和衍射的实验研究,第一个对光学仪器的分辨率给出明确的定义,得到以他名字命名的“瑞利判据”,对光谱学的研究起了重要的推动作用;在热辐射研究上,推出的被称为“瑞利-金斯公式”的热辐射公式,在长波区域与实验符合得很好,为量子论的出现打下基础。

莱姆塞看到了《自然》杂志上的读者来信,并且在英国皇家学会听到瑞利关于“奇怪的发现”报告后,认为从大气中获得的氮气体中可能混杂了一种尚未发现、其原子量比氮还重的元素气体,这会造成从空气中制得的氮气密度比由氨气制得的氮气密度大。不过,瑞利的看法与莱姆塞的看法刚好相反,他认为密度上的差异可能是氨气中含有一种原子量较轻的气体的缘故。究竟哪种看法合乎实际,莱姆塞与瑞利携手合作进行实验研究。他们首先想到,也许前辈科学家也做过类似的实验,两人先进行文献检索。很幸运,在文献中找到了英国化学家、物理学家卡文迪什(H. Cavendish)发表的一篇相关论文。卡文迪什 1731 年出生于法国尼斯,1749 年进入英国剑桥大学学习,后来一直在英国开展科学研究工作。著名的英国剑桥大学卡文迪什实验室便是他的家族为了纪念他，利用他的财产在1871年创立的。在1784年，卡文迪什曾经发表过一篇题目是《关于空气的实验》的论文，论文的结论是：空气中除了氧气和氮气之外，还含有一种不与氧气化合的气体，但其含量很少。

莱姆塞

莱姆塞和瑞利重复了当年卡文迪什的实验，把一定体积的空气中的氧、氮、水蒸气、碳酸气等一一提取后，果然发现还存有一点点气体。测量留存下来的气体，它的原子量比空气中的氮重，且此气体不与别的物质发生化学反应。莱姆塞用分光镜观察了这种气体的光谱图，发现有橙色和绿色的光谱线，但这两条光谱线都不属于任何已知元素的原子光谱线。莱姆塞由此判断，存留的气体是一种新的化学元素，他给这种新元素起名为氩，其希腊文的意思是懒惰、迟钝，表示新发现的是一种惰性气体元素。事实上，大气中氩的含量比二氧化碳还多，大约占大气的1%。由于发现了一种新的化学元素，瑞利获得了1904年度诺贝尔物理学奖，而莱姆塞获同年度的诺贝尔化学奖。

后来，莱姆塞又在铀矿中发现一种称为氦的新化学元素，氦的意思是"太阳的元素"，因为这种气体元素首先是利用光谱技术在太阳上发现的，并且它一直被认为是太阳上才有的气体元素。经过试验，莱姆塞发现氦与氩的性质相似，并且它们与先前发现的任何一种化学元素都不相似，所以他建议在周期表中把它们归为一类新化学元素。1898年，莱姆塞又与英国化学家特拉弗斯(M. W. Travers)合作，在低温、高压条件下，利用蒸发液态空气的办法又先后发现了氖、氪、氙等惰性气体元素，在镭发射的气体中发现了氡元素。至此，共发现六种惰性气体元素。莱姆塞建议在元素周期表上将惰性气体元素单列为一族。

特拉弗斯1872年1月24日生于伦敦一个内科医生家庭，1893年毕业于伦敦大学学院。他本想成为有机化学家，但由于1894年与莱姆塞一起成功分离了几种惰性气体元素，他感受到这一工作中的欢愉和兴奋，于是，就转到惰性气体化学元素的研究工作中。

科学家后来发现惰性气体元素并不是“懒惰”地不能参加任何化学反应。1962 年 3 月 23 日，在加拿大工作的英国年轻化学家巴特利(N. Bartlett)在一次实验中发现，把一种非常强的氧化剂六氟化铂(PtF_6)与惰性气体氙混合会发生瞬间化学反应，得到一种橙红色的固态六氟铂酸氙($XePtF_6$)。此后，化学家又先后制备出惰性气体的氟化物和氧化物，比如 XeF_4、XeF_6、KrF_4、XeO_3、XeO_4、$XeOF_3$、$XeOF_6$ 等。后来，人们建议将惰性气体更名为“稀有气体”。这里的“稀有”与贵重金属的“贵”字有相似的含义，表示其化学反应活性比其他元素差。

现在的化学元素周期表中，元素是以它的原子序数排列，原子序数最小的排在最前。表中一横行称为一个周期，一列称为一个族。

原子是微粒子，基本粒子也是微粒子，现在发现的基本粒子已经有 300 多种，数量大大超过化学元素。化学元素按原子序数排列存在周期性，那么这些基本粒子是否也存在相似的周期性？科学家们的研究发现，基本粒子中大约有 300 种重子和介子，按它们的自旋、电荷等排列成一个表，也可以得到类似于化学元素那样的周期表。科学家们预计，根据基本粒子的周期表，从理论上可以预言一些还没有发现的基本粒子和它们的各种性质。化学元素的周期性反映了原子内部的原子核质子数量、核外的电子数量和这些电子排布的周期性。各种重子、介子的周期性将是反映这些基本粒子内部结构存在的某种周期性，也将预示这些基本粒子其实并非基本的，它们可能也是由某些粒子构成的。

周期性的秘密

化学元素的物理和化学性质主要取决于原子内部的电子数量和这些电子的排布方式，各种化学元素的相似及差异的主要原因也就在于此。莫斯莱和巴克拉(C. G. Barkla)利用 X 射线吸收方法研究原子结构，提出了电子〔壳〕层(electronic shell)。电子层的名字起源于波尔氢原子模型，电子被认为是一组一组在离开核心的一些特定距离上旋转，这些轨迹就形成了一个“壳”。电子是微观粒子，它们在原子内部的运动状态由量子力学描述，电子层不能理解为电子在原子核外面的一薄层空间，而应是电子出现几率最大的一些区域。电子层可用 $n(n=1, 2, 3\cdots)$ 表示，$n=1$ 表示第一层电子层，$n=2$ 表示第二层电子层，$n=3, 4, 5$ 依次表示第三层、第四层、第五层电子层。一般随着电

子层数 n 值的增加，电子的能量逐渐升高，电子与原子核的平均距离也越大。研究发现，同一电子层中的电子能量也不完全相同，仍可进一步分为若干个子组，这个情况在研究元素的原子光谱中得到了证实。电子亚层分别用 s、p、d、f 等符号表示，不同亚层的电子云形状不同，s 亚层的电子云是以原子核为中心的球形，p 亚层的电子云是纺锤形，d 亚层是花瓣形，f 亚层的电子云形状比较复杂。同一电子层中，各亚层的电子能量是按 s、p、d、f 的次序增高的。原子内部，电子最先被安排在能量最低的层，每层可容纳的最多的电子数量为 $2n^2$，排满之后就排到能量再高一点的电子层，即原子内的电子是遵守下面的次序排布的：$1s$、$2s$、$2p$、$3s$、$3p$、$4s$、$3d$、$4p$……

电子层有完全填满电子、半填满电子或者全空的状态。有相同电子层构型的原子，理论上它获得或者失掉电子的机会是相同的，这就是同一族化学元素性质相近的原因。在同一族的元素中，周期数大的元素的原子，其内部电子所位居的电子层也高，拥有的能量也高，它们很容易离开原子，因此显示的化学性质就很活泼。元素出现的周期性，看来是与原子内部电子按电子层排布的周期性相对应的。一电子层被电子排满后，开始排下一电子层，这就意味着已经构造完成一族元素，开始组建另外一族元素。氦、氖、氩、氪、氙等元素的原子，它们最外的电子层都填满了电子，所以它们与其他元素反应不活跃，均属于惰性气体一族。锂、钠、钾、铷、铯等元素的原子的电子层结构都相同，都是新开始的电子层，而且这一层上只有一个电子，因此，它们具有相似的化学性质，组成了碱金属一族。

汗马功劳

尽管化学元素周期表起先并不被看好，但它很快便显示出巨大的科学价值，特别是它预言的新元素不断被发现，全世界为之震惊。

化学元素性质的周期性以及周期表为新元素的发现以及预测它们的原子结构和性质提供了重要线索，门捷列夫当年就相信，当时已知的 63 种化学元素绝非整个元素大家族，并大胆地预言了 10 多种当时尚未发现的新元素，并为这些元素在周期表上安排了相应的位置。他的做法预示了这些元素的性质。他认为，既然元素是按原子量的大小有规律地排列，那么，两个原子量相差悬殊的元素之间，肯定会有未被发现的化学元素，在元素周期表上留下的空位就是等待去发现的新元素。门捷列夫据此预测了类硼、类铝、类硅、类锆等 4 个新元素，不久，他的预言得到了证实。

门捷列夫化学元素周期表上在锌和砷之间原先留有两个空位，预示着此处应该有两个待发现的新元素。一个令人欣喜的好消息终于传来。1875 年，法国化学家布瓦博德朗(L. C. de Boisbaudran)在巴黎召开的科学院例会上报告，他在分析比里牛斯山的闪锌矿石时发现一种新元素，他将这种新元素命名为镓(gallium)，用以纪念他的祖国(镓的拉丁文是法国古时候的名称)，并公布它的比重是 4.7，原子量是 59。他又说，从化学性质来看，镓很像已经发现的元素铝。远在俄国彼德堡的门捷列夫收到法国科学家发现新元素镓的消息后，非常兴奋，这不正是五年前他预言的元素周期表上的元素"类铝"吗？门捷列夫还根据他的元素周期表，推断布瓦博德朗发现的新元素的比重应该是 5.9，原子量应该是 68，并估计镓元素是由钠元素还原而得的。从这个层面上看，布瓦博德朗发现的镓元素算不上新元素了，因为门捷列夫早就知道它的存在。门捷列夫写信给布瓦博德朗："新元素镓就是我预言中的类铝，它的比重是 5.9 左右，原子量接近 68，请您再审查一下您的数据。"一个根本没有见过元素镓而且又是远在他国的人，竟然对镓元素的第一发现者测定的数据提出纠正意见，布瓦博德朗感到非常惊讶。于是，他重新做实验测量，这次得到的数值果然与门捷列夫的判断极为接近，比重为 5.94，不是 4.7；原子量为 69.9，不是 59。接着，他又按照门捷列夫提供的方法，重新提纯了元素镓，原来的不准确是由于在元素镓中含有杂质钠，它导致了镓的原子量和比重的减少。

在门捷列夫当时的元素周期表上，元素钙和钛之间也有一个空位，这预示着这里也应该有一个待发现的新元素，它的化学性质应该与元素硼相似。1879 年，两位瑞典科学家尼尔森(L. F. Nilson)和克莱夫(P. T. Cleve)在稀有矿物硅铍钇矿中终于找到了一个新元素，他们将这个新元素取名为"Scandium"(钪，元素符号为 Sc)。该名源自"Scandinavia"一词，该词是瑞典所在地北欧的斯堪的那维亚半岛的名字，这也是这两位科学家的出生地。这个新元素的原子量和化学性质，与元素周期表中第 18 个空格预言的元素很接近。

1886 年，德国化学家温克勒(C. Winkler)给门捷列夫元素周期表送来更重大的好消息，他在含银的矿石中也发现一种新元素，并把这种新元素定名为锗，其含义是"日耳曼"。这个新元素的性质和原子量

温克勒

与门捷列夫预言的竟然达到令人难以置信的吻合程度。

温克勒1838年12月26日生于德国的夫赖贝格，1864获莱比锡大学博士学位。门捷列夫在1870年预言说，在碳和硅这一族里将要出现一种新元素，它一定会是深灰色的金属，原子量大约是72，比重大约5.5；该新元素的氧化物很难溶化，比重将是4.7；它与氯元素化合的物质的比重将是1.9。这些预言在16年后都由温克勒做的实验一一证实了。温克勒发现的新元素锗与碳元素、硅元素性质相似，真的是有金属光泽的深灰色物质。实验测得锗的原子量是72，比重是5.47，锗的氧化物的比重是4.71，氯化物的比重是1.887。迄今，门捷列夫预言的10多种元素都得到了证实。

此外，元素周期表也为发展过渡元素、镧系元素和锕系元素的结构理论，甚至为指导新元素的合成、预测新元素的结构及性质提供了重要线索。目前，已经公认发现的元素有114种，有些科学家报告发现的115、116、117以及118号新元素尚未命名，正等待国际纯粹化学与应用联合会的认证。

元素周期表第二个功劳是更正了一些元素的原子量，利用它先后调整了17种化学元素的原子量。门捷列夫通过对比元素的性质和原子量的大小，认为先前认定的某些元素的原子量不准确，需要重新测定并更正。比如，先前认定铟元素的原子量为75。但门捷列夫根据元素周期表发现铟和铝都是二价的，因此断定它的原子量应该是113，在元素周期表上也应该处在镉和锡之间的那个空位上。后来的科学实验测定证实了门捷列夫的猜想完全正确。又如，当时金元素的原子量定为169.2，排在元素锇、铱、铂的前面。但门捷列夫坚持认为金元素应该排在它们的后面，后重新做了测定，测得金元素的原子量是197.2，比锇、铱、铂这三种元素的原子量都大，理应排在它们后面。门捷列夫还利用周期表修正了铀、铟、镧、饵、镱、铈、钍等元素的原子量，更为重要的是认定元素铍(Be)的原子量应该从14纠正为9，使得元素按原子量递增的序列位置从原先的H－Li－B－C－N－Be－O－F纠正为H－Li－Be－B－C－N－O－F。经过元素原子量的修正和元素排列顺序的调整，元素化学性质的周期性递变规律也变得更清晰：从锂元素到氟元素,它们的金属性质渐次下降,非金属性质渐次增强,从典型金属性质过渡到典型非金属性质。元素的化合价渐变规律也变得明显起来:从锂元素到氮元素,它们的正化合价从+1递增到+5;从碳元素到氟元素,它们的负化合价则是从-4提升到-1。

元素周期表的第三个功劳是,揭示了自然界的化学元素"王国"有着自己的"法规",它们的"生活规律"不是杂乱无章和不可捉摸的,元素周期表就是一些"法规"的具体表现形式,反映出元素之间的内在联系,给元素很好地自然分类。元素周期表也反映了元素的化学性质和物理性质与元素原子结构的关系,在哲学、自然科学、生产实践等方面都有重要指导意义,让人类认识物质世界的思维有了新飞跃。例如,元素周期表有力地证实了从量变引起质变的规律:元素的原子量变化,随之引起了元素的化学和物理性质的变化。元素周期表也告诉我们,元素的化学性质变化有着周期性,元素的物理性质比如元素的原子半径、离子半径、原子体积、电离势、原子电负性及原子价,以及物质密度、沸点及气化热、熔点及熔化热和单质晶体结构等也都显示了周期性变化规律。此外,从元素周期表也可以看出,性能对立的化学元素比如金属和非金属,它们之间存在着对立性的同时,明显也存在着统一性和过渡性。哲学上认为事物总是从简单到复杂螺旋式上升,元素周期表显示的何尝不是呢?

元素周期表在国民经济建设中也立下许多汗马功劳。元素周期表中位置相互靠近的元素性质相似,启发了人们在元素周期表中的一定区域内寻找用于生产所需的新物质。

选择催化剂

人们在长期的生产实践中,已发现过渡元素对许多化学反应有着良好的催化性能。研究进一步发现,这些元素的催化性能与它们的原子内部 d 层电子轨道上有没有填满电子有密切关系,这就引导人们在过渡元素(包括稀土元素)中寻找各种性能优良的催化剂。目前,人们使用铁、镍熔剂作催化剂,已经能够使石墨在高温和高压下转化为金刚石;在石油化工工业的石油催化裂化、重整等反应中,广泛采用了过渡化学元素作催化剂,特别是近年来发现少量稀土元素能大大改善催化剂的性能。

制造耐高温、耐腐蚀的特种合金材料

元素周期表里从ⅢB到ⅣB的过渡元素如钛、钽、钼、钨、铬等,它们具有耐高温、耐腐蚀等特点,是制作特种合金的优良材料,已成为火箭、导弹、宇宙飞船、飞机、坦克制造中不可或缺的金属材料。

帮助寻找矿物

地球上化学元素的分布与它们在元素周期表中的位置有着密切的联系。科学实验发现如下规律：地壳中原子量较小的元素含量较多，原子量较大的元素含量则较少；偶数原子序的元素较多，奇数原子序的元素较少；处于地球表面的元素多数呈现高价，处于岩石深处的元素多数呈现低价；碱金属一般是强烈的亲石元素，主要富集在岩石圈的最上部；熔点、离子半径、电负性大小相近的元素往往共生在一起，同处于一种矿石中；在岩浆演化过程中，电负性小、离子半径较小、熔点较高的元素和它们的化合物往往首先析出进入晶格，分布在地壳的外表面。

第 12 章　消除电阻率

——超导现象

导体存在电阻会使电能在导体的传送中产生能量损耗，这会带来一些麻烦，科学家面临着如何降低导体电阻率的难题。20 世纪初，科学家挑战成功，让许多金属、合金和化合物的电阻率在一定温度和压力条件下降低到零。

温度的影响

物质的性质随温度升高或降低发生变化是普遍现象，比如，温度升高，物质的体积会膨胀，温度降低，体积就缩小，金属材料的变化尤为明显；鱼等一些生物体在常温下是柔软的，它们在摄氏零度以下就会变硬；水在常温下是液体，在冰点以下就会结冰变成固体；空气在通常条件下是气体，将温度下降到一定程度时，它就会变成液体。

那么，对金属这类的导电材料来说，温度下降后，它们的电阻值会发生变化吗？在通常状态下，任何物质都有电阻，物质的电阻值 R 与其尺寸和性质有关，即 $R = \rho(L/s)$。式中，ρ 代表物质的电阻率，L 代表物质的长度，s 代表物质的横截面积。电阻率 ρ 与物质的性质有关，不同材料的电阻率不一样。此外，也可采取一些特殊手段使材料的电阻率发生变化，比如向物质施加强的压力，可以使一些绝缘材料的电阻率减小，甚至变成导体。降低温度的办法是否能改变物质的电阻率，是科学家和工程师都十分感兴趣的话题。

众所周知，电阻起着非常重要的作用，导体通电后发光和发热就是依靠它的电阻特性，如果导体的电阻值变成零，钨丝灯等一些电灯就不能发出光来，电热取暖器也无法产生热。但是另一方面，电阻会造成电能在传送过程中有大量的损耗。发电站产生的电通过电线输送到工厂企业和千家万户，通常使用的输电线材料是铝或铜，由于它们存在电阻，一部分电能就在输电过程中转变为热而消失。为了减少这种损耗，一种办法是在设计电路时尽量缩短发电站与电能用户之间的距离，另一种办法则是尽量提高输电效率。为此人们做了种种努力，提高交流电输电电压是常用的办法，日本采用 50 万伏、欧美采用 75 万伏的超高压输电。但在这样的超高压下，又出现了一种新的电能损失因素——介质损耗。因此，输电线路上仍免不了约有 1/10 的电能损耗，例如输送 1 000 万千瓦的电功率，就会损失 100 万千瓦的电功率，这相当于一座规模不小的电站的发电量。

对于电子仪器来说，电线和电子元件存在电阻，不仅会增加仪器的能耗，还会使电子线路发热，影响器件正常工作。为了让仪器能够在较长时间内稳定工作，不得不在仪器内安装散热元件和设备，这么一来便增加了额外的制造成本。电子仪器设备以及大规模和超大规模集成电路都在向小型化发展，电阻的存在会使它们面临功耗与尺寸不能两全的难题。用在航天航空领域的电子仪器的能源供应以及它们允许的体积和重量有着非常苛刻的要求，电阻带来的能耗将极大影响仪器的正常运作。高运算速度和高信息容量电子计算机的发展面临的挑战极大，因为计算机运算速度太快以及信息容量太高，线路和元件等会因为发热过高而导致机器烧毁。假如要设计建造运算速度达每秒 3 亿次的计算机，遇到的技术难题便有 3 项：开关速度快于 1 纳秒的开关；对应于 1 纳秒信息传输距离，整机尺寸不超过 15 厘米；元件密排，要求的集成度为 10^4。如果采用通常的半导体元件，其产生的功耗会高达 10 瓦/厘米^3，这么高的散热量带来的一系列问题亟待解决。

如何能让电阻值发生变化呢，通过改变导体的温度是否可行？在还没有办法让物体冷却到很低温度之前，有两种截然相反的猜测。英国化学家、物理学家杜瓦(J. Dewav)根据自己的实验经验推测，随着温度降低，电阻率会慢慢减少到零，德国物理学家、化学家能斯脱(W. F. Nernst)也认为，随着温度下降，纯金属的电阻率会逐步减少，并最终在绝对零度时消失。他们的依据是，电阻是自由电子因原子晶格振动引起散射形成的，在极低的温度时晶格振动停止了，由振动引起的散射损失也自然不复存在。而英国物理学家开尔文(W. T. Kelvin)则持相反的看法，他在 1902 年提出，预计随着温度下降，电阻率降低到一个极小值之后，会随温度进一步降低而上升到无穷大。他认为，电流是自由电子的流动，在极低的温度时，电子都被凝聚在金属原子上，自由电子流动将不存在，也就等效于电阻率无穷大。究竟是哪一种说法正确，需要实验结果来评判。

奇迹出现

创造零电阻率奇迹的是荷兰物理学家昂纳斯(K. Onnes)。他1853年出生于荷兰的大学城格罗宁根,1870年进入格罗宁根大学读书,1879年获得该校哲学博士学位,1882年受聘于莱顿大学物理学教授并兼任实验室主任。任职后,他将实验室的全部研究项目都集中在低温技术方面,在1923年以前,莱顿大学实验室是世界上唯一能够制造液氦的地方。昂纳斯的这个决定,为他后来发现超导态打下了基础,他由此成为发现导体零电阻率的第一人,并于1913年获得诺贝尔物理学奖。不过,昂纳斯关于实验室研究项目的安排在当时受到了阻力,著名的物理学家洛伦兹(H. A. Lorentz)就曾劝他不要这样做,因为在洛伦兹看来,在低温下不会有什么离奇的事情发生。洛伦兹是近代卓越的理论物理学家、经典电子论的创立者,1878年起任莱顿大学数理物理学教授,1902年获诺贝尔物理学奖,当时他的话很有权威性。

但昂纳斯坚信自己的研究信念,他认为在非常低的温度下,许多物理现象都会发生奥妙的变化。他利用液态空气和液态氢,在实验室获得20.4开(即摄氏−253℃)的低温,并测量了金属金、汞、银、铋、铝和铂等在此温度下的电阻率变化,发现这些金属的电阻率随着温度降低而减少,而且所用金属材料的纯度不同,其电阻率变化的表现也不同,纯度高的金属材料的电阻率随着温度降低变得越来越小。1911年,昂纳斯实现了氦气的液化,获得了1.15～4.25开的低温,并且又测量了金和铂的电阻率,发现温度在4.25开以下,铂的电阻率降低到某个值之后就不再变化,情况不是开尔文曾经猜测的那样,到了一个最低值之后,温度再降低电阻率便升高到无限大,也不是如能斯脱等猜测的那样降低趋向于零。不过,昂纳斯认为,最后出现的这个最小的电阻率可能是由于铂里存在杂质,如果使用绝对纯的铂,估计它的电阻率在液氦的温度下会消失。为了证实这个想法,昂纳斯改用汞做实验,因为汞在常温下是液体,比其他金属更容易提纯,可以采用连续蒸馏的办法得到纯度非常高的汞。

就在1911年4月的一天,昂纳斯让助手霍尔斯特(G. Holst)进行这项实验,把汞样品浸在氦的恒温槽中,在样品上通恒定电流,并测量样品两端的电位差。出乎他们的意料,当温度降至氦的沸点(4.2开)以下时,电位差突然降到了零。他们起先怀疑测量电路中出现了短路，在寻找短路原因的过程中，霍尔斯特发现当温度回升到 4 开以上时，电路短路现象立即消失，而温度再度降低时便又出现短路现象。于是，他立即向昂纳斯报告，昂纳斯起先也不相信，于是自己又亲自多次重复这个实验，终于弄清楚并不是发生了短路现象，这正是金属汞的电阻率消失的缘故。昂纳斯在 1911 年 4 月 28 日宣布了这一发现：温度在 4.19 开与 4.21 开之间，汞的电阻率减少得极快，在 4.19 开处则完全消失。

昂纳斯

此时，昂纳斯还没有看出这一现象的普遍意义，仅仅将结果当成汞的特殊现象。此后，他又采用其他一些金属做同样的实验，发现锡在温度为 3.8 开时，电阻率也突然降为零，铅也有类似效应，转变温度估计为 6 开（后来证实为 7.2 开）。1913 年，昂纳斯宣称，金属材料在极低温下会进入一种新的状态，电阻率变为零。他把这种具有特殊导电性质的物质称为超导电体，将具有这种特殊导电性质的物质状态称为超导态，而把电阻率突然消失时对应的温度称为超导临界温度。至此，终于可以改变金属的电阻率了。至今已经发现 28 种金属材料在常压下可以出现超导态，其中超导临界温度最高的是铌，为 9.2 开，超导临界温度最低是钨，是 0.015 开。还有一些金属材料只能在高压下或低温下制作成薄膜才会出现超导态。

磁导率变成零

为了在实验上证实金属材料在低温时电阻率的确会变成零，昂纳斯设计了一个很巧妙的实验。他用铅丝做了一个闭合环，并把它放置在磁场中。然后将铅丝闭合环降温到超导临界温度，使其进入超导状态。接着把磁场迅速除去，根据电磁感应定律，铅丝闭合环中将产生感应电流。昂纳斯对感应电流衰减情况进行观察，显然，如果处于超导状态的铅丝闭合环还存在电阻，那么感应电流强度会不断减弱，最后变为零；倘若铅丝的电阻率变成零，那么感应电流强度就不会发生衰减。实验显示，在冷却铅丝的液氦没有蒸发完之前，感应电流强度保持不变，在液氦蒸发完之后，铅丝恢复到正常状态，感应电流也迅速衰减到零。这个实验直接显示,进入超导态的金属的电阻率的确变成了零。

这个实验也从另外一个角度启发人们思考超导态导体的磁场问题。处于超导态的导体对电场的表现是电阻率为零,即导体不存在电阻,在超导态的导体内部不存在电场。那么,它对磁场的表现又是如何,是不是此刻导体的磁导率也会变成零,因而在超导态的导体内部同样不存在磁场?德国物理学家迈斯纳(W. Meissner)和奥克森菲尔德(R. Ochsenfeld)为找到答案做了一项很出色的实验研究工作。他们把一只锡单晶体球放进磁场中,与通常出现的情况一样,可以看到磁力线从锡球穿过,并在球内产生磁场。这时候给锡球降温,当锡球一进入超导态便出现了异常情况,磁力线一下子全部被排斥出锡球,在球体外部的磁力线分布也发生了变化,磁力线沿着球体的边缘绕行而去,球内原先产生的磁场也随即消失了,显示出导体在超导态时出现了强抗磁性。这个现象后被称为迈斯纳效应或迈斯纳-奥克森菲尔德效应。该效应进一步显示,导体处在超导态时,内部的电场和磁场都是零,超导体转变成完全抗磁材料。零电阻率和完全抗磁性是超导态的两个独立的基本性质。

需要补充说明的是,做这个超导态下的磁场作用实验时,给超导体外加的磁场是弱磁场。如果该磁场超过某个磁感应强度值,导体的超导态会遭到破坏,超导性便会突然消失,导体重新回到正常状态。比如汞在温度降到 4.15 开时进入超导态,如果此时把它放置到 41.2 毫特的磁场中,它的超导态便受到破坏,失去超导性,重新回到正常态。换言之,要让导体保持超导态,不仅需要将它的温度一直保持在超导临界温度以下,而且不能让它受到大于临界磁感应强度的磁场的影响。

利用迈斯纳效应,可以完成一项有趣的导体悬空任务。把一金属块放进液氦中,金属块立即进入超导态。接着,取一永久磁铁块靠近金属块,金属块表现出完全的抗磁性,磁铁的磁力线将被它完全排斥,而磁铁块受到了相应的排斥力。当此排斥力与磁铁块本身的重量平衡时,磁铁块就会悬浮在空中。现在,在引力波探测系统中,那个重几百公斤甚至几吨的铝探测天线,就是因排斥力而悬空的。这个铝探测天线表面附着一层超导材料,使超

磁铁块被超导体托起悬空

导材料进入超导态后，产生的排斥力就自然而然将天线托举起来。

约瑟夫森效应

1973年度诺贝尔物理学奖获得者是年仅33岁的约瑟夫森(B. D. Josephson)，当他作出获奖贡献时年仅22岁，当时还是英国剑桥大学的在读研究生，他的导师是剑桥大学卡文迪什实验室的教授、著名超导物理学家皮帕德(B. Pippard)。皮帕德是超导态局域模型的创立者，他提出的电子对配对结合而整体运动的超导态理论启发了约瑟夫森超导态研究的新思路。

约瑟夫森

另外一位启发约瑟夫森作出重大贡献的科学家是加埃沃。加埃沃在通用电气公司研究与发展中心从事物理研究工作，他用绝缘薄膜隔开金属膜，并完成了几次很成功的隧道实验，实验结果与理论结果相当符合，他在1960年发表了名为《用电子隧道测量超导体中的能隙》的论文，他的研究结果大大简化了对能隙的复杂测量问题。

当时除了加埃沃的启发性公式之外，还没有什么理论可用来计算隧道电流，在这种情况下，约瑟夫森凭着扎实的数学和物理学基础理论功底以及对BCS理论(解释常规超导体的超导性的微观理论，详见下文)的深刻理解，经过理论计算，他得出几项重大预言：

第一，在两块用绝缘材料隔开的金属之间加上电压，不会有电流通过，不过，如果这块绝缘材料层很薄，由于隧道效应，电子有一定几率会穿过这块绝缘材料层，加上电压之后电路中就会有电流通过，电流强度正比于电压。如果被绝缘材料层隔开的是两块处于超导态的材料，情况就大不一样，不加电压也会有所谓的超导电流流过。这个现象后被称为直流约瑟夫森效应，两块超导体中间夹薄绝缘材料层的结构被称为约瑟夫森超导结。

第二，在约瑟夫森超导结两侧加上直流电压后，那么除了出现之前所述的超导直流电流外，还会出现高频超导交流电流，它的频率 ν 与所加的直流电压成正比，而与所用的材料没有关系：$\nu = 2eV/h$。公式中，e 代表电子的电荷量，V 代表所加电压的数值，h 代表普朗克常数。把有关数值代入上式，可以得到一微伏电压产生的交流电流的频率是483.6兆赫。这意味着如果加微伏电压，那么产生的交流电流的频率属于微波波段，如果加毫伏电压，那么产生的交流电频率就属于红外辐射波段。这个现象后被称为交流约瑟夫森效应。

第三，如果在对约瑟夫森超导结两侧加直流电压的同时再加上频率为 f 的射频电压，那么出现的超导交流电流将被这个射频电压调制，产生超导直流电流分量。在电流-电压特征曲线上，频率 $\nu=nf$ (n 是整数)处会出现一系列直立的恒定电压为 V_n 的台阶，每个台阶的高度有大有小，但其电压宽度严格一致，数值 V_n 等于 $nhf/2e$。这个台阶是夏皮罗(S. Shapiro)首先发现的，因此称为夏皮罗台阶(Shapiro step)。

第四，如果加上恒定磁场，约瑟夫森超导结就有稳定的超导电流流过；如果加的是变化的磁场，那么超导电流将随着磁场的增大而周期性地起伏变化，出现如同光学上的单缝衍射图案，这个现象被称为约瑟夫森磁场效应。

1963年，美国理论物理学家安德森(P. W. Anderson)在实验中观察到隧道超导电流的存在，罗厄尔(J. Rowell)进一步证实了约瑟夫森电流与磁场的关系。接着到了1965年，加埃沃在实验中也观测到超导交流电流，随后一些科学家利用常规探测仪器还成功地探测到由这种超导交流电流产生的辐射。

基于约瑟夫森效应，一个新兴技术领域诞生，发展了多项探测新技术，包括微弱磁场探测技术、高频信号探测技术、电学基准测量技术、基本物理量 e/h 的精密测量技术以及高速度计算技术等。另外，开发了各种基于约瑟夫森效应的超导电子器件，一门崭新的电子技术边缘学科——超导电子学形成。根据约瑟夫森超导结制造的直流量子干涉仪具有超高灵敏度，能够探测出磁感应强度为 10^{-15} 特的磁场，足足比地球磁场低10亿倍(地球磁场的磁感应强度为 5×10^{-5} 特)。它可以用于探测研究弱磁性物质，帮助人类探测铁矿资源、确定火成岩和沉积岩的交界处以及研究月球岩石磁性等。直流量子干涉仪还能用来探测引力波。当天体演变中某个事件发射引力波时，引力波观测站的引力波天线将受到引力波的作用，产生极微弱的机械振动，对于这个振动信号，传统的仪器无能为力，只有直流量子干涉仪能够探测到。利用交流约瑟夫森效应制作出的频率高于10吉赫的毫米波低噪声探测器，可作为安装在飞机、卫星等上的地球资源勘测遥感器。

根据约瑟夫森超导结能在极短时间内从超导态变为正常态的原

理，可以制造出开关速度快、能量损耗极低的电子开关——冷子管，其开关速度达 10^{-10} 秒，能量损耗为 10^{-6} 瓦。进一步可以制造出超导结两侧均为超导体的隧道冷子管，它的开关速度更快，达 10^{-12} 秒。开关速度超快的逻辑元件将以惊人的速度执行运算，第五代计算机有可能是由约瑟夫森器件组成的超导计算机。

约瑟夫森超导结两侧加直流电压的同时再加上频率为 f 的射频电压，出现的夏皮罗台阶的高度会对射频电压的变化非常敏感，利用这个特点已制造成功灵敏度达到皮瓦级甚至更高的电磁辐射探测器，响应时间为纳秒级。在射电天文学中已经用它来探测太阳、月球、金星、木星及银河中心发射的微弱信号。

超导临界温度不断攀升

超导体的用处很大，但是要让材料进入超导态需要很低的温度。1986 年以前，已知的最高超导临界温度仅仅为 23.2 开(铌锗合金)，绝大多数材料的超导临界温度是液氦的温度。地球上氦资源比较稀少，而制备液氦的技术十分复杂，因此使用成本相当高，这一点严重地限制了超导技术的推广应用。如果能够找到较高超导临界温度哪怕是达到氮气液化温度的材料，那么超导技术就会在工业界中得到有力推广。获得液氮的成本是液氦的几十分之一，有的国家甚至实现了百分之一；此外，在制冷技术上制作液氮的技术简单方便。

但是，提高超导临界温度很困难。虽然解释超导态的几种理论说的都是在低温条件下导致超导态出现的机制，但它们并没有提示这种机制如何可以保持过渡到较高的超导临界温度，现有的超导微观理论还不能准确预言超导材料的临界温度，因此很难用微观理论来指导高温超导材料的探索工作。寻找新超导材料主要还是依靠实验摸索，即对各种材料进行超导性实验，以期找到临界温度更高的新超导材料。显然，这么做不仅工作量大，而且材料的选择带有偶然性和主观性。当然，科学家对积累的实验资料进行综合分析，也获得了一些定性或者半定性的经验规律，进而帮助他们进一步寻找高温超导材料。已经获得的经验规律揭示，原子的价电子数、原子半径、原子体积、原子质量以及晶体结构等都与材料的超导性质有关。比如，超导临界温度与晶格的不稳定性密切相关，只要不发生结构相变，晶格越不稳定，临界温度就会越高。但这些并没能回答大家最关心的问题：超导临界温度最高能够达到多少？

1986年,提高超导临界温度的研究工作终于取得了突破性进展,这得归功于物理学家缪勒(K. A. Muller)。缪勒1927年出生于瑞士的巴塞尔,1958年在联邦工学院获博士学位,1978年起在IBM公司苏黎世研究实验室工作,开始接触超导态研究。当时,从事超导态研究的科学家都把目光集中在金属和合金上,因为超导给人的第一印象是没有电阻的导体,因此大家首先就在金属的范畴中寻找。但缪勒却打破常规,别出心裁地研究起绝缘材料的超导性。在通常情况下,绝缘体是不导电的,缪勒竟然提出在低温条件下把它变成超导体,这看来很不可思议,甚至有点痴心妄想。其实,穆勒并不是毫无根据、心血来潮提出这个观点的,他对自己的决定很有信心。

缪勒

其实早在20世纪60年代初就有金属氧化物出现超导性的实验报道,比如1964年报道了一种叫锶钛氧化物的材料获得超导态,其超导临界温度是0.3开,虽然临界温度低了一点,但这毕竟显示了非金属材料也会出现超导性。1975年,还有超导临界温度为14开的氧化物材料钡铅铋的报道。

缪勒对这些研究结果做了分析,认为在绝缘体中,电子之间的强束缚力在一定条件下有可能转变为让电子更自由移动的推动力。1983年,他邀请并说服在同一个实验室工作的德国物理学家柏诺兹(J. G. Bednorz)一起进行这项研究。柏诺兹1950年出生于德国,1977年来到瑞士联邦工学院并在缪勒指导下撰写博士论文,1982年加入IBM公司苏黎世研究实验室。从这个关系来看,柏诺兹既是缪勒从前的学生,又是今天的同事,他们两个人合作很默契。

经过认真研究分析后,缪勒和柏诺兹认为非常强的电声相互作用会发生超导态,即双极绝缘态之间发生相变。于是,他们一起研究那些可能是强电声相互作用、又因为晶格畸变极可能形成极子的氧化物。所以他们先是对铌酸镧($LaNO_3$)与铝酸镧($LaAlO_3$)的混合晶体进行研究,但没有发现超导性。其后的一些研究也没有得到好的结果,接连的不顺利让柏诺兹情绪低落,一度想放弃这项研究。1985年,两人在查阅文献时发现一篇介绍新型催化剂的论文中提到含有钡和镧的氧化物,其性质与他们在苦苦寻找的超导材料性质很相近,于是他们立即把研究对象转向含铜的氧化物,经过半年的努力,他们发现自己制备的镧钡铜氧化物陶瓷(La－Ba－Cu－O)样品具有超导性，而且超导临界温度获得显著提高，达到35开。缪勒和柏诺兹的研究结果开辟了将超导材料从金属、合金和化合物拓展到氧化物陶瓷的新思路，为此，他们获得了1987年度诺贝尔物理学奖。

在缪勒和柏诺兹开创性工作的推动下，世界范围内兴起了探索高温超导材料的新热潮，获得的超导临界温度也不断升高。中国科学院物理研究所、美国休斯敦大学和日本东京大学的科学家们重复了缪勒他们的实验，并用锶(Sr)替代钡(Ba)制造材料，获得的超导临界温度提高到40～50开。1987年2月，美国华裔科学家朱经武和中国科学家赵忠贤相继研制的钇-钡-铜-氧系材料，超导临界温度进一步提高到90开以上，这是超导科学史上的重大突破，实现超导临界温度高于液氮(77开)的梦想。因为其临界温度在液氮温度以上，因此它们被称为高温超导体。从此往后，超导临界温度的记录不断被打破。1987年底，铊-钡-钙-铜-氧系材料又把超导临界温度的记录提高到125开；1988年初，日本研制成临界超导温度达110开的铋-锶-钙-铜-氧超导体。1986年到1987年的短短一年多的时间里，超导临界温度竟然提高了100开以上，这在材料发展史乃至现代科技发展史上都堪称一大奇迹！科学家还发现铊系化合物材料的超导临界温度可达125开；汞系化合物材料的超导临界温度高达135开，如果将汞置于高压条件下，其超导临界温度将达到难以置信的164开。

众说超导态

材料为什么会出现超导态？自从超导态被发现后，科学家们便开始探究其中的原因，纷纷给出各种解释。第一个给出超导态说法是荷兰物理学家埃伦菲斯特(P. Ehrenfest)，他认为，超导态是导体出现热力学中的二级相变的结果，并由此导出超导临界温度处的比热、临界场与温度之间的关系，这个关系已经获得一些实验的验证。二级相变是热力学中没有潜热又没有体积变化的相变，例如氦气在极低温度下存在两种液态，即氦Ⅰ和氦Ⅱ，后者在温度低于2.2开才出现，这两种液态氦之间的相互转变就属于二级相变。

1934年，戈特(C. J. Corter)和卡西米尔(H. B. Casimir)给出了另外一种解释，这种解释现被称为二流体模型。他们认为，在导体内存在两种电子流体，一种是正常电子流，另外一种是超导电子流。正常电子受材料的晶格振动散射做无规运动，增加了导体的熵；超导电子处于有序状态，不受晶格振动散射影响，对应于导体中的无阻流动。导体在高于超导临界温度时，其中正常电子占大多数，因而表现出通常那种存在电阻的状态；随着温度降低，导体中的电子向超导电子转变的数量增加，在临界温度时，导体中绝大多数是超导电子，导体也就处于电阻率为零的状态。二流体模型指出，当导体处在超导临界温度时，导体中的电子转变成超导电子并同时释放一定的能量，使得导体的比热突然大于正常数值，出现不连续的跃变。这个现象被凯索姆(W H. Keesom)进行的实验结果验证。凯索姆是荷兰物理学家，1904 年在荷兰阿姆斯特丹大学获得博士学位，随后到莱顿大学昂纳斯实验室工作，他是最先获得固态氦的科学家。凯索姆在实验中发现氦的比热在 2.19 开有尖锐跃变，并发现超导体在临界温度上存在比热的不连续变化。

零电阻率和零磁场是超导态的两个重要基本属性，前面两种说法只能解释超导态出现零电阻率的原因，并没有说清导体内的磁场为何为零。因此，这两种超导理论模型都存在着缺陷。有些科学家认为，借用电动力学或许能够获得较好的理论模型。

1935 年，英国的 F. 伦敦(F. London)和 H. 伦敦(H. London)兄弟通过修改通常的电动力学方程，建立了两个可以用来描述超导态的零电阻率和迈斯纳效应的方程——伦敦方程。他们假设，超导体内的电流是由超导电子和正常电子产生的，正常电子遵从通常的欧姆定律，而超导电子遵从了超导体的理想导电性，运动时不受任何阻力。从伦敦方程可以看出，在超导态条件下，电流由超导电子贡献，因而表现出零电阻率性质，超导电流只存在于超导体表面的薄层内，而在其他地方没有。薄层内的超导电流产生的磁场抵消了外磁场，使得导体内的磁场为零。伦敦方程中所描述的电流表面薄层在 1939 年被休恩伯格(D. Shoenberg)进行的实验证实。

二级相变理论、二流体模型以及伦敦方程，都是基于超导态时导体内的电子处于有序状态而提出的，那么为什么在超导态下电子会变得更有序？这种转变是怎样产生的？这三种理论都没有给出很好的回答。1957 年，巴丁、库珀 (L. N. Cooper)和施里弗(J. R. Schrieffer)提出关于超导物理机制的新理论，这就是以他们姓氏的首字母命名的 BCS 理论。

巴丁是美国著名物理学家、晶体三极管的发明人之一。他 1908 年出生于美国威斯康辛州的麦迪逊，1936 年获普林斯顿大学哲学博

巴丁

士学位。他直接参与了半导体器件、复制技术和超导态等三个不同科学领域的工作，取得了巨大成就，两度获得诺贝尔物理学奖，成为迄今世界唯一在同一领域内两次获得诺贝尔物理学奖的学者。他年过半百才涉足超导体研究，但他并不因年岁高和超导体研究有难题而缺乏进取心，并以长者身份发现了年轻的库柏和施里弗等人的潜力，与他们共同奋战，终于创立了著名的BCS理论。

库珀1930年出生于美国纽约市，1954年在美国哥伦比亚大学获博士学位，当时年仅24岁。1955年，他应巴丁的邀请，担任了伊利诺伊大学的副研究员，并从此时开始与巴丁合作研究超导理论。施里弗1931年出生于美国伊利诺伊州的奥克帕克，他是巴丁的研究生，起初研究半导体的表面导电问题，后来改选超导性的研究课题。

他们认为，导体中电子与声子的相互作用是导致超导态出现的根本原因。在固体中，电子与晶格振动的相互作用是固体许多宏观现象的物理基础。固体中的晶格振动产生声子，它与电子、光子等的相互作用构成了固体的各种物理现象的微观机制(比如固体中的电子被声子散射是导体出现电阻率的主要原因，电子吸收声子后会引起声波衰减和导体的热阻)。某个电子运动通过固体晶格时会导致晶格发生畸变和极化，当另外一个电子通过这个畸变的晶格时，它受到的不再是原先周期场的作用，而是发生畸变的场的作用，其结果导致了两电子之间出现相互作用。如果它们的相位合适，相互作用的结果将使得电子相互吸引，当吸引力超过电子之间的排斥力时，它们便形成束缚电子对，现在通常把这种电子对称为库珀电子对。即使库珀电子对中的一个电子因被声子散射向前运动受阻，另外一个电子则会“接班”，因此，流通的电流不受影响，宏观上的表现就是导体的电阻率为零。这便解答了先前几种理论中关于超导态中电子有序化原因的问题。鉴于巴丁、库珀和施里弗创建的BCS理论对超导态研究的贡献，他们3人共获1972年度诺贝尔物理学奖。不过，BCS理论也还存在某些不足，它对低温超导性的解释相当成功，但对解释高温超导性就存在缺陷。

除了前面几种理论外，还有其他的观点，比如金兹伯格-朗道理论等，它们同样也有不完善的地方，关于超导态的机制还需要进一步探索。

第 13 章　设计生物品种

——转基因生物

我们可以设计出各种式样的服装、各种款式的汽车、形态百异的大楼、各种功能的飞机和卫星……那么,能不能按照自己的愿望设计生物,例如设计出各种颜色和不同形态的花草树木、不需要施肥的农作物、能够飞翔的鱼,满足不同口味需要的蔬菜和水果,等等。昔日看来,世间万物是上帝创造的,人类自己设计物种乃是幻想,而在今天,它将变成现实。

伟大的发现

有人估计,世界上存在的生物大约有 200 万种,它们都是在历史长河中,经历了无数代的父传子、子传孙保留下来的。令人奇怪的是,历经世代沧桑,每种生物的外表和品质却没发生多少变化,稻谷依然是稻谷,小麦仍然是小麦,豆还是豆,瓜还是瓜。从我国一座古墓出土的稻谷,据称是 3 000 多年前存留下来的,把它和今天的稻谷对比,两者在形态和成分上竟然没什么差别。将它种植后,其生长过程以及结出的稻穗,与今天的稻谷没有什么差别。以一年一种计算,这出土的稻谷也传了 3 000 多代,但它还是老样子,成分和形态并未改变,更没有变成别的生物品种。稻谷是如此,其他各种农作物、水果、动物等,它们在世代相传的过程中也始终保持本色不走样。这是什么原因?

一些人猜想,生物体内一定存在某种东西,它控制着各种生物体的传宗接代,使其永不走样。首先寻找答案的人是奥地利遗传学家孟德尔(G. J. Mendel)。孟德尔 1822 年 7 月出生于奥地利西里西亚(现属捷克)海因策道夫村的一个贫寒农民家庭,外祖父是园艺工人,父亲和母亲都是园艺家,他自幼对大自然有着浓厚兴趣。他从维也纳大学毕业后回到布台恩(现捷克的布尔诺)的奥古斯丁教派修道院做修道士,经过几年的努力,成为了这家修道院的神父。

他一边从事神职工作,一边寻求“种瓜得瓜,种豆得豆”的原因。他也猜想生物体之所以能够代代相传不走样,是受生物体内存在的特

孟德尔

殊遗传物质控制的结果。他又设想遗传物质内存在各种遗传因子，它们分管着生物体各种性状的遗传，比如对植物来说，就有管开红花的遗传因子、管开白花的遗传因子、管结籽的遗传因子，等等。植物体内如果存在管开红花的遗传因子但没有管结籽的遗传因子，那么，这种植物只会开红花但不会结籽。

这些设想是否真实？此外，在传宗接代过程中还会遵循什么规律，孟德尔打算弄个明白。于是，他在修道院的小花园里进行豌豆杂交实验，希望通过这种杂交过程找到答案。他选豌豆做实验，那是因为豌豆是具有稳定品种特性的自花授粉植物，容易栽种，而且具有一些稳定的、容易区分的性状，比较符合实验的目的要求。这里所说的性状，是生物体的形态、结构、生理、生化等特性的总称。为了方便起见和有利于分析研究，孟德尔首先只对一对相对性状传递的情况进行研究，然后再观察多对相对性状一起传递的情况。所谓相对性状，是指同种生物、同一性状的不同表现类型，比如豌豆的花色有红花与白花之分，种子形状有圆粒与皱粒之分，等等。从 1856 年至 1864 年的 8 年时间里，孟德尔坚持不懈地在修道院的小花园中进行豌豆杂交实验。

他用纯种的高茎豌豆与矮茎豌豆作亲本，在它们的不同植株间进行异花授粉。他把高茎豌豆花的雄蕊剪去，然后把矮茎豌豆的花粉传授到高茎豌豆的花柱上，收获到一批豌豆种子，称为"子一代"。第二年，他将这批"子一代"豌豆种子种在地里，结果，他见到的全都是高茎豌豆植株，不见有矮茎豌豆植株。矮茎豌豆怎么不出现了呢？孟德尔感到疑惑，于是他做反杂交实验，看看这次又会出现什么情况。孟德尔剪掉矮茎豌豆花的雄蕊，把高茎豌豆的花粉传授到矮茎豌豆的花柱上，重复前面的实验。奇怪的是，这回得到的"子一代"豌豆植株还是高茎，没有矮茎。这个结果会不会是高—矮茎豌豆的特殊情况呢？

为了明确这是否属于个案，孟德尔又用纯种的红花豌豆和白花豌豆进行同样的杂交试验。结果显示，无论是正向杂交或者反向杂交，"子一代"的豌豆植株全都开红花，没有出现白花。实验结果再次表明，这个情况并非偶然，而是生物的一种遗传规律，杂交得到的"子一代"植株只表现双亲中的一个性状即高茎或开红花，而另一个性状即矮茎或开白花完全不出现。孟德尔把杂交得到的“子一代”中表现出来的性状叫做显性性状，把没有表现出来的性状叫做隐性性状。

那么，“子一代”表现出来的性状在往后的种植中是不是能够继续保持，没有出现的隐性性状是不是就此全消失了呢？孟德尔继续杂交试验工作，力求找到答案。次年，他把“子一代”高茎豌豆种子再播种下去，继续观察杂交豌豆第二代的植株。这回有新情况发生：两种类型的豌豆植株都有出现，既有显性性状的高茎豌豆植株，也有隐性性状的矮茎豌豆植株。他数了数高茎豌豆植株和矮茎豌豆植株的数目，其中高茎的有 787 棵，矮茎的有 277 棵，两者的比例接近3:1。

根据第二代的情况，孟德尔认为，豌豆植株之所以有高茎和矮茎之分，是由于豌豆存在两个独立的遗传因子：一个使豌豆长成高茎，一个使豌豆长成矮茎。当纯正的高茎豌豆与纯正的矮茎豌豆杂交时，纯种高茎豌豆中的一个遗传因子与纯种矮茎豌豆中的一个遗传因子结合，形成的后代豌豆中含有高茎和矮茎两种遗传因子。等到将子一代杂交种子种下去，让其自花传粉后，一棵杂交豌豆植株的高茎遗传因子和矮茎遗传因子分离开，并与另一棵杂交豌豆植株相应的遗传因子结合，它们的结合方式有四种：高茎—高茎、高茎—矮茎、矮茎—矮茎、矮茎—高茎。由于高茎遗传因子是“正式演员”，只要有它在场的话，作为“替补演员”的矮茎因子就退到幕后不再露面，因此矮茎豌豆植株不出现。只有矮茎—矮茎的结合，矮茎遗传因子才能显现。所以，豌豆植株中高茎与矮茎比例是 3:1。考虑到这两种遗传因子传入下一代的杂交细胞时是彼此分离、互不干扰的，而且结合的过程也是随机的，所以孟德尔称这种现象为分离现象。

孟德尔以同样的试验方法，又进行了开红花的豌豆和开白花的豌豆的杂交实验。杂交第一代豌豆植株中只出现开红花的豌豆植株，杂交第二代豌豆植株中便出现开两种颜色花的植株，在 929 棵豌豆植株中，开红花的豌豆植株有 705 棵，开白花的豌豆植株有 224 棵，两者的比例同样接近 3:1。

实验结果表明，其实隐性性状在“子一代”里并没有消失，只是暂时被遮盖而未能得以表现罢了。孟德尔认为这是生物遗传上的普遍规律，于是他提出了遗传因子的分离假说。随后，他又利用自己设计的测交等一系列试验，验证了这个假说。此后，又有许多人做各种试验，也都证实了孟德尔假说的正确性。孟德尔假说得到了公认，被称为分离定律，一些教科书将其称为孟德尔第一定律。

之后，孟德尔又进行两对、三对甚至更多对相对性状的杂交试验。他选取了具有两对相对性状差异的纯合体豌豆，一种是黄色圆形豌豆（简称黄色圆粒），另一种是绿色皱形豌豆（简称绿色皱粒）。杂交实验结果显示，无论是正向杂交还是反向杂交，所得到的“子一代”豌豆全都是黄色圆形豌豆，这就意味着豌豆的黄色是显性性状，圆形也是显性性状。接着，将“子一代”豌豆种子播种，让它们的植株进行自花授粉，在得到的556粒第二代杂交豌豆中出现了四种类型，除了原先的黄色圆形豌豆和绿色皱形豌豆之外，还有两种新型的豌豆——黄色皱形豌豆和绿色圆形豌豆。第二代杂交豌豆中的黄色圆形豌豆、黄色皱形豌豆、绿色圆形豌豆和绿色皱形豌豆的比例大约为9∶3∶3∶1。孟德尔认为，出现这种情况是由于不同对的遗传因子进行自由组合并且组合几率是均等的。于是，他提出不同对遗传因子在形成配子中自由组合的理论，即自由组合规律，这是孟德尔发现的第二条重要的遗传学规律。有人称它为独立分配规律或孟德尔第二定律。孟德尔的分离规律和自由组合规律是遗传学中最基本最重要的规律，后来发现的其他一些遗传学规律基本上都是在这两条定律的基础上建立起来的。

1865年2月8日，孟德尔带着根据八年累积的实验结果写成的报告《植物杂交的试验》，在布鲁恩自然科学协会的会议厅，分两次向到会的40多名听众做讲演，他们中绝大多数是布鲁恩自然科学协会的会员，其中有知名的化学家、地质学家、植物学家和藻类学家。第一次演讲中，孟德尔只简单地介绍了他的试验目的、方法和过程，在一小时的报告中，听众如坠入云雾，弄不清他讲述的内容。在第二次演讲中，孟德尔着重根据实验数据进行了深入的理论证明，报告内容精辟并具有划时代意义，但遗憾的是报告结束之后反应依然很冷淡，没有任何人提问，也没有进行任何讨论，与会者不明白生物和数学怎么可以扯到一块，也不理解这位修道士费了八年时间究竟在做些什么。

第二年，孟德尔把报告写成论文，按惯例登在了协会出版的论文汇编上，该汇编被送往欧洲一百多个大学和图书馆。但是在一些人的眼里，一个地方组织的出版物不值得关注。孟德尔在收到论文的单行本（共四十份）后，分寄给了世界各地知名的植物学家，试图引起科学界的注意，但得不到任何回应。孟德尔也将论文寄给当时最著名的植物学家拿戈里（K. Nageli），并给他写了许多封信，希望这位大植物学家能对他的研究结果有所评论。过了很久，孟德尔终于收到了拿戈里的回信，但令他失望的是，拿戈里在信里告诉孟德尔，他的实验还仅仅是个开端，不能轻易得出结论。在敷衍了事地回了信之后，拿戈里就把孟德尔的事置之脑后。差不多二十年后，拿戈里出版了一本有关植物遗传的学术著作，总结了他所知道的有关植物遗传的所有实验，唯独没有一个字提到孟德尔的研究工作。这项具有划时代意义的科学发现在当时就这样被埋没了，那篇揭示伟大发现的论文也无声无息地躺在欧洲大图书馆书架上长达 35 年。孟德尔本人直至临终还是默默无闻，没有人把他看成伟大的遗传学家。

不过，科学成就终不会永久被埋没，就在孟德尔去世 16 年后，他的伟大发现终于通过三位不同国籍的科学家的文章被世界知晓，他的遗传学先驱地位终于得到了认可。第一位科学家是奥地利生物学家冯赛塞内格(T. Von Seysenegg)，他 1898 年开始在根特植物园做豌豆育种实验。在撰写实验论文时，他发现一篇文献的参考目录提到了孟德尔的论文，于是他从维也纳大学图书馆查阅到这篇论文，发现孟德尔的豌豆实验结果和自己的一样，并且在某些方面还超越了自己。他在 1900 年撰文报道了孟德尔的科学发现。第二位科学家是德国生物学家、遗传学家科伦斯(C. E. Correns)。他在蒂宾根大学用豌豆做实验，在查阅文献准备写实验论文时，也发现了孟德尔 35 年前刊登在布鲁恩自然科学协会论文汇编上的那篇论文，发现自己的研究结论在孟德尔的论文中已经阐述清楚，于是，他也撰文介绍了孟德尔的发现。第三位科学家是荷兰植物学家、遗传学家德弗里斯(H. de Vries)，他是首先提出生物进化突变理论的科学家。他在 1892 年开始进行植物育种计划，在查看有关文献时同样也发现了孟德尔发表的豌豆育种论文，于是立刻撰文介绍孟德尔。这三位科学家均认为，发现一位伟大科学家和他总结的生物遗传规律，比起他们自己的科研结果更有价值，值得撰文向世界推荐孟德尔——这位尚未被科学界承认的先驱及其卓越的成就。

找到遗传物质

孟德尔的遗传规律被科学界发现之后，遗传学迅速成为生物学家的研究热点。首先需要着重研究的是，孟德尔所述的遗传物质，经过许多科学家长期研究探讨，现已基本明确，它是核酸，担负着一切生物传宗接代的任务。

核酸有两种类型，一种是脱氧核糖核酸（DNA），另外一种称为核糖核酸(RNA)。绝大多数生物的遗传物质是DNA，只有少数简单病毒的遗传物质是RNA。既然DNA是遗传物质，它就必须能够携带遗传信息，能够自我复制传递遗传信息，能够让遗传信息得到表达以控制细胞活动，并且能够突变并保留突变。要确认它是否具有这样的功能，就必须从核酸的组成和内部结构着手研究。

经过分析研究，人们了解到DNA和RNA都是由一个个称为核苷酸的分子组成的大分子，单个核苷酸分子则是由一个磷酸分子(通常以英文字母P代表)、一个糖分子以及一个碱基分子构成。DNA与RNA的差别在于，DNA里的糖分子比RNA的糖分子少一个氧，因此组成DNA的糖分子是脱氧核糖，通常以D表示，而组成RNA的糖分子就称为核糖，通常用R表示。碱基分子也有几种，对于DNA来说，它的核苷酸分子可接纳的碱基有腺嘌呤(以A表示)、鸟嘌呤(以G表示)、胞嘧啶(以C表示)、胸腺嘧啶(以T表示)，根据选取的碱基不同，相应组成DNA的核苷酸就有四种类型；对于RNA，它的核苷酸的碱基也有四种，即腺嘌呤、鸟嘌呤、胞嘧啶和尿嘧啶(以U表示)。

那么，这些核苷酸怎样构造出DNA分子呢？DNA应该具有何种结构才能担当起遗传的重任？为构建一个用来解释一切遗传特性的DNA分子模型，科学家们做了很多研究工作。当时，主要有三个研究小组几乎同时在研究DNA分子结构模型。

第一个研究小组以伦敦国王学院的威尔金斯(M. Wilkins)和女物理学家富兰克林(R. Franklin)领衔。威尔金斯1916年出生在新西兰，父亲是名医生。他在英国上中学和大学，1946年在伦敦国王学院医学研究委员会的生物物理研究室工作，由此开展了各种研究并对DNA进行X射线衍射实验研究。富兰克林1920年生于英国伦敦一个富有的犹太人家庭，15岁立志要当科学家，但她的父亲并不支持她这样做。1945年，她获得博士学位之后，前往法国学习X射线衍射技术。医生通常用X射线来透视人体，而物理学家用它来分析晶体的结构。当X射线穿过晶体之后，会形成一种特定的明暗交替的衍射图形，不同晶体产生的衍射图样不一样，通过分析衍射图形就能知道组成晶体的原子是如何排列的，由此便可以推测分子的大致结构和形状。1951年，富兰克林回国后开始系统地研究DNA的结构，她在法国学习的X射线衍射技术正好用于研究DNA结构。同年11月，她终于成功地拍摄到一张十分清晰的DNA晶体X射线衍射照片，并对

DNA 分子的结构进行了关键性的描述：磷酸根在螺旋的外侧，碱基在螺旋的内侧。这张照片正是之后发现 DNA 结构的关键。

威尔金斯

富兰克林

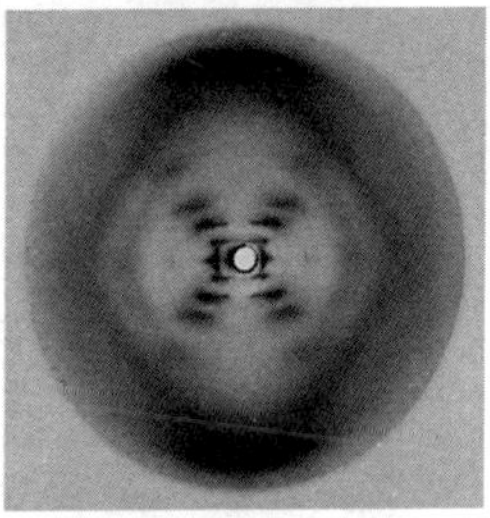

富兰克林拍摄的 DNA X 射线衍射照片

第二个进行 DNA 分子结构研究的是美国加州理工学院教授、著名化学家鲍林(L. Pauling)的研究小组。鲍林 1901 年 2 月出生在美国俄勒冈州，1922 年在俄勒冈州立农学院(现为俄勒冈州立大学)获化学工程学位，1925 年在加州理工学院获物理化学博士学位。他是世界上第二位两次获得诺贝尔奖的科学家，第一次是 1954 年度诺贝尔化学奖，第二次是 1962 年度诺贝尔和平奖。1950 年，他首先发现蛋白质中氨基酸链的 α 螺旋状结构，此后，便着手采用 X 射线衍射方法研究 DNA 的结构，并认定 DNA 分子具有与氨基酸类似的螺旋结构，即 DNA 分子由三股螺旋组成。1952 年，他发表关于 DNA 三链模型的报告，提出了 α 螺旋结构模型。

英国剑桥大学卡文迪什实验室的美国青年生物学家沃森(J. D. Watson) 和英国生物化学家克里克(F. H. Crick)的研究小组也进行了 DNA 结构研究。沃森 1928 年出生于美国芝加哥，16 岁进入芝加哥大学，专业为动物学。毕业后去美国印第安纳大学学习，获哲学博士学位后留校从事病毒研究，曾经做过用同位素标记追踪噬菌体 DNA 的实验。不久后，他到哥本哈根攻读生物化学，从此他的兴趣爱好转向遗传学。1951 年，他参加了在意大利那不勒斯举办的生物大分子学术会议，聆听了威尔金斯关于 DNA 的 X 射线衍射研究报告，意识到要揭开生物遗传的秘密，寻找到遗传机制，首先要与 DNA 分子打交道。当时，还不确定生物遗传的主角究竟是蛋白质还是 DNA，虽然在沃森的心目中，应该是 DNA，但这需要证据，第一步就是要了解

DNA 的结构。为了找到证据，他从美国来到英国剑桥大学卡文迪什实验室，遇到了克里克。

沃森

克里克

克里克 1916 年 6 月生于英格兰中南部一个郡的首府北安普敦，父亲是鞋厂老板。小时候，他酷爱物理学，1934 年中学毕业后考入伦敦大学物理系，3 年后大学毕业，随即攻读博士学位。然而，1939 年爆发的第二次世界大战打断了他的博士论文工作，他应征入伍，直至 1950 年，他在 34 岁时考入剑桥大学物理系攻读研究生学位。在薛定谔(E. Schrödinger)撰写的著作《生命是什么》的启发下，他的研究兴趣转到生物学，他深信用自己掌握的物理学知识会在生物学研究上做出一番事业。

共同的兴趣和理想让沃森和克里克走到了一起。他们俩都善于吸收和借鉴当时也在研究 DNA 分子结构的鲍林、威尔金斯和富兰克林等人的成果，当他俩看到了富兰克林一年前拍下的那张清晰的 DNA X 射线衍射照片时，发现在其中央有一个小小的十字架样的图案，这立即激发了他们的灵感，他们认为 DNA 不是鲍林提出的那种三链结构而应该是双链结构。他们继续循着这个思路深入探讨，并极力将有关这方面的研究成果收集起来进一步分析研究。根据综合各方面研究 DNA 的结果和他们自己的研究结果，他们最终得出一个共识：DNA 是一种双链螺旋结构，两条以磷酸为骨架的链按一定的空间距离相互平行缠绕，形成了双螺旋结构，像一条扭曲的麻花，一条链上的碱基与另外一条链上同一水平位置的碱基通过氢键连结在一起。DNA 的双螺旋结构表明，这个空间结构对核苷酸或者碱基的排列顺序没有任何限制，这也就决定了 DNA 携带的信息可以千变万化。

1953 年 4 月,英国《自然》杂志发表了沃森和克里克的论文《核酸的分子结构》。不久,他们又给《自然》杂志写了第二篇论文,提出了DNA 分子的复制机制:每个 DNA 分子双螺旋先松开分成两个单链,它们各自分别作为复制新 DNA 子链的母版,然后利用细胞中现成的嘌呤和嘧啶重建另外一条子链组,两者再结合组成一个新 DNA 分子。他们的研究成果宣告了生物学从此进入崭新的分子遗传时代。此后,大批科学家进入这个领域进行研究,不断获得新成就。为了表彰威尔金斯、沃森和克里克作出的重大贡献,他们三人共获 1962 年度诺贝尔生理学或医学奖。

当然,富兰克林的贡献也毋庸置疑,她的研究结果特别是她拍摄的那张 DNA X 射线衍射照片,对沃森和克里克的发现起了非常重要的推动作用。富兰克林心胸坦荡,并不计较个人得失,当年她在得知沃森和克里克发表《核酸的分子结构》论文时,不仅没有提出分享成果,反而为他们的发现感到高兴,还在《自然》杂志上发表了一篇证实DNA 双螺旋结构的文章。1962 年获得诺贝尔生理学或医学奖的只有沃森、克里克和威尔金斯三人,却没有富兰克林。一种解释是她已经在 4 年前因患卵巢癌去世,按照惯例,诺贝尔奖不授予已经去世的人。此外,同一奖项至多只能由 3 个人分享。假如当年富兰克林还健在,她会得奖吗?后人为了这个永远没有答案的问题进行过许多猜测与争论。

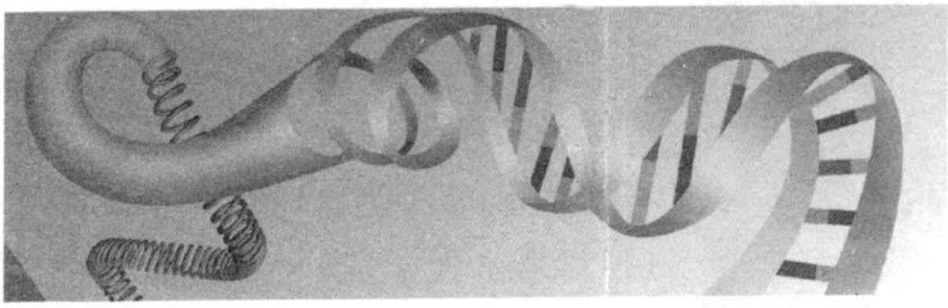

DNA 的双螺旋结构

揭示遗传因子的秘密

孟德尔在进行豌豆杂交实验时,提出了生物体的性状是由遗传因子控制的,生物的每一个性状都是通过相应的遗传因子来传递的,遗传因子是一些独立的遗传单位。然而,孟德尔所说的“遗传因子”仅是代表决定某个性状遗传的抽象符号,是他根据其实验结果虚拟假设的。那么，遗传因子究竟是什么？遗传学家们开始踏上寻找遗传因子实体的艰难历程。

丹麦生物学家约翰森(W. L. Johannsen)首先提出一个富有创新性的建议。约翰森是遗传实验研究领域的权威，他在研究红草豆时发现，由一粒种子产生的连续各代具有相同的遗传单位，他又发现外形大小相同的种子可以长出大小不相同的植株。于是，他得出结论，植物的外表特征虽然不同，但具有相同的遗传单位。他根据希腊文"给予生命"之义，为这个遗传单位取了个新名称。德弗里斯将达尔文提出的"pangenesis"一词改写成"pangene"，约翰森又将该词缩写成"gene"，并用它来表征这个"遗传单位"，以代替孟德尔提出的"遗传因子"一词。我国著名的遗传学家谈家祯在留学美国期间，应邀为国内《科学》杂志撰文介绍现代遗传学时，把"gene"的中文译名定为"基因"。之后，基因这个名词便在我国遗传学研究中得到了广泛应用。

人们当时还不清楚基因的实际意义，只是把它当成一个抽象名词。赋予基因实际内容的是美国实验胚胎学家、遗传学家摩尔根(T. H. Morgan)和美国遗传学家麦克林托克(B. McClingtock)。摩尔根毕生从事胚胎学和遗传学研究，他在孟德尔定律的基础上创立了现代遗传学的"基因学说"。他和助手利用果蝇进行遗传学研究，从中发现了伴性遗传规律以及连锁、交换和不分开等现象。为表彰他在遗传理论方面的功绩，诺贝尔基金会授予他1933年度诺贝尔生理学或医学奖。

摩尔根

摩尔根1866年9月25日生于美国肯塔基州的列克星敦，他的父亲和母亲都出身于南方名门望族。童年时代，摩尔根对博物学有着浓厚的兴趣。1886年，他从肯塔基学院(现肯塔基大学)毕业，取得动物学学士学位。随后，进入了约翰·霍普金斯大学学习，1890年获得哲学博士学位。1903年，在实验胚胎学研究的基础上，他开始对进化论进行研究，着重的研究方向是与确定性别有关的遗传学和细胞学。与20世纪初的大多数胚胎学家一样，他认为达尔文的进化论有一定道理，但它没有提出任何解释起源或遗传变异的机理，故他觉得达尔文的自然选择理论不够全面，需要用实验来检验。与此同时，他对孟德尔定律也有所怀疑。他想，如果生物的性别肯定是由基因控制，那么，决定性别的基因是显性的,还是隐性的?不论答案怎样,都会面对一个难以解释的事实:在自然界中,大多数生物的两性个体比例接近 1∶1,无论性别基因是显性的抑或是隐性的,都不会得出孟德尔实验中的 3∶1。摩尔根又用家鼠与野生老鼠杂交,得到的结果更是五花八门,根本无法用孟德尔定律来解释。

于是,他决定用实验和分析方法来验证达尔文理论和孟德尔定律的可靠性。1908 年,他用果蝇作为实验材料,研究生物遗传性状中的突变现象。果蝇与苍蝇类似,同属双翅目昆虫,但是比苍蝇小,体长不过半厘米。果蝇喜欢吃腐烂的水果,所以经常可以在夏日的水果摊前看见它们,它们的名字也由此而来。果蝇容易饲养,一点点香蕉浆就可以让它们饱食终日,而且它们的繁殖力强,1 天的时间内卵即可孵化为蛆,2 到 3 天变成蛹,再过 5 天便羽化为成虫,一年可以繁殖 30 代。1910 年 5 月的一天,摩尔根在红眼的果蝇群中发现了一只异常的雄性果蝇,它的眼睛颜色不像同胞那样是红色的,而是白色的。这显然是个突变体,他以前从来没有见过这样的突变类型,因此它属于罕见的突变品种。他让这只白眼雄性果蝇与一只红眼雌性果蝇交配,十天后,第一代杂交果蝇长大了,全部是红眼果蝇。按照孟德尔的遗传规律,红眼基因相对白眼基因是显性,因此珍贵的白色突变基因只好"躲"起来。摩尔根用第一代杂交果蝇互相交配,十天后,得到了第二代杂交果蝇,其中有3 470只是红眼,782 只是白眼,基本符合 3∶1 的比例。这下,摩尔根对孟德尔真正服气了,实验结果完全符合孟德尔从豌豆实验中总结出的规律。

但是也出现了与孟德尔遗传规律不一致的地方,出现的这些白眼果蝇全是雄性,没有一只是雌性。按照孟德尔的自由组合规律,那些长着白眼的果蝇应当是雄雌兼有的,而突变的白眼基因只伴随雄性个体遗传。摩尔根终于从果蝇身上看到了孟德尔在豌豆上观察不到的现象。为解释这个奇异现象,他提出了性别连锁特性的假说。两类基因——白眼基因和决定性别的基因好像锁链一样铰合在一起。接着,摩尔根又发现 DNA 上的基因连锁群并不像铁链一样牢固,有时候 DNA 会发生断裂,甚至会与另一条 DNA 互换部分基因。两个基因在 DNA 上的位置距离越远,它们之间出现变故的可能性就越大,交换基因的频率就越高。摩尔根随即提出连锁与互换定律。连锁与互换定律是摩尔根对遗传学领域的一大重要贡献,它与孟德尔的分离定律、自由组合定律一起被称为遗传学三大定律。他创立的著名基因学说揭示了基因是遗传单位，它能控制遗传性状的发育，它也是突变、重组、交换的基本单位。

麦克林托克1902年出生于美国康涅狄格州，1923年毕业于康奈尔大学，1927年获博士学位，1941年去纽约，在冷泉港实验室工作。在那里，她用传统的孟德尔杂交实验方法寻找玉米颜色的秘密。她发现杂交玉米后代有些并不带有经典遗传学所描述的特征，由此提出一种理论：控制玉米颜色的基因位置不是固定不变，而是以不规则的方式运动着，基因是运动着的微粒物质；而且，由于基因位置变换后会影响邻近基因的行为，因此生物遗传性状会发生改变。这就揭开了生物体发育过程多样性的奥秘。很显然，麦克林托克的理论与基因固定不动的传统理论是背向的，因此遭到许多科学家的反对，据说当时只有5位生物科学家对她的理论给出肯定意见。直到20世纪60年代，利用电子计算机进行研究，终于证实了麦克林托克理论的正确性，她也为此在1983年获了诺贝尔生理学或医学奖。

麦克林托克

但基因到底是由什么物质组成的？它的结构又如何？这依旧是个谜。随着分子遗传学的发展，谜底终于揭开。在沃森和克里克提出DNA的双螺旋结构以后，人们普遍认为基因是DNA的片段，确定了基因的化学本质。1957年，本泽尔(S. Benzer)以T4噬菌体为材料，在DNA分子水平上研究基因内部的精细结构，提出了顺反子(cistron)概念，顺反子是基因的同义词。1个顺反子可以包含一系列突变单位——突变子。突变子是DNA中的1个或若干个核苷酸。

1977年，桑格(F. Sanger)等根据大量研究事实绘制了共含有5 375个核苷酸的ΦX174噬菌体DNA碱基顺序图，发现B和E基因的核苷酸顺序分别与A和D基因的核苷酸顺序的一部分互相重叠，即某一段核苷酸序列同时为两个基因编码，后来在其他病毒、细菌以及果蝇等生物中也发现了重叠基因，一段DNA序列为两个或三个基因所共用，或者一个小基因位于一个大基因之内。这个发现打破了基因是彼此分离的传统观念。

1979年，科学家又发现并非每条肽链都有一个基因编码，例如有些病毒可以由一段DNA序列转录出一条mRNA分子，然后翻译出一条多肽链,最后这条多肽链被切割成多个有生物功能的肽链。有多少个功能肽链产生,对应的 DNA 序列就会含有相应数量的基因。这种多个基因编码一条多肽链的现象,不符合一个基因决定一条多肽链的普遍原则,基因的含义更加复杂化。

从基因功能的角度看,还有使一个基因分隔成不连续的若干区段的断裂基因,以及一种核苷酸序列与其相应的正常功能基因基本相同,但却不能合成出功能蛋白质的失活基因,等等。

一般来说,用作翻译模板的 mRNA 分子应该与其编码基因有对应关系,然而在 20 世纪 80 年代,科学家发现它们之间也会失去这种一一对应的关系,并发现隐蔽基因。

设计创造新生物品种

现在人们知道,只要在适当条件下,生物体的每一个活细胞都具有能力生长发育并形成一个完整的生物体。生物的遗传性状是由基因决定的,对于一个生物体,如果改变了某些遗传基因,那么它的性状就会随之发生改变。而且,基因可以"搬家",即从一个生物体的遗传物质中"搬迁"到另外一种生物体的遗传物质中"安居"。另外,基因不限于从生物体中获得,可以根据设想的要求,用人工方法制造。

基于以上这些技术,我们就可以根据需要,通过改变细胞内的遗传物质,设计创造出各种各样的新式物种,我们的物质世界将更丰富多彩。

设计新生物体的方法可以有两种。一种方法称为细胞融合技术,就是把两种不同生物体的细胞"融合"到一起,组成一个新细胞,这个新细胞里因为包含了两种生物体的遗传物质,所以由它发育生长成的生物体,就兼有两种生物体的品性。细胞融合技术突破了传统杂交技术的局限性,也打破了物种之间互不往来的局面,不仅可以在植物之间、微生物之间进行远缘杂交,甚至可以在动物与植物、微生物之间杂交,创造出更多的新生物品种。比如,新出现的薯番茄是马铃薯(土豆)和番茄杂交的后代,从以往的传统杂交技术看来,这可是奇谈怪论。

另外一种设计方法称为基因技术,是对生物体细胞的遗传物质做设计加工,即按照需要,加入某种生物性状基因或者去掉某种生物性状基因。细胞内的遗传物质经过这番基因变更后,发育生长成的生物体就具有我们期望的那种性状。例如，大豆、花生等农作物有自办的“小化肥厂”，它们的根部长有一种特殊的根瘤菌，能够直接从将空气中吸收的氮气变成氮肥，因此这类农作物生长时不需要施氮肥。设想提取豆科农作物遗传物质中“掌管”根瘤菌的基因，并将其移植到小麦、玉米、高粱等作物的遗传物质中，这种包含新遗传物质的细胞培养发育后，也将具有自办“小化肥厂”的功能，种植时不需再施或者少施氮肥，这么一来，就可以节省大量的肥料。有的科学家更提出这样的设想：把固氮基因“搬”到动物甚至人体的肠道中的微生物细胞的遗传物质中，让这些细胞也具有固氮本领给自己制造氨基酸。富含蛋白质的鸡蛋、肉类、鱼类等食物经过胃肠中酶的分解后变成氨基酸，才能为人体所吸收。假如肠道微生物能够自己制造氨基酸，那么，人类少吃含蛋白质的食物也不会妨碍身体吸收到丰富的营养。

科学家利用基因技术在发展生产方面大展宏图。病虫害和杂草每年使得粮食产量损失接近50%，为了减少损失，往日主要靠使用农药杀虫、除草剂除草，但这些化学合成农药的施用会带来环境污染等的严重问题，长期施药后，农业害虫和杂草会产生抗药性，农药的效果不再理想。现在利用移植基因的方法，可以设计培植自身具有杀虫和抗病毒能力的粮食农作物。通过深入研究发现，某些细菌能够产生毒素杀死一些害虫，比如苏云金杆菌能产生杀死多种害虫的毒蛋白。于是，科学家就设想提取苏云金杆菌控制毒蛋白的基因，将其移植到粮食作物的细胞遗传物质中，这样培育出来的新品种彷佛接种了“疫苗”，拥有了杀虫和抗病毒的能力。科学家现将烟草花叶病毒的外壳蛋白基因转移到蕃茄细胞的遗传物质中，培育出了不怕烟草花叶病毒的蕃茄植株；把一种能抗除草剂溴苯腈的遗传基因转移到棉花细胞的遗传物质内，培育出能抗除草剂溴苯腈的棉花新品种。应用类似的方法，我国科学家培育出了抗除草剂的大豆新品种。仙人掌具有抗旱能力，科学家设想把仙人掌的抗旱基因搬到粮食作物细胞的遗传物质内，计划培育出像仙人掌一样耐旱的粮食农作物新品种，这么一来，人类就有望在干旱地区甚至在沙漠地区种植粮食农作物，可以利用的土地面积也将大大增加，不必为耕地面积的减少而担忧。

科学家不仅想方设法提高粮食产量，还在积极地利用基因技术提高作物的营养价值。农作物中，粮食作物的蛋白质含量不高，大约只有10%，而豆类的蛋白质含量比较高，能达到40%。豆类有这个特性是因为它们细胞的遗传物质内存在某些与蛋白质相关的基因，于是科学家又进行了新设计：把豆类储藏蛋白的基因搬到粮食作物细胞的遗传物质中，培育出蛋白质含量高的粮食作物，这相当于增产了许多粮食。1981 年，美国威斯康辛大学的科学家肯普(J. D. Kemp)和霍尔(T. H. Hall)将大豆种子中贮藏的蛋白基因提取出来，移植到向日葵细胞的遗传物质中，结果培育出蛋白质含量很高的向日葵新品种。

除粮食作物之外，基因技术也在经济作物的培植上发挥了巨大作用。丝绸是由蚕丝织出来的，鉴于养蚕和获取蚕丝的周期很长且费力，科学家试图把蚕丝的基因转接到细菌的细胞中，使得这种细菌具有吐丝功能，这样丝绸生产就有可能完全工业化。

利用基因技术制药获得的成就更是非凡。脑激素是治疗糖尿病和其他生长失调病症的良药，以往是从牲畜里提取，成本很高，大约 10 万头羊才能提取到 1 毫克。约在 1977 年，科学家利用基因技术，把脑激素遗传基因嫁接到大肠杆菌细胞的遗传物质中，结果，大肠杆菌便能够“生产”脑激素，从两升的这种大肠杆菌培养液中就可以提取到 1 毫克脑激素，显示了巨大的经济效益。

基因技术也可以用来医治疾病，特别是一些遗传病。有部分人是先天性痴呆，其原因是身体细胞里缺少了一种称“半乳糖酶”的物质。于是，科学家就尝试把在细菌里能够产生半乳糖酶的基因提取出来，移植到病人的细胞中，病人的细胞在得到了这个基因后就有了制造半乳糖酶的功能，并能够把这种功能传给下一代细胞，该病就获得了根治。

以上介绍了众多实例，那么如何把两个细胞融合到一起，又是怎样在遗传物质上进行基因“切割”和“嫁接”呢？就细胞融合技术来说细胞很小，给细胞动的手术极其精细。手术大概可分成 4 步：第一步将细胞的细胞壁去除，获得没有细胞壁的原生质体；第二步加入诱导剂或者采用其他方法使原生质体融合；第三步培养融合后的细胞；第四步诱导细胞分化，当细胞开始分化时，要适时地更换培养基，直至获得完整的幼苗。还有一种手术方法是在两种生物细胞上各打一个小孔，然后让两者的打孔处接触，彼此交流细胞质。细胞有自行修复的功能，细胞上的小孔会很快收缩自行闭合，两个细胞就结合到一起形成一个新的细胞。在细胞上打小孔不会影响细胞的生存和发育，但这个打孔手术难度较大。科学家想到了采用激光来做这个手术，利用光学系统可以把激光汇聚成直径很微小的光束在细胞上精确地打细小的孔，操作比较简单。

在遗传物质中使基因“搬家”，首先遇到的问题是从 DNA 上切下基因。DNA 分子很小，直径只不过 2 纳米左右，凭肉眼当然看不到，用高倍显微镜也看不清，这种切割和嫁接的手术非常精细，难度很大。切割基因用的并不是通常的手术刀，而是一种酶。酶是一种生物催化剂，吃进去的食物就是由酶来“切割”的，各种淀粉也是靠酶“切割”后变成糖的。所以，这里的 DNA“切割”只不过是一种形象表达，其实它是一种化学反应过程。酶的种类很多，在基因技术中使用的限制性核酸内切酶简称限制性核酸酶，是一种 DNA 水解酶。它能水解外来DNA 分子的磷酸二酯键，从而切断双链 DNA的核酸，即能够限制异源 DNA 的侵入并使之失去活力，但对自身的 DNA 却无任何损害，保护细胞原有的遗传信息。

内森斯

1968 年，瑞士微生物学家阿尔伯(W. Arber)、美国分子生物学家内森斯(D. Nathans)和美国微生物学家史密斯(H. Smith)首次从大肠杆菌中提取到限制性核酸内切酶。现在已得到上千种限制性核酸内切酶，科学家就是凭借这些各式各样的特殊“手术刀”，从 DNA 上切割出所需要的基因。这三位科学家的发现为基因结构、DNA 碱基顺序分析以及基因技术的研究和应用开辟了新途径，作出了重大贡献，为此，他们共享了 1978 年度诺贝尔生理学或医学奖。

基因切割下来后，随之而来的任务是在另外一条 DNA 上将它接上。首先，使用同一种限制性核酸内切酶把第二条 DNA 切开，要安放的基因就从这个切口处进行拼接，拼接处是由一种称为 DNA 连接酶的酶缝合。连接酶是一种催化两种大型分子以一种新的化学键结合的酶，它能够封闭 DNA 链上的缺口。1967 年，世界上有三个实验室同时在大肠杆菌细胞中发现了它。

第14章 发现“三子”

——电子、量子和光子

电子、量子和光子是科学史上最重大的几项发现，它们揭开了现代科学发展新的一页，诞生了现代电子学、量子学、光子学、光电子学等新科学，发展了一系列现代技术，使得生产技术水平和社会文明程度有了大幅提高，为人类增添了巨大财富并给其带来极大的便利和快乐。然而，你可知道发现它们的曲折过程吗？

阴极射线和它的奇迹

电子，用手摸不着，凭肉眼也看不见，但它在科学技术以及生产和文化生活中起的作用却非同寻常。例如，电子计算机能完成各种运算工作，电视机带给观众各种欢乐和信息，我们能与远在天边的亲朋好友通话甚至“会面”等，都是电子在“幕后”活动的结果。电灯能够发光，驱散黑暗；电动机能够转动，代替人干各种各样的活，都靠的是电子带来的能量。在电子被发现之前，以上情况都不会发生。那么，电子是怎样被发现的？在回答这个问题之前，先来了解一下阴极射线。

大约在19世纪70年代，克鲁克斯(W. Crookes)开始对电通过气体发生的状况进行研究。克鲁克斯是英国化学家、物理学家，1832年6月17日生于伦敦，1854年任牛津拉德克利夫天文台气象部主任。他研究用的器件是一根在两端装上电极的玻璃管，用真空泵抽走里面的气体，减小管内气体的压力。当将玻璃管两端的电极与电源接通，就能见到管子里的气体发出美丽的彩色光辉，这其实是气体放电现象。在把管子内的气体压力逐步降低时，克鲁克斯发现一个现象：管内气体的压力降到一定程度后产生的光辉会变弱，当管内气压降到很低后，原先见到的彩色光辉便消失了，而在阴

克鲁克斯

极对面的玻璃管壁上出现了绿色荧光，在靠近阳极处产生的绿色荧光尤为明亮。克鲁克斯接着又做了一系列的实验，证实此绿色荧光是由从阴极向阳极发射的某种射线产生的，于是，他称它为阴极射线。这种气体放电管后被称为阴极射线管或克鲁克斯管。

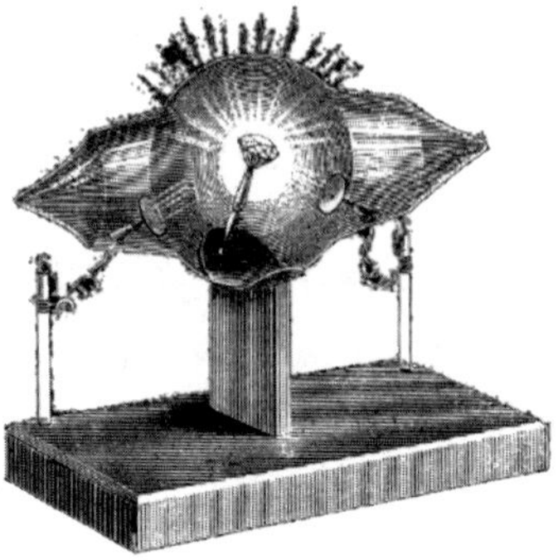
阴极射线管

为了搞清楚阴极射线的性质，克鲁克斯制作了各种形状的阴极射线管并进行了很多不同的实验，其中有一个实验让他大感意外。那次，他事先在管内阴极射线传输的路径上放置了一块用薄云母制成的十字片，结果在阴极对面的玻璃管壁上见到了形状清晰的十字形影子，显然这是从阴极发射出的某种东西在沿直线传播的过程中被薄云母片挡住所形成的，而光线在传播过程中若遇到十字挡板也会出现类似的现象。难道阴极射线是某种光线吗？可是，当克鲁克斯把一块马蹄形磁铁跨置在管子的中部时，竟然发生了更奇怪的事：这个十字形的影子会发生移动！由此看来，阴极射线无疑不是光束，而应该是一种带电的粒子，否则怎么会受到磁场的影响呢？

阴极射线不是光线而是带电粒子，这让科学家们都感到震惊，许多科学家都开始对它进行深入研究。德国许多大学物理系和研究部门纷纷制作阴极射线管并开展针对阴极射线性质的研究，没有料到这又引出了两项伟大的发现。一是德国物理学家伦琴（W. C. Röntgen）在 1895 年发现 X 射线，宣告了现代物理学时代到来，并引发了医学革命。伦琴在 1901 年获得诺贝尔物理学奖，他是世界上第一位诺贝尔物理学奖获得者。另外一项发现便是英国物理学家汤姆孙在 1897 年发现了电子，推动了人类对原子结构的认识，他因此获得 1906 年度诺贝尔物理学奖。

伦琴 1845 年 3 月出生于德国伦内普（Lennep），父亲是当地一家布织品工厂的厂主，母亲出生在荷兰。1894 年，伦琴在德国维尔茨堡大学物理研究所重复克鲁克斯的实验。1895 年 11 月 8 日，他在实验中发现一个奇特的现象：阴极射线射到的那部分管壁会产生一种新射线，它有很强的穿透能力，能够穿透卡纸板以及中间的空气，也能够穿透其他各种不透明的物体，能够使封闭盒子里的物体感光。当他用手把一块铅板放在阴极射线管与荧光屏之间时，偶然观察到自己手内

管内装有十字薄云母片的
阴极射线管

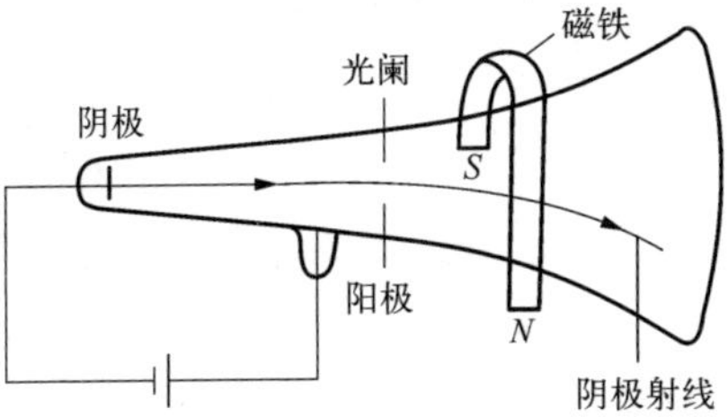

跨置在阴极射线管上的马蹄形磁铁
使得阴极射线发生偏转

骨骼的阴影,他还用这种射线拍摄了一张他妻子手掌的照片。照片上手指骨骼清晰可见,连带在手指上的那枚戒指也非常清楚。这个奇特的穿透性让伦琴兴奋不已,他立刻意识到这种射线在临床诊断上的应用潜力,医生不用解剖人体,就可以窥见人体的内部器官。伦琴把这种神奇的新射线称为X射线,因为他当时还不清楚这种射线究竟是一种什么样性质的射线。1896年1月5日,维也纳出版社发布了伦琴发现X射线的消息,立即轰动整个世界。一些科学家重复伦琴的实验,也证实了实验结果。

但是,X射线的性质如何还是一个谜,即使在以后的15年里依然没有答案。科学家之间也发生着剧烈争论,一派认为X射线是一种波动,另外一派认为它是一种粒子流。如果X射线是一种波动,它应该会产生干涉图像。可是多年来,期待中的X射线干涉图像始终没有被观察到。于是,不少物理学家特别是英国的物理学家就肯定X射线是粒子流,但它不会是带电的粒子流,因为它不像阴极射线那样会受到磁场的影响发生偏转。不过,德国的物理学家还是坚持X射线是一种波动,他们解释说,观察不到干涉图像可能是X射线的波长太短的缘故,它的波长比通常可见光的波长短上千倍。如果是这个原因,通过使用精细的衍射光栅就可以观察到衍射现象,进而证明X射线的波动性质。但是很难制作如此精细的实验用光栅,其刻线距离非常小,约比可见光光栅的距离小千倍,当时的光学技术无法办到。那只能另辟蹊径了。不久,德国物理学家劳厄(M. Von Laue)利用晶体的晶格作为光栅,终于用实验显示了X射线的衍射图案,证实了X射线的波动性质,为此,他获得了1914年度的诺贝尔物理学奖。

劳厄1879年10月出生于德国科布伦茨附近的普法芬多尔夫,父亲是普鲁士的一位军官。1909年,劳厄成为慕尼黑大学理论物理研究所的一名研究人员。当时伦琴发现的X射线究竟是波动还是粒子流还没有定论，劳厄站在波动说这一方。1912 年春天，他大胆提出 X 射线是一种波长很短的“以太波”，但真实性需要实验证据。当他听说晶体是由原子按一定的规则排列而成时，脑海里立即浮现一个想法：如果这个说法是正确的，那么 X 射线在穿透晶体时也就如同光线照射在光栅上。他与两位当时是伦琴的研究生弗里得里希(W. Friedrich)和克尼平(P. Knipping)交换了想法，一起进行 X 射线晶体衍射实验。他们在地下室搭建了一个临时装置，让从阴极射线管输出的阴极射线穿过一只小孔，射向蓝色的硫酸铜晶体。为了记录 X 射线通过晶体后的分布，在这块晶体后面放置一张敏感的照相底片。在曝光底片冲洗出来后，他们看到了规则的环状曝光点分布图案。他们又用其他一些晶体，比如岩盐、方铅石和闪锌矿等做实验，也得到相同的图案。劳厄认为这是 X 射线穿过晶体内部规则排列的晶格产生的衍射结果，有力地证明了 X 射线的波动性。不过，一些权威科学家，包括伦琴，都怀疑劳厄的解释，认为那是 X 射线的“微粒”穿越晶格时形成的。劳厄的实验结果传到了英国，英国著名物理学家、1915 年度诺贝尔物理学奖获得者布拉格(W. Bragg)起先也认为这是 X 射线的“微粒”产生的，但他很快便改变看法，确信这是波动的证明，随后与儿子一起开展一系列类似的实验，确定并拓展了劳厄的实验工作，并提出了著名的布拉格定律，导出一个表述 X 射线波长、晶体平面距离以及 X 射线进入晶体面角度三者之间关系的公式。

发现电子

伦琴研究阴极射线导致了 X 射线的发现，对 X 射线性质的研究又引出的种种研究结果，再次激起科学家研究阴极射线的兴趣，英国物理学家汤姆孙就是其中一位。

汤姆孙 1856 年 12 月出生于英国曼彻斯特郊区，父亲是苏格兰人。汤姆孙 14 岁进入曼彻斯特欧文学院学习工程，1876 年入剑桥大学三一学院，毕业后，进入卡文迪什实验室，在瑞利指导下进行电磁场理论的实验研究工作。

当时，阴极射线的本质问题还在科学家当中争论，大多数德国物理学家，如著名物理学家勒纳(P. E. Lenard)、赫兹(G. L. Hertz)等认为阴极射线也像 X 射线那样是一种充满太空的“透明以太”中的波动。勒纳做的实验显示，阴极射线很容易通过在其路途上放置的各种屏障物，而且在屏上没有留下任何可以观察到的微型针孔。假如阴极射线是粒子流，那么它应该留下穿越时产生的痕迹。所以，他认定阴极射线是一种波动，因为光波很容易通过各种光学透明物体，而不会在物体上留下任何痕迹。赫兹则认为，要是真像克鲁克斯所说的那样，阴极射线是一种带电的粒子，那么它不仅会在磁场中发生偏转，而且也应该在电场中偏转。但他的实验表明，在强电场作用下，阴极射线没有产生可观察到的偏转现象。而英国的一些物理学家如克鲁克斯和法国物理学家、化学家、1926 年度诺贝尔物理学奖获得者佩兰(J. B. Perrin)等，始终认为阴极射线是带电的粒子流。那么，阴极射线究竟是带电粒子流还是波动？争辩双方均是当时最知名的学术权威，谁也不愿接受对方的观点，这场阴极射线性质的争辩竟持续了 20 多年还没有任何结果。就在 1896 年，正值汤姆孙 40 岁，英国科学促进会最高委员会把弄清问题真相的任务交给了他。

汤姆孙

汤姆孙当时担任剑桥大学卡文迪什实验室的负责人。其实，他也许是最合适的人选，因为他在电磁学方面有着极扎实的功底，又具有高超的实验能力。他分析了当时各科学家关于阴极射线的报道，特别是关于阴极射线在磁场作用下发生偏转的现象，应用自己的物理知识，初步认定阴极射线是快速运动的带电粒子流。但赫兹称他的实验表明阴极射线不受电场影响，这个结果与阴极射线是带电粒子流的观点存在着矛盾。

于是，汤姆孙特别设计了一根阴极射线管，重复赫兹先前做的实验。他在这根新的阴极射线管中间增加了一对金属电极 D 和 E，在管子端部的管壁上贴了一根标有刻度的标尺。当阴极射线管接通电源后，从阴极 C 发出的阴极射线穿过两个狭缝 A 和 B 后变成细束，然后穿过金属板 D 和 E 之间的空间，最后打在管壁标尺的中心，并发出荧光。在那对电极 D 和 E 上加上一定的电压，电极之间便形成电场，阴极射线通过电场时，果然如赫兹所言，没有发生任何持续而稳定的偏转。

但细心的汤姆孙在一次实验中观察到非常细微的异常现象，在金属电极 D 和 E 加上电压的瞬间，阴极射线出现短暂的偏转，然后很快地回到管端标尺的中点。汤姆孙抓住这个瞬间出现的异常情况，仔细

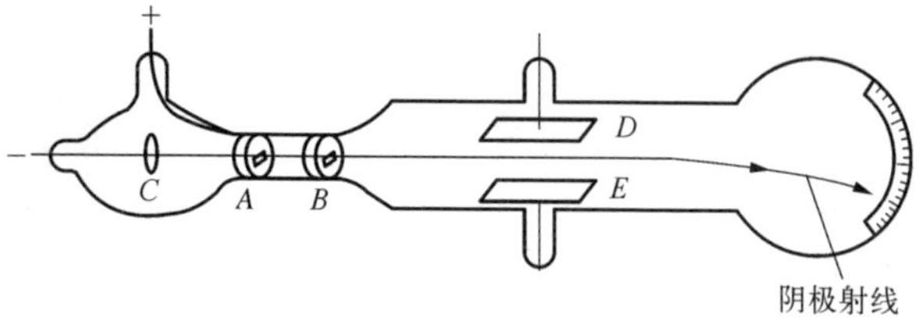

汤姆孙发现电子所用的阴极射线管

分析出现这种现象的可能原因。他认为，没有观察到阴极射线持续而稳定的偏转，很可能是由于管内的气体造成的。当阴极射线穿过气体时会使它们电离变成导电体，阴极射线就被这导电体屏蔽起来，以致不受外部电场的作用。排除气体产生屏蔽效应的办法就是让阴极射线管具有更高的真空度。汤姆孙利用了当时最先进的真空技术，将管内的空气一直抽到只剩下极小量。经过这样的处理后，汤姆孙终于观察到阴极射线在电场中发生了稳定的偏转现象。另外，如果将 D 和 E 的电压反向连接，会发现阴极射线往另一边偏转。这个实验直接证明了阴极射线是带电的粒子流，而且是带负电荷的粒子流。接着，汤姆孙又假设带电粒子的质量是 m，电荷量是 e，飞行速度是 v，他想从实验上测量出这几个参数的量值。他认为，根据电磁学知识，通过在实验上测量出阴极射线受电场作用发生偏转的数值，就可以确定粒子的动能与其电荷量的比值，即 mv^2/e；而根据在磁场作用下发生偏转的数值，就可以得到粒子运动的动量与粒子的电荷量的比值，即 mv/e。由这两个实验数值可以进一步得到粒子的运动速度 v 和粒子的电荷量与其质量的比值即荷质比 e/m。令汤姆孙感到惊讶的是，这个比值非常小，大约是质量最轻的氢离子的千分之一。这个结果可能是由两种原因引起的，一种是阴极射线粒子所带的电荷量比氢离子高千倍，另外一种则是阴极射线粒子的质量比氢离子小千倍。汤姆孙倾向于后一种原因，于是他利用英国物理学家威耳逊(C. T. Wilson)发明的云雾室(即以带电粒子为核心并使它周围的水蒸气凝成小水滴来测量带电粒子的实验装置)，测量了阴极射线粒子所带的电荷值，再将测量到的粒子电荷量 e 与前面得到的比值 e/m 相比较，得到了粒子的质量 m。这个实验的测量结果显示，阴极射线带电粒子的电荷与稀电解溶液中一个氢原子所携带的电荷相等，而它的质量却非常轻，只有 0.9×10^{-29}克，大约是氢原子量的1/1 840。另外，汤姆孙还发现，阴极射线管内装进不同类型的气体，或者使用不同材料的电极如采用铁或铅做电极,得到的荷质比 e/m 均相同。由此,汤姆孙认为,阴极射线的带电粒子必定是所有物质的共同组成成分,换言之是所有原子的共同成分。他根据实验得到的结果写出报告,提出阴极射线是带电粒子流,此带电粒子是自由电荷本身,并借用一位前辈物理学家斯托尼(G. J. Stoney)曾经用过的名词,把这种带电粒子称为电子。斯托尼曾经命名基本电荷单位为电子,并提出估算电子电荷的方法。汤姆孙的发现,使人类认识了第一个基本粒子,揭示了原子并不是物质最基本的单元,从原子中还可以进一步分出电子。神秘的原子世界的大门被打开了,物理学进入了微观世界的新纪元。汤姆孙的发现在物理学史上具有划时代的意义,他的贡献受到了人们的称颂,瑞典皇家科学院决定授予他 1906 年度的诺贝尔物理学奖。

发 现 量 子

19 世纪,物理学界公布了一则惊人的消息:发现能量子!它引发了物理学上的一场革命,物理学开始分家,独立出新“门户”——量子物理学,原“家门”则称为经典物理学,这场风暴的发生是源于对热辐射的研究。任何物体,只要它的温度没降低到绝对零度,就会不断往外发射热辐射,这种热辐射不同于电学方法产生的电磁辐射,但在本质上它们都属于电磁波。科学家的初步研究结果显示,物体的温度越高,它辐射出的辐射总能量越大,其中属于短波长的成分比例也越高;物体在向外辐射的同时,也吸收从其他物体发射的辐射能量;物体发射或吸收的辐射能量与它的温度、表面积、黑度等因素有关。

在热辐射实验研究的基础上,1859 年,德国物理学家基尔霍夫(G. R. Kirchhoff)根据热平衡理论得出一个重要结论:在给定温度下,对某一辐射波长来说,物体的发射本领 $M_{\lambda T}$ 和吸收本领 $\alpha_{\lambda T}$ 的比值与物体本身的性质无关,一切物体的 $M_{\lambda T}/\alpha_{\lambda T}$ 值是恒定值,称为辐射能密度 ρ。它只是辐射波长和物体温度的函数,与物体本身的任何其他参数无关。这个结论就是热辐射定律,后被称为基尔霍夫定律。根据这条定律,不同物体的 $M_{\lambda T}$ 和 $\alpha_{\lambda T}$ 都可以不同,这就意味着发射本领大的物体其吸收本领必然大,因为它们的比值为定值,换言之,善于发射辐射的物体,必然也善于接收辐射,反之亦然。不过,基尔霍夫并没有给出这个辐射能密度 ρ 的具体形式。实际上在当时,物理学家对加热物体产生辐射的机理了解不多,热辐射的特性是通过一种模型例如黑体进行分析研究的。黑体是一个理想化的物体，它对所有波长的辐射都吸收，且吸收率达到100%，即 $\alpha_{\lambda T}$ 等于1。也就是说，黑体的发射本领与吸收本领相等，并且等于辐射能密度 ρ。这个假设给测量和分析辐射能密度 ρ 带来方便。不过实际上，地球上的各种物体都达不到黑体的标准，以最“黑”的煤炭来说，它对各种波长的辐射的吸收率也只不过是90%左右。

1889年，德国帝国物理技术研究所（Physikalisch-Technische Reichsanstalt，PTR）的青年科学家维恩（W. Wien）设计了一个空腔球壳，其内壁面涂上比较黑的材料，然后在球壳上面开一个很小的孔，这样做成的空腔非常接近黑体。从小孔射入的辐射就在腔内来回反射，从小孔逃逸的机会很少。假定内壁面涂的材料对辐射的吸收率是90%，也就是说，进入腔内的辐射每在内壁面上反射一次，就有90%的能量被壁面吸收，10%的能量被弹射回去。如果辐射在腔内来回反射10次，被反射的能量就只有当初射入能量的100亿分之一，即便这时有辐射能从这个小孔逃逸，其所占的能量分额也十分微小，因此它可以当作是一个黑体。把这个黑体加热，就会有辐射从小孔输出。维恩测量了这个黑体的辐射能密度 ρ 按辐射波长和黑体温度的分布，并检验了他在1896年从热力学理论出发得到的那个半经验公式：$\rho(\lambda, T) = c_1\lambda^{-5}\exp\left(-\frac{c_2}{\lambda T}\right)$。该公式通常称为维恩公式。

公式中的 c_1 和 c_2 是两个经验参数，它们通过符合实验曲线来确定，T 是黑体处于热力学平衡状态时的温度。实验测量的结果显示，在短波长的波段，这个公式计算的结果与实验测量结果符合得相当好，但在长波的波段与实验结果偏差比较大。

与此同时，瑞利也从理论上得到一个热辐射能密度 ρ 的公式。他假定，黑体空腔内的热辐射形成一切可能的驻波，根据物理学上的能量均分定理，每一个驻波平均具有能量 kT，这里的 k 是玻耳兹曼常数，T 是黑体的温度。根据这些假定，他得到的热辐射能密度公式是：$\rho = 8\pi\nu^2/c^3$。

公式中的 c 是光速，ν 是辐射的频率。瑞利起先发表他的论文时，文中的公式给错了一个因数，后来年轻的英国天文学家金斯（T. H. Jeans）投稿给《自然》杂志进行纠正，因此这个公式后被称为瑞利-金斯公式。瑞利-金斯公式的计算结果显示，在辐射的低频部分，与黑体的实验测量结果符合，但在这个公式中，辐射能密度与频率的平方成正比，而且随着辐射频率增大而单调增加，在高频那端将出现无限大，这显然是不可能的。这个状况在物理学历史上被称为紫外线灾难。

约在1895年，德国物理学家普朗克(M. K. Planck)也开始研究热辐射问题。普朗克1858年4月23日生于德国北方城市基尔的一个神学家和法学家家庭，父亲是法学教授。1867年，父亲应慕尼黑大学的聘请，全家迁往慕尼黑。1879年，普朗克在慕尼黑大学获得博士学位后，先后在慕尼黑大学和基尔大学任教，起先是研究热力学，他的博士论文和教授资格论文都在探讨热力学第二定律的推导及熵这一概念对物理学的意义，后来他转向研究热辐射的产生和特性。维恩公式的计算结果与实验测量结果出现的矛盾，以及瑞利-金斯公式在紫外波段出现的灾难问题，促使普朗克重新思考建立热辐射模型。他大胆设想，黑体发射热辐射能量或吸收外来辐射能量不可以取任意数量，而只能是某一个基本单位量的整数倍。他把这个基本单位能量称为能量子，简称量子。他又进一步假定，能量子的能量与辐射频率成正比，即它是一个常数与频率的乘积。辐射频率为 ν 的量子的能量 $\varepsilon = h\nu$，其中的比例常数 h 普朗克当时把它叫做基本作用量子，现在叫做普朗克常数。常数 h 是最基本的物理常量之一，体现了微观世界的基本特征，它既是支配电磁波和物质相互作用的基本量，又是表征原子结构的重要参数，是物理世界中的一个基本角色。随着它的登场，物理学进入了一个新时代。

普朗克对黑体发射或吸收能量行为的假设，有点类似于交易中使用的货币，交易的货币量值也是不能取任意数值的，就以人民币来说，它的最小面值是1分钱，交易的人民币只能是1分的整数倍，比如5分、1元(100分)、10元(1 000分)等等，没有1.5分钱的交易，也没有10.03分钱或者100.010 5元的交易。

普朗克

普朗克根据他的量子假设，得到了新的热辐射能密度公式，无论是在长波段或者在短波段，计算出的结果都与实验测量结果相符，彻底解决了紫外线灾难问题。在1900年10月下旬出版的《德国物理学会通报》上，普朗克发表了题为《论维恩光谱方程的完善》的论文，报道他得到的黑体辐射新公式，即著名的普朗克公式。12 月 14 日，在德国物理学会的例会上，普朗克又作了《论正常光谱中的能量分布》的报告，在报告中阐述了他的惊人发现。他说，为了从理论上得出正确的辐射能密度公式，必须假定物质辐射或者吸收的能量不是连续而是一份一份地进行，只能取某个最小数值的整数倍。但是，普朗克的报告遭到多方的质疑和反对，他本人也一度想放弃量子这个假设，重新回到经典物理学去寻找合适的辐射能密度公式。在往后的一段时期内，许多科学家都承认普朗克公式与实验结果相符，但始终不肯接受普朗克的量子假设，认为他的假设违背了物理学常规，与经典理论如此格格不入，一些物理学权威甚至把普朗克提出量子说成是“大逆不道”。在物理学上，人们的确已经习惯任何物质的运动和变化都是连续发生的，所以他们认为黑体是可以发射或吸收任意数量的能量，绝对不会有普朗克所说的不连续行为。在一片责难声中，普朗克感到不安。虽然为了说明物体热辐射的规律被迫假设量子存在，但其实普朗克本人也受着经典物理传统观念的束缚，他发现了量子，但对它并不理解。他曾尝试采用经典物理学的所有理论和方法，试图获得一个新的辐射公式来代替维恩和瑞利-金斯公式，但始终没有成功。他也一直试图弥补量子论与经典物理之间的裂痕，利用经典的连续概念来解释辐射量的不连续性，调和他的量子假说与经典理论的矛盾，但最终也归于失败。在一些著名科学家，特别是著名理论物理学家、1902 年度诺贝尔物理学奖获得者洛伦兹的质疑下，1911 年普朗克修正了自己的假说，提出黑体吸收辐射是连续的，只有发射时才是量子化。1914 年，他甚至连发射是量子化的说法也放弃了，认为黑体的辐射吸收和发射均服从经典定律。为此，他徒劳地耗费了十多年的时间。

而在普朗克犹豫徘徊甚至倒退的时候，量子论却有了很大的发展。一些科学家发现，普朗克的量子概念除了能够解释黑体辐射的问题外，还能够很好地解释许多其他重大的物理现象。比如，启发爱因斯坦提出光量子假说，成功地解释了光电效应，以及将量子理论运用到研究固体比热问题获得了成功；玻尔(N. Bohr)将量子理论引入原子结构理论中，克服了经典理论解释原子稳定性的困难，建立了玻尔原子结构模型，原子物理学取得了划时代的进展。这些成就让普朗克的量子理论终于得到科学界的普遍承认。1918 年，普朗克获得诺贝尔物理学奖。

发现光子

在20世纪初，世界上又一次出现惊人事件：爱因斯坦发现了光量子(简称光子)。这一发现开创了光子技术和光电子技术，同时也给经典物理学再一次巨大的冲击，有力地支撑了量子物理学。

爱因斯坦1879年3月14日生于德国乌尔姆镇一个经营电器作坊的小业主家庭，父母都是犹太人，父亲是一名商人，母亲是一位钢琴家。爱因斯坦出生后的第二年(1880年)，全家迁居慕尼黑，1894年又迁至意大利米兰。

爱因斯坦

爱因斯坦1900年毕业于苏黎世理工学院，毕业后靠临时教书维持生活，1902年6月到1909年在伯尔尼的瑞士专利局工作，在这段时间里，他开展了创造性的研究。

之前介绍过，普朗克在研究热辐射时设想，物体发射或吸收辐射的能量不能是任意数量，只能是量子的整数倍，表达了物体的发射和吸收行为是量子化的理念。然而，普朗克没有对物体发射的辐射离开物体后的性质做进一步研究，他认为辐射将以波动方式在空间传播，也就是说，辐射依然保持经典物理规范的性质，而非量子化。普朗克在辐射的量子化道路上只迈出了第一步。到了1905年，在普朗克还不敢迈出第二步时，当时名不见经传的瑞士专利局职员爱因斯坦却大胆地迈出了这一步，提出物体发射的辐射在离开物体之后依然保持量子化，即辐射是一群粒子流，而不是经典物理学上所说的波动。

爱因斯坦发现光子是源于对光电效应的分析研究。1887年，赫兹在做验证麦克斯韦电磁波理论的火花放电实验时，偶然发现了光电效应。赫兹用两套放电电极做实验，一套是用于产生电磁波的发生器，另一套则作为接收器，接受前者所产生的电磁波。他在实验时意外发现，接收器内那只火花隙的工作状况会受到从电磁波发生器发射出来的光辐射的影响。他用紫外线照射接收器里的火花隙电极，发现火花放电变得容易发生。赫兹的论文《紫外线对放电的影响》发表后，引起物理学界广泛的注意，许多物理学家进行了进一步的实验研究。

1888年，德国物理学家霍尔瓦克斯(W. Hallwachs)证实，赫兹实验中出现的情况是由于在火花隙电极之间出现了荷电体。1899年，勒纳用透镜把光源的光辐射会聚起来照射放电管的金属阴极，研究其放电的难易程度。在实验中他发现，在光辐射照射下阴极表面有电子发射出来。俄国物理学家斯托列托夫(A. G. Stoletov)做的实验也证实了这个情况。他做了一只真空管，因为两个电极之间是绝缘的，所以接上电源后，电路上的电流表显示的读数为零。当他用光源照射其中一个电极时，电表上出现读数，表示在电极之间有电流流过。显然，这是金属电极表面有电子发射出来的缘故。光辐射能够导致金属表面发射电子，这就是著名的光电效应，发射出来的电子称为光电子。接着，科学家对光电效应进行了较系统的研究，并总结出了一些实验规律，主要有：

(1) 每一种金属产生的光电效应都存在一极限频率(截止频率)，即照射光的频率不能低于某一个临界值，当照射光频率低于极限频率时，无论多强的光都不能使金属表面发射光电子。

(2) 产生的光电子的运动速度与照射光的频率有关，而与光强无关。用蓝色光照射电极产生的光电子运动速度快，用黄色光照射时产生的光电子运动速度就慢一些。虽然用强度弱的蓝色光照射时产生的光电子数量会少一些，但它们的运动速度却个个比由强度高的黄色光产生的光电子快得多！有些金属电极采用红色光照射却不产生光电子，尽管光的强度非常高，但也无济于事。光电子的运动速度与金属电极材料的性质关系不大，不管用什么金属材料做放电管的电极，产生的光电子的运动速度差别不大。

(3) 光电效应是瞬间发生的，滞后时间不超过10^{-9}秒(纳秒)，只要光频率高于金属发射光电子的极限频率，光的强度无论强弱，都在瞬间产生光电子。

(4) 照射光的强度只影响光电流的强弱，即只影响在单位时间内单位面积逸出的光电子数目。

光电效应的这些行为与经典物理学大相径庭，用经典物理学的知识无法做出解释。根据经典电磁波理论，光是电磁波，电磁波的强度由它的振幅决定，而与频率无关。显然，实验规律中的第一、第二条无法用经典理论来解释。同样，经典理论也无法解释第三条规律，因为电子要从金属表面逃逸，必须给予它一定的能量用以克服金属材料的束缚力。根据经典理论，让电子累积从光波中得到足够逃离金属表面所需的能量需要一定时间，估计需要几分钟，而实际测量的时间却只有纳秒，相差了百亿倍。

如何解释光电效应的这些与经典物理学“不和谐”的表现？爱因斯坦首先提出了解决不和谐问题的办法。他认为出现这些不和谐，其实主要是因为我们把光辐射看成了波动，如果把光辐射看成是一群粒子，问题就可以获得完满解答。于是，他把普朗克的量子化概念进一步推广，不仅黑体与辐射场的能量交换是量子化的，而且辐射场本身就是由不连续的光子组成的，每一个光子的能量与辐射场频率之间的关系是 $\varepsilon = h\nu$，这里的 h 是普朗克常数，ν 是光辐射频率。这意味着光子的能量只与光辐射的频率有关，而与光辐射的振幅无关。根据这个假定，如果照射金属表面的光辐射频率很低，即光子流中每个光子的能量很小，金属表面的电子吸收了这个光子后所增加的能量也很小，仍然达不到脱离金属表面所需要的能量，因而不能产生光电效应；如果照射的光辐射频率高到一定程度，电子吸收了光子之后能量足以达到逸出金属表面需要的能量，电子就能够脱离金属表面，产生光电效应了。1905 年，爱因斯坦根据自己的这个分析研究结果写了一篇题为《关于光的产生和转化的一个试探性观点》的论文，发表在德国出版的《物理学年鉴》第 17 期上，正式提出光子的概念。他在论文中还写道：“光子钻进物体表面后……把它的全部能量交给了一个电子，使得电子具有一定的动能……当这个电子到达金属表面时，失去了部分动能，为此，还需要假定这个电子逃逸出金属表面做了一定的功，用 W 表示。这样一来，脱离金属表面的电子的动能、光子能量和逸出功之间的关系可以表示成：$h\nu = (1/2)mv^2 + W$。公式中的 v 是电子运动速度，ν 是光波频率。这个公式也称为爱因斯坦光电效应方程。

爱因斯坦提出的光子概念给光电效应以合理的解释，但许多科学家开始并不接受这种关于光辐射是粒子流的说法，甚至连相信量子概念的一些物理学家也不接受，因为这牵涉到光是波动还是粒子的大问题，而这个问题已经争辩了几个世纪还没有完全定论。光的干涉现象、衍射现象等都已经证明光的波动性，而且著名科学家麦克斯韦还证实了光是一种电磁波，人们的脑海中已经完全接受了光是一种波动的事实。爱因斯坦提出的光子理论与光的波动理论严重抵触，因此高声反对光辐射粒子性的科学家也就不在少数了，就连量子理论的忠实信徒、爱因斯坦的好友玻尔也反对他的光子理论，不仅向周围科学家传达他的反对之声,而且他在接受诺贝尔奖的仪式上也直言反对。他说,光子不能说明光的本性,麦克斯韦方程组所享有的绝对成功,意味着光辐射必须是严格类似于波动,而不是粒子。玻尔与爱因斯坦就这个问题争论了好几年。光子理论与光电效应的实验事实并不矛盾,而且能够比较完满地解释了出现的规律,但当时还没有充分的实验来支持爱因斯坦光电效应方程给出的定量关系,所以不能服众。

在实验上一直没能证实爱因斯坦理论的正确性,是因为一些关键实验条件在当时无法具备。首先,实验要求一个能够发射不同波长的光源。按照爱因斯坦的光电效应方程,产生的光电子的动能正比于光辐射频率,采用不同频率的光辐射做实验,能够检验爱因斯坦光电效应方程的正确性,从而检验爱因斯坦理论的正确性。可是,在 20 世纪初,还没有可以发射单一频率的光源,所有的光源都毫不例外地发射包含各种频率的光辐射。其次,放电管的阴极表面都有氧化层,存在接触电位差,而且数值不稳定,因此,不同科学家得到的实验结果不一致,而且都没有得到爱因斯坦光电效应方程所预期的结果。在这种情况下,大家也就不能不怀疑爱因斯坦理论的正确性了。

密立根

为了求证光辐射是波动还是爱因斯坦所说的粒子流,美国著名实验物理学家密立根(R. A. Millikan)从 1910 年就着手进行实验研究,希望找到一个答案。不过,他做实验的初衷还是想为光辐射是经典电磁波找证据,因为他相信光辐射的波动说,对爱因斯坦的光电效应方程和光子理论则抱有怀疑态度。当然,实验结果最终让他改变了怀疑态度,服从了真理。

密立根 1868 年 3 月 22 日生于美国伊利诺伊州的莫里森,1891 年毕业于奥柏林学院,1895 年获哥伦比亚大学博士学位,还获耶鲁大学、都柏林大学、哈佛大学、巴黎大学名誉学位。为了在实验上验证爱因斯坦的光电效应方程,他设计了一个精密实验装置,采用了有效办法获得了单种频率光辐射,并解决了电极表面的接触电位差问题。为了能在没有氧化物薄膜的电极表面上同时测量真空中的光电效应和接触电势差,他设计了一个特殊的真空管,在这个管子里安装了精致的实验设备。

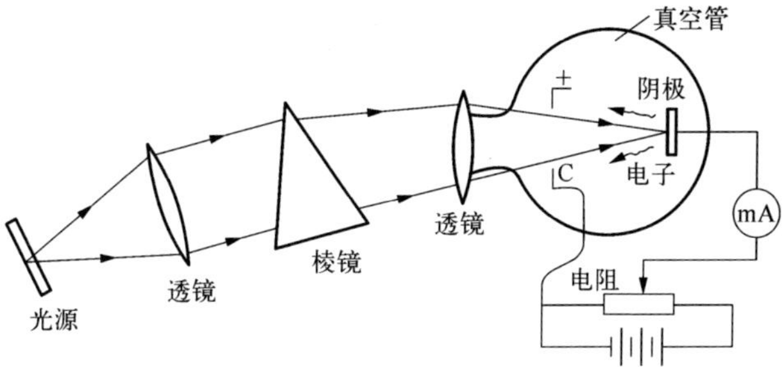

密立根验证爱因斯坦光电效应方程的实验装置

他选择了 6 种不同波长的单色光，分别测量不同电压下的光电流，从光电流与电压的关系曲线求出在某一波长的光照射下阴极的遏止电压 V_0，然后将得到的六组光电流数据作图，得到的正好是一根漂亮的直线，与爱因斯坦光电效应方程预期的结果非常吻合。他还根据这根直线的斜率求出了普朗克常数 h 的值，该值也与普朗克 1900 年从黑体辐射求得的数值符合得极好。密立根如实地发表了他的实验结果，为爱因斯坦的光子理论提供了第一个直接而全面的实验证据。虽然他自己对爱因斯坦光子理论还有所保留，但他尊重实验事实，相信实验检验过的光电效应方程是正确的。至此，密立根和其他物理学家对爱因斯坦理论的态度开始从怀疑转变为承认，并且积极地在科学界进行宣传，光子这个概念开始逐步为大众所接受。爱因斯坦因此在 1921 年获得了诺贝尔物理学奖，而密立根也在 1923 年获得了诺贝尔物理学奖。

第 15 章　能源危机将不存在

——核能利用

能源是机器运转的动力，没有它，人类社会将不能前进。国际经济界提供的分析统计数据表明，由于能源短缺而造成的国民经济损失，相当于能源本身价值的 20～60 倍。1975 年，美国由于短缺 1.16 亿吨标准煤，导致国民经济生产总值减少了 935 亿美元；日本由于短缺 0.6 亿吨标准煤，导致国民经济生产总值减少了 485 亿美元。1988 年，我国由于缺电而导致国民经济生产总值减少了2 000亿元人民币，这个数字相当于这一年我国国民经济生产总值的 1/6。从人类社会发展的进程来看，每次能源变革都会把社会推向一个新的发展阶段。例如，煤的大量开采和利用，推动了蒸汽机的发明和工业革命；随着石油的开采和应用，诞生了许多新型材料，人类开始利用内燃机，制造出汽车、飞机等现代化交通工具；核能的利用将人类社会带入了原子时代。

破解核能的无作为

在 20 世纪 30 年代前期，科学家进入核物理研究领域，纷纷探寻核能利用的可能性。核能是原子核发生变化而释放出来的能量，源于将核子(质子和中子)保持在原子核内的强大核力，核力的强度比电磁力大 130 倍左右。随着核子之间的距离增大，核力会快速减弱，而且距离一旦超出原子核的直径，核力就会下降到零，所以核力属于短程相互作用力。分散的核子聚合起来形成原子核，然而，原子核的实际质量总是小于所含的核子加起来的质量。比如，氦元素的原子核由两个质子和两个中子组成，这些粒子加起来的总质量是 4.031 884 原子质量单位，而氦原子核的质量只有4.002 604原子质量单位，出现了 0.029 28原子质量单位的差额。爱因斯坦认为，质量和能量是物质存在的形式，两者之间的关系是：$E = mc^2$。式中，E 代表能量，m 代表质量，c 代表光速。这表明，微小的质量差额对应着巨额的能量释放。

理论上，只要克服核力，使原子核发生变化，把蕴藏在原子核的巨大能量释放出来，人类就能够利用这个新能源。然而，一些科学家包括一些著名核物理学家,他们认为不可能使用原子核蕴藏的能量。比如在美国1933年的《纽约先驱论坛报》上刊出了诺贝尔物理学奖获得者、著名原子物理学家卢瑟福(E. Rutherford)关于核能利用的评论,文章写道,"分解原子产生的能量非常弱小。任何期望在原子的这种转换中获得能源的人都是在空想"。他的依据是,虽然由放射性引起的核蜕变能够释放出能量,但这种蜕变过程非常缓慢,因此,释放出来的能量微乎其微。利用加速器产生的高能粒子轰击原子核引发人工核蜕变所释放的能量会大一些,但原子核的体积非常小,高能粒子击中它的几率非常低,从能量的利用率角度可能是得不偿失。中子不带电,它与原子核以及其周围的电子之间没有静电相互作用,不需要很大的能量,中子就可以引发核蜕变,然而中子来源困难,用高能粒子轰击普通原子核只能产生很少量的中子,这种方法同样也不合算。因此,原子核内部虽然蕴藏着巨大的能量,但就是缺少利用它的办法。著名科学家拉比在接受记者采访时说,他已经做了进一步的验算,证明了卢瑟福认为核能非常弱小的这个结论是对的。著名教授拉默(V. La Mer)也说:"我很高兴看到那位著名科学家给这一领域一些不切实际的、随意的臆测画上了休止符。"

当然,并不是没有科学家预见到核能的利用。1935年,约里奥-居里(J. F. Joliot-Curie)在接受诺贝尔奖时说:"我们看清楚了那些可以创造和破坏元素的科学家,也能够实现爆炸性的核反应。"

就在卢瑟福的评论文章发表后仅仅5年,科学家发现了原子核的裂变现象,整个物理学界从完全不同的角度论述了利用核能的可能性。1934年,约里奥-居里夫妇用α粒子轰击原子核引起核蜕变,让大家看到了利用核能的一缕曙光。1901年出生在意大利罗马一个铁路职工家庭、1938年底移居美国的科学家费米(E. Fermi)经过分析研究后提出,使用中子轰击原子核会比用α粒子的效果更好,因为中子不带电,不会被原子核产生的电排斥,进入原子核的几率更大,发生核蜕变效应也就更明显。

费米

费米按照化学元素周期表上的元素顺序,从氢元素开始用中子进行轰击实验。当试验到当时元素周期表上最后一个元素、原子序数是92的铀元素时,出现了4种放射性物质，并伴有β射线。出现β射线就意味着产生了新的物质，其原子序数加1，也就是与铀近邻的原子序数为93或者原子序数为94的超铀元素。所以，费米认为自己发现了超铀元素。不过，德国女科学家诺达克夫人(I. Noddack)并不认同，她指出，用中子轰击重原子核可能使它碎成几片，但这些"碎片"必然是已知的化学元素，不会是重元素相邻的元素。1938年，哈恩(O. Hahn)和斯特拉斯曼(F. Strassmann)重复了当年费米的实验，也采用中子轰击铀原子，精确分析了中子轰击铀以后的产物，没有发现有靠近铀的重铀元素，反而发现产物中出现与元素铀相隔很远的钡元素和镧元素，钡的原子量为139，原子序数是56，镧元素的原子量是138，原子序数是57，被轰击的铀原子此刻分裂成两半。这意味着铀原子核在中子轰击下分裂成两个质量较轻的原子，哈恩他们将此现象命名为裂变。

哈恩

这是一个重大事件，为了慎重起见，哈恩和斯特拉斯曼写信将他们的实验结果告诉正在丹麦哥本哈根的奥地利物理学家梅特纳(L. Meitner)，并与她进行了讨论。梅特纳立刻在数学上进行计算分析。当她把铀裂变产生的那两个"碎片"的质量相加，发现质量比发生裂变前的铀元素原子质量少了一些，也就是说在裂变过程中出现了质量亏损。根据爱恩斯坦的质量能量关系，消失了的那部分质量将转变成能量，每分裂一个铀原子核，可以产生约2亿电子伏的能量，而在化学反应中比如燃料的燃烧，单个分子只释放出大约1电子伏的能量，两种反应产生的能量竟然相差了2亿倍。利用铀原子核发生裂变可以获得巨额能量，1公斤铀235全部裂变产生的能量和2 700吨标准煤燃烧产生的能量相当。这个核裂变的发现立即震惊了整个科学界。同年，约里奥-居里夫妇等在实验中又证实铀原子核在每次裂变过程中释放出2～3个中子，而这2～3个中子又可以分别引起另外2～3个铀原子核发生裂变，产生4～9个中子，它们接着又引发另外4～9个铀原子核发生裂变，产生新一组中子……通过这个链式反应，铀材料中源源不断地产生中子，发生核裂变的铀原子核数量急剧增多，释放出的核能也急剧增加，先前一些科学家因为担忧中子来源问题而作出核能无法利用的评论也自然被否定了。不过，需要注意的是，一块纯铀235，如果其体积不够大，产生的中子会很容易从表面逃逸，链式反应便不能持续下去，只有材料的体积大于一定体积即临界体积时，才能持续发生链式反应。

控制核裂变速度

用中子引发铀原子核发生链式反应，会产生大量的核能。如果这个链式反应的中子增长速率得不到控制，核裂变将如滚雪球般迅速发展，瞬间产生的巨大能量就会引发强烈的爆炸，原子弹就是根据这个原理制造的。只有控制链式反应中中子的增长速率，让中子的数量一直维持在适当的值，使得链式反应连续缓慢地释放出核能，人类才可以利用核能建立发电站。

费米为控制链式反应速度做了出色的工作，他在 1934 年研究利用中子实施元素蜕变时发现，当中子轰击金属银时会出现一种奇怪的现象：在中子源和银中间放置石蜡后，竟能使银的放射强度提高百倍。原因是中子通过含有大量氢的物质时运动速度变慢，更容易被银原子俘获，这就是慢中子效应，该效应在控制铀原子核裂变中起着重要的调节作用。低速度运动的中子即热中子引起铀 235 裂变的几率比高速度运动的中子即快中子高，而铀原子核在链式反应过程中产生的是快中子，为了让铀原子核更容易发生链式反应并让反应持续下去，需要将快中子的速度降下来，将其变成速度不高的热中子。科学家通过研究，发现有一些材料如石墨、氘和氢等能够降低中子的运动速度，而且它们又不吸收或者只吸收很少数量的中子，这种材料被称为中子慢化剂，又称中子减速剂。也有一些材料如镉、硼和钆等，它们吸收中子的能力非常强，用它们可以控制裂变反应中的中子数量，避免反应过于激烈发生爆炸。

原子反应堆是实现可控制铀原子核裂变链式反应的装置，1942 年 12 月 2 日下午 3 时 45 分，在费米的领导下，美国芝加哥大学建造的世界第一台原子反应堆成功运作。该反应堆由 400 吨石墨、6 吨金属铀和 50 吨氧化铀以及镉棒组成。石墨用来慢化中子的运动速度，镉棒用来控制中子数量，外围很厚的水泥防护层用来屏蔽核反应过程中产生的射线，防止对人体产生伤害。反应堆的主要用途之一是做电厂的动力源。铀原子核裂变过程释放出来的能量，大部分在反应堆中转化成热能，然后通过热交换器，把水加热成高温高压蒸气，从而驱动汽轮机运转带动发电机发电。从这个意义上说，原子反应堆就是发电厂的“原子锅炉”。1954 年，苏联建成世界第一台核能发电站，功率是 5 000 千瓦。我国于 1992 年建成秦山核电站，它是一座原型示范核电站，电功率达 30 万千瓦。

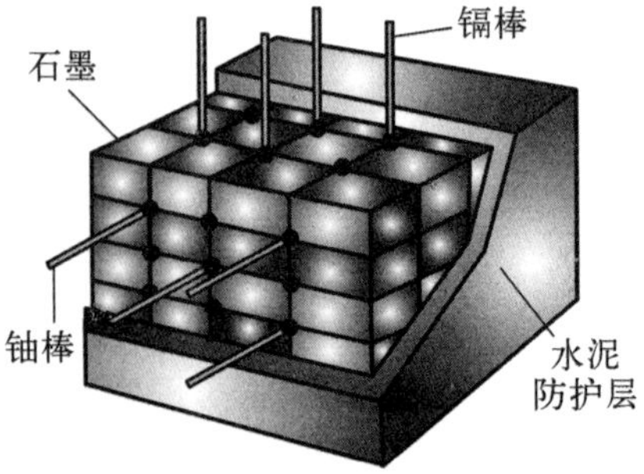

核反应堆示意图

天然铀元素有几种同位素，主要是铀 235 和铀 238，其中铀 235 约占 0.7%，铀 238 约占 99.3%。中子与这两种同位素的作用效果很不一样，铀 235 能够吸收慢中子并引起裂变反应，铀 238 则不吸收慢中子，虽然它能够吸收快中子，但几乎不引起核裂变反应。因而在核电站中，铀 238 就成了“核炉渣”，随着核电站运转时间的延续，集聚起来的核炉渣会越来越多，成了越背越重的包袱。幸好科学家后来又研制成功一种称为快堆（全称是快中子增殖反应堆）的反应堆，弥补了原先热反应堆（采用慢中子裂变铀 235 的反应堆）存在的一些不足。在快堆中，一个铀 235 原子裂变时能够释放 2.5 个快中子，其中只需要一个快中子就可以维持链式核反应，余下的被铀 238 吸收。铀 238 每吸收一个快中子就变成另外一种元素——钚 239，它是最重要的超铀元素，也是一种优质核燃料。1 克钚 239 裂变释放的能量，相当于 3 吨标准煤燃烧产生的能量。快堆既解决了“核炉渣”问题，同时又解决了今后铀核燃料短缺的问题，因为只要 1 个铀 235 原子核发生裂变，同时就将产生 1 个以上的钚 239 原子核，核燃料不断增殖。

人造太阳

太阳长年累月不间断地向太空发射光和热，根据测定结果，与太阳光垂直的地面上每平方厘米面积每分钟接收到的太阳光的能量是 7.96 焦，按这个数据推算，太阳每秒钟发射的总能量有 3.8×10^{26} 焦，太阳表面上每平方厘米面积在一秒内发射的能量是 6 300 焦。根据这些数字，又可以推算出太阳表面的温度超过5 000℃，在这么高的温度下任何材料都会被熔化成蒸气。所以，太阳与地球不一样，它不是一个固体的球，而是一团高温等离子体。另外，根据天文学的研究结果发现，太阳发光的历史已有 100 多亿年了。这就产生了一个疑问：太阳靠“燃烧”什么能够发射如此巨大的能量？它又为什么能够这么长时间发射光和热？假定太阳是一座煤山，它燃烧时产生的温度达不到5 000℃，而且最长也只能燃烧3 000年左右。显然，太阳的发光、发热是另有方式。

1933 年世界第一台加速器成功运转后，科学家发现用加速到高速飞行的氘原子核（氘是氢的同位素，氘原子核由一个质子和一个中子组成，通常用大写英文字母 D 表示）轰击氘靶或者氚靶（氚也是氢的同位素，其原子核由一个质子和 2 个中子组成，通常用大写英文字母 T 表示）时，会发生如下原子核聚变反应：

① $D + D \rightarrow {}^3He + n + 5.12 \times 10^{-12}$ 焦

$\rightarrow T + p + 6.21 \times 10^{-13}$ 焦

② $D + T \rightarrow {}^4He + n + 2.82 \times 10^{-12}$ 焦

在上述原子核反应式中，n 代表中子，p 代表质子，^3He 和 ^4He 分别代表原子核中含有不同数量中子的氦原子核。如果所有的氘原子核都按①式进行核聚变反应，1 克氘原子核将产生 3 500 亿焦能量，相当于 12 000 吨标准煤燃烧产生的能量。如果按②式进行，让一个氘原子核与一个氚原子核发生核聚变反应，释放的能量更大。

原来太阳是靠着核聚变反应才长期发光和发热的。太阳是一个炽热的气体等离子体球，主要成分是氢。太阳内部的温度高达几千万℃，在这种高温条件下，氢原子核发生核聚变反应，每 4 个氢原子核聚变成一个氦原子核，同时释放出巨大的光能和热能。核聚变反应产生的能量巨大，而且这种核燃料又非常“耐烧”。根据估算，太阳拥有的核燃料还足够继续“燃烧”100 亿年。这个情况给科学家带来极好的启示，如果在地球上建立利用原子核聚变反应的反应堆，人类也将得到一个巨大能源，不必再担忧能源枯竭了。地球上，氘和氚的储存量非常巨大，海水中就蕴含着大量的氘元素，1 升海水含有 0.03 克氘元素，地球上海水约有 1.38×10^{18} 米^3，这意味着地球上的氘元素储量约有 4×10^{13} 吨。地球上锂元素的储量虽比氘少，但估计也有 2 000 多亿吨，用它来生产制造氚元素，足以满足人类对能源的需求。利用目前估算出的氘元素、氚元素和锂元素的储存量，通过核聚变反应得到的能量，将比全世界现有能源的总量还大千万倍，按目前世界能源消费水平计算，足够供人类使用上千亿年，这真是“取之不尽，用之不竭”的能源，从根本上解决了能源问题。另外，核聚变反应电站使用更安全。

给核燃料点火不容易

点火将木材、煤炭、石油等燃烧起来很容易，因为它们燃烧需要的点火温度不高。然而，点燃氘、氚等核燃料就不一样了，它们的燃点条件非常苛刻，不仅要求高达亿度的点火温度，而且还要求在这么高的温度下形成的等离子体内，单位体积的氘、氚等粒子数目在足够长的时间内保持一定数值。

众所周知，原子核带正电荷，荷电性相同的带电粒子相互排斥。经过研究后发现，如果原子核之间的距离缩小到 10^{-13} 厘米，原子核之间的相互作用力会从相互排斥转变为相互吸引，这时原子核就会发生聚合反应。然而要使原子核彼此靠近到这么近的距离，就得先给它们足够大的推动力，以克服彼此之间的排斥力。利用高能加速器可以给原子核施加足够的推动力，但这么做的结果只能让很少量的原子核发生聚合反应，对核能的获取没有实际的应用价值。因为要让两个原子核沿着同一条直线对撞，且运动路线偏离不大于 10^{-13} 厘米，精度如此高的对准要求很难实现。比较有效的办法是让原子核在高温下运动，此时原子核彼此发生碰撞的几率会很大，发生核反应的几率也会增加。科学家们估计，如果把原子核加热到亿度左右，它们获得的动能产生的推动力就足以在相互碰撞中克服静电排斥力，导致核聚变反应发生。因为这是在极高的温度下实现的核反应，所以该反应又称为热核反应。通常条件下，地球上没有办法产生这么高的温度，只有在原子弹爆炸瞬间才会出现，然而利用原子弹爆炸来点火也是没有实际应用价值的。此外，要让热核反应持续进行还需要满足所谓的“点火条件”，简单来说就是要求由热核反应释放的功率超过或等于核燃料形成的等离子体的损失功率，在数值上点火条件可以用下式表示：$n\tau \geqslant A(T)$。

该式是英国物理学家劳逊(J. D. Lawson)在1955年首先得到的，因此它也被称为劳逊条件或劳逊判据。式中的 τ 代表约束时间，它的含义是等核燃料的离子体在没有任何外界提供的能量条件下，从高温直至低温冷却的延续时间，n 是等离子体密度，$A(T)$是与等离子体温度 T 有关的一个常数，比如对于 D 核和 D 核的反应，在等离子体温度 T 为 20 千电子伏时，$A(T)$的值大约为 2×10^{15} 秒/厘米^3。从劳逊条件可以看出，要获得核聚变反应的能量，不仅需要把核燃料加热到高达亿度的温度，还要求由它形成的等离子体密度具有一定值并且保持足够长时间。但是，在这么高的温度下，等离子体内的粒子运动速度非常高，如果不采取措施对它们加以约束，等离子体内的粒子就会往外飞散，加上体积扩大，等离子体的密度也会随之下降。针对这种情况，为了满足点火条件，科学家设想了两种做法。一种是干脆对等离子体不加约束，在等离子体内的粒子往外飞散之前就让它们发生核反应。等离子体形成后，里面的粒子还未“动身”飞散的时间很短暂，如果设法在这短暂的时间里相应提高等离子体的密度，就能保证满足点火条件。这种做法称为惯性约束核反应。另外一种做法是用某种技术把等离子体约束足够长的时间，能够大大超过约束时间 τ，这种做法可以相应减低对等离子体密度的要求而实现核反应。把高温等离子体约束起来的办法主要是给它外加一个磁场，所以这种做法称为磁约束核反应。

用什么办法能够“保存”温度高达亿度的等离子体？地球上所有物质在几千度的温度下就熔化了，所以科学家设想利用强磁场来“盛装”这种高温等离子体。在各种磁约束装置中，苏联科学家 1954 年开始研制的托卡马克(TOKAMAK)磁约束装置被认为是世界上最先进的热核反应装置，它是利用磁场的磁力对等离子体实施约束并实现受控核反应的环性容器。它的名字是由环形(toroidal)、真空室(kamera)、磁(magnit)、线圈(kotushka)这几个词缩写而成的。装置的中央是一个环形的真空室，外面缠绕着线圈，等离子体就被约束在这个真空室内。线圈通电后，真空室产生的巨大强螺旋型磁场会将其中生成的高温等离子体约束起来，并让它们发生核反应。

1968 年 8 月，在苏联新西伯利亚召开的第三届等离子体物理和受控核聚变研究国际会议上，苏联宣布在 T－3 托卡马克装置上实现了电子温度 1 千电子伏特、质子温度 0.5 千电子伏特、$n\tau=10^{12}$ 秒/厘米^3，这是受控核反应研究工作取得的重大突破。随后，国际上掀起了一股建造托卡马克装置的热潮，各国相继建造或改建了一批大型托卡马克装置。其中比较著名的有英国 JET 研究所的 JET 欧洲联合实验堆，俄国库尔恰托夫研究中心、聚变研究所的 T－15 超导托卡马克，法国原

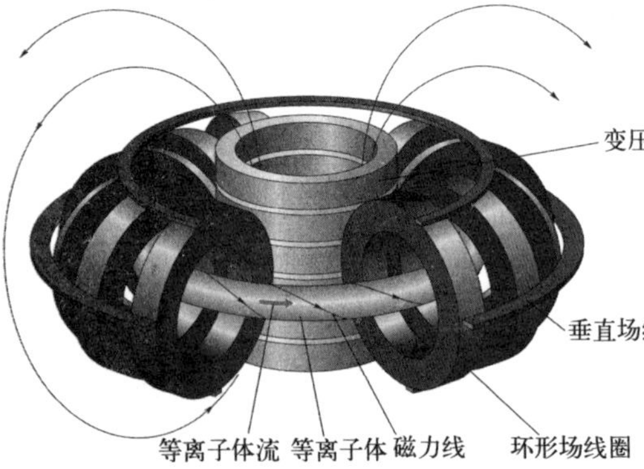

托卡马克的结构示意图

子能委员会、伽达拉歇中心部的 Tore-supara 超导托卡马卡，德国马克斯-普朗克等离子所的 ASDEX－U 托卡马克，日本原子能研究部的 JT－60 托卡马克，美国通用原子公司聚变部的 D－IIID 托卡马克，中国科学院等离子体物理所的 HT－7 托卡马克，中国西南物理研究所的 HL－2A 托卡马克等。1991 年，欧洲联合核聚变实验室利用托卡马克装置成功获得受控核聚变反应，产生持续 2 秒的核聚变能量脉冲，最大功率达 2 兆瓦。

我国建成的托卡马克装置

在各种惯性约束技术中，激光惯性约束技术最受关注，发展也最快。激光技术诞生后，1963 年，苏联科学院巴索夫院士提出用激光引发核聚变反应的建议。1968 年，苏联学者观察到用激光照射由氘元素原子和氚元素原子构造的靶丸产生的核聚变反应现象，证明通过激光实施核聚变反应的建议是正确的。

差不多同时，我国物理学家王淦昌教授在1964年也独立地向我国有关部门提出激光惯性约束核聚变的建议。根据他的建议，中国科学院上海精密光学机械研究所从20世纪60年代起开始研究激光核聚变反应，并于1973年从实验上探测到核聚变反应释放出的高能量中子。

激光的亮度比太阳光高万亿倍，把激光聚焦在一个点上，会立即将焦点上的金属熔化。如果把能量10万焦的激光全部聚集到直径1微米的小球上，假设这个小球内的原子核数目约为10^{12}个，分配给每个原子核的激光能量大约为2×10^{-14}焦，原子核得到能量后温度便升高，升高的温度T可以由它获取的能量E推算出来：$E=(3/2)kT$。

式中，k是玻尔兹曼常数，数值是1.38×10^{-23}焦/开。把原子核获得的能量数值代入该公式，可求出原子核被激光加热后上升的温度大约是10^8度。所以，利用激光能够把原子核材料加热到点火条件所要求的温度。

核燃料内发生核反应时，会释放大量核能，而处于高温状态的核燃料也同时往外辐射大量能量，如果由核反应产生的能量抵不上往外辐射的能量，显然，即使已经点着火的核燃料最后还是会熄灭。核反应产生的能量与等离子体的密度有直接关系。激光把核燃料加热到很高温度时，等离子体的体积会发生热膨胀，密度则相应迅速降低，等离子体内单位体积得到的激光能量也减少，此时的温度不再是原先的高温，原本已经满足的点火条件此刻又变成不满足，被点着的核燃料随即熄灭。所以，不能仅仅关注核燃料的点火条件，还需要让它燃烧起来。因此，核反应实际要求的激光能量会比预计的高，甚至会超出激光技术所能得到的能量。科学家针对这个问题，想出一个通过提高核燃料等离子体密度的办法来降低对激光能量的要求。假定核燃料起初的密度是n_0，用激光加热产生的等离子体温度是T，如果此时能够把粒子的密度提高到n，那么保持等离子体继续进行核反应需要的激光能量E就变化为$E=A(n_0/n)^2T$。式中的A是一个比例常数。从此式可以看到，假如能够让在温度为T时的等离子体密度n升高到原先固体核燃料密度n_0的1 000倍，那么让等离子体满足劳逊条件所需要的激光能量就可以降低100万倍。

产生接近恒星中心压强

通过压缩等离子体的密度，可以大幅降低对激光能量的要求，激光惯性约束核聚变向着成功之门又迈进了一步。但是，如何把等离子体密度压缩到千倍于固态材料的密度，又面临着新挑战。自然界中，太阳中心的物质密度大约是固体材料密度的千倍，温度是 1 000 千电子伏特，这是在压强高达 10^{11} 个大气压的条件下实现的，这么高的压强是靠太阳巨大的质量（1.98×10^{33} 克）产生的引力实现的。如果要让等离子体的密度是固体密度的千倍，同时温度又保持高达 10 000 千电子伏特，估计需要给它施加超过太阳中心、接近白矮星中心的压强。在地球上用人工办法获得恒星中心的压强，似乎是不可想象的。但是，科学家们还是想到了解决办法，提出了所谓的"聚爆"压缩等离子体技术，有望给等离子体施加 $10^{11}\sim10^{12}$ 个大气压的压强。压缩过程大致是：用多路激光束同时从四面八方照射由氘、氚做成的靶丸，靶丸表面在吸收了激光能量后形成了极薄的一层高温高压等离子体，其压强大约 10^{6} 个大气压。之后，等离子体继续吸收激光能量，形成高温高压等离子体并向外猛烈喷发，与此同时产生的巨大反冲压力构成了指向靶丸中心方向的强烈冲击波，对靶丸内部的氘原子和氚原子进一步压缩，造成靶丸中心区的温度骤然升到亿度，等离子体的密度因受压缩而提高 2 000 多倍，氘原子核和氚原子核随即也发生了核反应。这个过程中的压缩称为直接驱动压缩，它要求照射的激光束必须在 4π 立体角方位均匀照射靶面，均方差小于 1%～2%。如果辐照不均匀，会导致压缩出现不稳定性以及在靶上产生不均匀的烧蚀，致使靶丸的壳层破裂，核燃料熄火。此外在时间上，各路激光也必须同步到达靶丸中心。

还有一种间接驱动压缩方法。先用一种高原子序数的材料（如金）做成一只空腔，将激光束注入空腔内，腔的壁面上会产生 X 射线，然后利用 X 射线加热和压缩靶丸。这种压缩方式的好处是可以降低对激光束照射靶面均匀性的要求，但激光束与靶的能量耦合率较低。

将靶丸核燃料压缩到满足劳逊条件要求的密度后，就可以给核燃料点火，做法有两种方式。一种叫做中心点火，将靶丸压缩过程中产生的冲击波严格同步地会聚到靶丸燃料的中心区，瞬间实现核反应点火。另外一种称为快点火，是在压缩核燃料阶段的末期，将一束超短、超强的激光脉冲注入由核燃料形成的稠密的等离子体燃料内，迅速点燃燃料。这种做法把对靶核材料的压缩和点火分开，可以大幅减低对靶进行压缩所需要的激光能量，大约只需中心点火方式所需激光能量的 1/10。此外，快点火的方式对激光束照射靶的均匀性要求也降低了。

为了加快激光惯性约束核聚变的发展进程，1988 年 10 月，各国从事这一领域研究的著名科学家会聚西班牙，签署了《马德里宣言》，指出惯性约束核聚变的基本可行性问题已经解决，呼吁全世界科学家与核实验室进行最充分的国际合作。鉴于惯性约束核聚变使用的激光器必须能够输出足够大的能量和足够高的功率，各国有关实验室迅速行动，纷纷制订发展规划，提出了巨型激光装置的建造和升级计划。目前输出高功率、大能量的激光系统主要有大口径固体激光器、CO_2 激光器、氧碘化学激光器。CO_2 高功率激光系统的电光转换效率高，同时能输出巨大的能量，但它输出的激光波长长了点，为 10.6 微米，较难产生高密度等离子体。氧碘化学激光器输出的激光波长是 1.315 微米，在诊断和频率转换上难度较大，因此目前能获得的激光功率还不高。目前，全球普遍选用大型固体激光系统作为惯性约束核聚变的驱动器，它输出的激光波长是 1.053 微米，利用大口径 KDP 晶体容易获得绿光激光（激光倍频）和紫外激光（激光三倍频），并具有脉宽和波形可调等特点。

为了演示点火和核聚变燃烧，世界各国都在建造兆焦耳级激光器、拍瓦级激光器、高脉冲重复率激光器。为验证快点火概念在科学上的可行性，从 2000 年开始，日本激光工程研究所、英国卢瑟福实验室及阿善尔顿实验室、德国重离子研究所、法国和中国等相关研究机构都在建造拍瓦激光装置。

由美国能源部国家核安全管理局投资 35 亿美元建造的国家点火装置，是目前世界上规模最大的激光惯性约束点火装置，该装置长 215 米，宽 120 米，几乎与古罗马圆形竞技场一样大。它输出 192 路独立的激光束，激光能量（紫外光）为 1.8 兆焦，最大激光功率为 5×10^6 瓦，激光脉冲持续时间为3～20纳秒。该装置于 2009 年 2 月 26 日进行了首次非正式打靶试验，其后将进行激光核聚变点火和增益验证实验。主要工作有优化点火实验必需的激光参数和核聚变靶丸参数，确认靶丸的几个关键性能，具体包括冷冻靶装置、点火诊断和专门用于点火实验的特殊光学元件的安装。所采用的核材料是氘-氚（DT）混合物。从这台点火装置输出的 192 路激光将直径 2 毫米的氘-氚靶丸压缩到 100 微米，使其达到核反应的点火条件，并释放出巨大能量。与美国国家点火装置相同规模的还有法国的 LMJ（Laser Mega Jooule）装置，它输出的激光能量也是 1.8 兆焦，激光脉冲宽度 3.5 纳秒，峰值功率 5×10^{14} 瓦，输出 240 路激光。

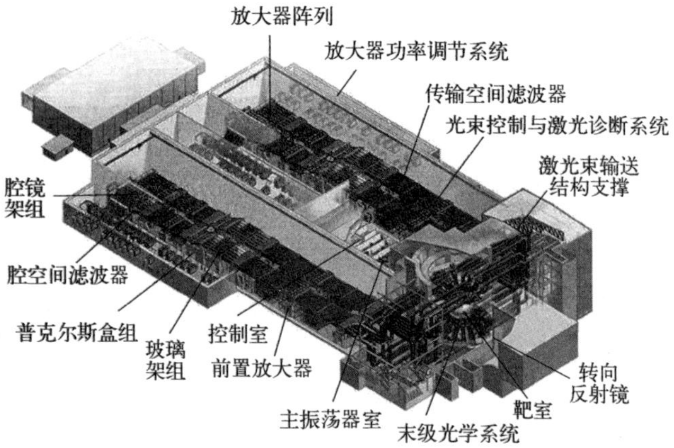

美国国家点火装置总体示意图

我国的“神光”装置是根据张爱萍将军亲笔题词而命名的高功率激光装置，由激光器系统、激光光路自动准直系统、激光精密靶场系统、激光参数测量系统、激光储能供电系统、环境保障及精密超净装校系统等六部分组成，是数百套的各类激光单元或组件的集成；在空间排布成 8 路激光放大链，每路激光放大链终端输出激光净口径直径为 230 毫米。神光装置可以输出两种脉冲宽度的激光，一种脉冲宽度为 1 纳秒，另一种脉冲宽度为 100 皮秒；能输出波长分别为 1.053 微米、0.53微米、0.35 微米的激光。总输出激光能量很高，1.053 微米波长的激光最高输出能量为 7 千焦，0.35微米波长的激光的输出能量为 3 千焦；当使用的激光脉冲宽度为 100 皮秒时，总的输出功率可达 10 太瓦。神光装置采用“选好基准，以动制动”的技术路线，并采用具有特色的 CCD 并行图像处理技术，15 分钟即可实现全系统的光路自动准直调整，有效地提高了光路自动准直工作的效率。在激光照射的靶区，强激光束可在十亿分之一秒的时间内辐照充满氘氚核气体的玻璃球壳，急速压缩氘氚气体，使它瞬间达到极高的密度和温度，继而引发热核聚变反应。全光路自动准值定位能够在实验中及时纠正因震动和温度变化而导致光路中元件发生的微偏，使输出的激光经聚焦后可精确穿过一个约 0.3 毫米的小孔，该尺寸仅比一根头发略粗。神光装置已经在核反应研究中获得了很好的实验结果，比如，波长 1.053 微米的激光运用直接驱动方式获得中子产额 4×10^9，运用间接驱动方式获得中子产额 10^8。

中国神光装置的激光放大器

科学家期待在 2020 年建成基于激光惯性约束核聚变概念的示范电厂，并约在 10 年后实现商业化。为了实现这个目标，美国制订了激光惯性约束核聚变研究计划，分三阶段实施：第一阶段（1999—2008 年）进行原理验证以及解决相关的核聚变科学和技术问题；第二阶段（2009—2020 年）为集成实验阶段；第三阶段（2021—2030 年）进行工程试验装置建设，最后是演示商业核聚变电站的建设。

激光惯性聚变堆-裂变堆组合

利用铀原子核裂变建立的核电站现在已经为人类提供了清洁电能，它没有往日火力发电厂排放的污染气体和尘埃，电厂周围也没有往日的脏乱情况，而烧油、烧煤的火力发电厂不断排放大量的二氧化碳、二氧化硫和氮化物。核电站也节省了大量的煤和石油。

但是，现有的核电站也有不足之处。如前所述，裂变反应堆的核燃料是铀 235，它吸收慢中子，不吸收快中子。然而天然的铀 235 很少，绝大多数是铀 238。铀 238 吸收快中子，虽然本身不发生核裂变，但它在吸收快中子后会生成元素钚 239。钚 239 也是一种优质的核裂变燃料，吸收慢中子后便能发生核裂变反应。不过，核裂变反应堆中产生的快中子数量较少，核反应堆内生成的钚 239 不足以补偿铀 235 的消耗量。虽然可以像快堆那样，通过采取提高中子增殖系数增大快中子通量，生成更多的钚 239，但这么一来会使核裂变反应进行得很快，甚至会出现难以控制的局面。同时，反应堆堆芯的温度也会升得很高，并带来堆的器壁发生严重腐蚀等一些安全隐患问题。

另外，核裂变反应堆在运转过程中会产生大量的"核炉渣"。铀原子核在发生裂变反应释放能量的同时也产生了一些反应产物，它们的原子序数在72～160之间，大多数属于放射性元素，它们半衰期比较长，要长期存储并防止它们泄漏放射性污染，是一件费钱费力的事。一座年发电功率1 000兆瓦的核电厂产生的"核炉渣"约有1.2吨。

众所周知，核聚变反应过程中会产生大量的快中子，利用它们辐照铀238，就可以自动生成数量可观的钚239。但是，目前纯核聚变反应堆的能量增益因子不高，要达到商业应用还有漫漫长路，而核裂变反应堆的技术比较成熟，可以获得很高的能量因子，其发电成本已经比火力发电低。设想利用由核聚变反应过程释放的快中子来生成核裂变反应的燃料，然后让这些燃料在反应堆内直接发生核裂变反应，以弥补核聚变反应能力的不足。这个新的核能技术——激光惯性聚变-裂变技术也许是让核聚变反应能更快进入商业应用的最佳选择。

激光惯性聚变-裂变技术既能长远解决能源问题，同时又能解决"核炉渣"这个棘手问题。除了钚239外，它还可以利用轻水反应堆产生的核废料和贫化铀作为燃料。因此，这种新型核电厂的核燃料利用率很高，能达到99%，而目前一个典型的轻水反应堆的燃料利用率还不到1%。较高的核燃料利用率意味着产生相同的能量，需要的核燃料较少，估计一个1 500兆瓦的激光惯性聚变堆-裂变堆连续作业50年只需要一小屋子的核燃料。"核炉渣"中的重元素可以在激光惯性聚变堆-裂变堆中发生蜕变，转变成中等原子序数的元素，这相当于在反应堆中自动进行"核炉渣"处理工作。预计采用了激光惯性聚变-裂变技术的核电站，可以处理完2090年前各个核电站产生的"核炉渣"，届时就可以永久关闭所有的"核炉渣"再处理工厂了。

较之传统的核裂变技术，激光惯性聚变-裂变技术的另外一个引人瞩目的优点就是它的临界性，核裂变燃料不能自发地产生足够数量的中子引发或维持核链式反应，因此不会发生核反应失控现象，这样的核电厂具有固有的安全性，建立电站的成本和运行成本可以大幅降低，能吸引更多的私营企业投资建造。此外，该核电厂可以制止核扩散危险的发生，核扩散危险是指核电厂的燃料有可能会演变成核武器。在传统的核电厂中，在核燃料加工前后就有两个重要的核扩散隐患。在核燃料加工前，需要将燃料浓缩到一定的密度，而浓缩铀就可以用于制作核武器。在核燃料加工后，有些国家会处理回收核燃料棒中未使用的材料，由于此处理过程中会产生极危险的放射性元素，因此就有可能造成核扩散危险。激光惯性聚变堆-裂变堆发电厂将核能产生和“核炉渣”处理整合到一个单一的设备中，它既不要求浓缩铀核燃料(因为电站的铀核反应堆能够完全燃烧核燃料)，又可利用反应堆中产生的“核炉渣”，因此，自然而然地避免了“核炉渣”危害和核扩散问题。

这种新技术要进入实用，首先要制造出高脉冲重复率的激光驱动器。目前，美国国家点火装置每隔数小时打靶一次，而激光惯性聚变堆-裂变堆要求每秒钟打靶5～10次。为了获得高激光脉冲重复率，固体激光器需改用二极管激光器做泵浦源以替代目前使用的闪光灯泵浦源。其次要制造廉价的核聚变靶丸，激光惯性聚变堆-裂变堆每年要使用上亿个核燃料靶丸，靶丸是装核燃料的容器，是一个直径为几百微米、壁厚为几微米的空心靶球，其同心度、球形度以及表面粗糙度都有严格的规定，制造技术要求很高。现在使用的靶丸分为空心玻璃微球和空心聚合物微球两种，制造方法有液滴法和干凝胶法。目前常用直径几微米的碳丝将装有核燃料的靶丸悬空挂在靶室中心，为了让多路激光束能够均匀地照射靶丸，使用磁场将靶丸悬空则是比较好的做法，这就需要制作带有磁性的靶丸，可以在制造空心玻璃微球的原料中掺入少量的纳米氧化物或者磁性粉末，或者将靶丸包裹在铁磁性材料塑料外层内。另外，按要求将这些靶丸以每秒5～10个的速率注入核反应堆的靶室中心，也需要复杂的技术支撑。

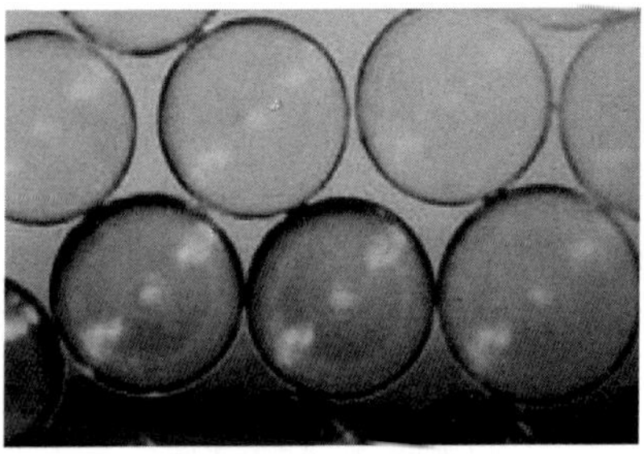
直径200微米的玻璃靶丸

需要强调的是，核电站的安全是首位的。在设计建造核电站时需要反复论证安全性，包括电站的选址、运行、安全保障系统以及各种管理措施等，其设计要求和建造标准要比水力发电站、火力发电站高得多，还必须充分考虑在万一发生事故的情况下，如何采取有效措施把危害减少到最低程度。核电站建成后还要反复进行安全审查，要求达到稳妥可靠，万无一失。至于有人担心在核电站附近生活易得癌症，其实这种担心是不必要的，根据美、俄两国的统计资料，核工业辐射致癌的危险性不及其他因素。

第 16 章　细分不尽的粒子

——基本粒子

物质是如何构成的？人类早就注意到了这个问题。古希腊时期的哲学家德谟克利特(Democritus)等认为物质不能无限地分割下去，到最后会出现最小的、不能再分割的微粒，他们把这种微粒称为原子。原子在希腊语中指的就是不可再分割。现在我们已经知道，原子可以再细分，组成原子的粒子也能够再细分，那么究竟有没有不能再细分的基本粒子呢？

原子可细分

英国科学家道尔顿(J. Dalton)在 1803 年 10 月曼彻斯特的文哲学会上宣读了关于原子科学假设的论文，创立了原子论。他认为，一切化学元素是由微小的、具有相同原子量且不可分割的粒子(原子)组成的，有多少种不同的化学元素，就有多少种不同的原子。在化学反应后，原子仍保持自身不变。不同化学元素的原子不相同，而同一种化学元素的原子是相同的。每种原子有确定的原子量，每种化合物都有完全确定的组成，它是不同原子之间用一定比例结合的结果。1803 年，道尔顿计算了 5 种化学元素的原子量和 15 种化合物的原子量(实际是分子量)。

随着人类对物质世界认识的深入，原子是不可分割的最小单位的看法不断受到挑战。比如面对自然界发生的雷电现象和摩擦生电现象、化学实验中的电解现象和气体放电现象等，无法套用原子是不可分割的概念进行合理解释，显然物质中应该存在带电的粒子，也就是说，原子不是构成物质的最小单元，应该还有一些更小的粒子，而且原子能够分割，释放出带电的粒子。

用实验手段证实原子有内部结构，原子可以分割成更小单位的是英国科学家汤姆孙。他在 1897 年发现了电子，揭示原子还有内部结构，原子并不是最小的、没有内部结构的粒子，它还包含有更微小的粒子——电子，而电子能够脱离原子飞出也表明原子不是固定不变的，能够被分割。

不久，科学家又发现原子还能自动发射另外一种粒子，进一步证明原子不是最基本的粒子，其中还包括一些更基本的粒子。原子不仅可以在外来力量的作用下被分割，而且还会自动发生分裂。首先发现原子中还有其他新粒子的是法国著名实验物理学家贝克勒尔(H. A. Becquerel)。

贝克勒尔

贝克勒尔 1852 年出生在法国巴黎的一个科学世家，祖父和父亲都是法国科学院院士。1896 年 3 月，他发现铀盐化合物会自动发射一种射线，这种射线看不见，与已发现的 X 射线有着相似的性质，能穿透物质，能使周围空气电离，能使检电器放电。同年 5 月，贝克勒尔又发现纯铀金属也发射这种穿透力很强的射线。但当时他不清楚这种射线的来源和性质。这个问题后来由法国科学家居里(P. Currie)和居里夫人(M. Currie)解决，并且他们两位从中受到了启发又获得新的重大发现。

居里夫妇

居里是法国著名的物理学家，1859 年出生在法国巴黎，他提出了以他的名字命名的定律——居里定律。居里夫人是法国籍波兰裔物理学家、化学家，曾两次获得诺贝尔奖。她 1867 年出生在波兰华沙一个中学教师家庭，1891 年到法兰西共和国大学读书，1895 年与居里结婚。他们在研究铀金属发射的射线时，发现了发射射线能力比铀强许多的化学元素镭和钋，并对这些元素自动发射的射线进行了研究。他们受汤姆孙当年发现电子所做实验的启发，也利用磁场和电场来研究这种射线。他们观察到，在磁场的作用下，镭发射出来的射线被分成两束，其中一束不受磁场的影响，仍按原来的路径直线飞行，另外一束的飞行路径则在磁场作用下发生弯曲。卡文迪什实验室

卢瑟福

的卢瑟福得知居里夫妇的实验结果后，就决定采用更强的磁场对射线做进一步研究。

卢瑟福 1871 年出生在新西兰一个英国移民后裔家庭。1895 年他来到美国成为汤姆孙的研究生，1898 年应聘为加拿大麦吉耳大学教授，1907 年又应聘担任曼彻斯特大学教授，1919 年担任卡文迪什实验室主任职务，该实验室是当时的现代物理研究中心。

卢瑟福发现，在强磁场的作用下铀元素原子发射的射线分成 3 束，而并非居里夫妇所发现的 2 束。其中一束的飞行路径在磁场中弯曲得很厉害，卢瑟福把它称为 β 射线；另外一束的飞行路径发生稍微弯曲，但弯曲的方向与 β 射线的相反，卢瑟福把它称为 α 射线，还有一束不受磁场影响，飞行路径不发生弯曲，卢瑟福把它称为 γ 射线。卢瑟福又对这三种射线的穿透能力进行了研究，发现 γ 射线的穿透能力最强，能够穿透 1 米厚的水泥墙；α 射线的穿透能力最差，在空气中只能飞越几厘米远，一张纸就可以把它挡住；β 射线的穿透能力介于前两者之间。

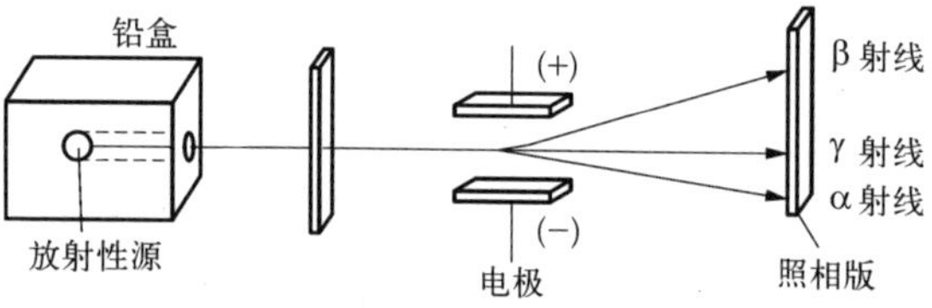

卢瑟福发现三种射线的实验

不久，卢瑟福又发现原来 β 射线是一束带负电荷的电子流，α 射线是带正电荷的氦离子，因此相应地又称它们为 β 粒子、α 粒子。卢瑟福进一步做实验，发现镭原子在不断地发射 α、β、γ 粒子之后，自身会发生变化(现称为蜕变或者衰变)，变成了另外一种元素比如铅或氦的原子。原子里有电子、α 粒子、β 粒子、γ 粒子，原子在蜕变后还会自动变成另外一种粒子，这个结果无疑再次确认，原子的确不是最基本的粒子，它是由另外一些更基本的粒子组成的，而且原子的内部结构相当复杂。

探索原子世界的组成和它的分割是 20 世纪初物理学研究最活跃

的领域，一大批物理学家投身其中，取得了丰硕伟大的科学成就。

原子结构模型更新换代

电子的发现意味着任何元素的原子内部都有电子，由于原子在通常状态下呈电中性，因此它里面一定有与电子电荷量相当的正电荷。这些正、负电荷在原子内部究竟是如何分布的？

1903 年，汤姆孙提出一种原子结构模型。他认为原子的正电荷和质量均匀地分布在整个原子球体中，电子则散布在原子中，就像一只蛋糕上分布着的一粒一粒葡萄干。所以，汤姆孙的原子结构模型又被称为葡萄干蛋糕模型。汤姆孙研究了电子在原子内可能的均衡分布情况，并推论可以预期原子的一些性质具有周期性，定性地与观测的结果符合。

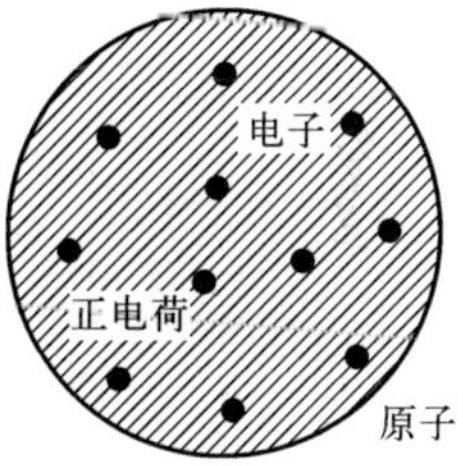

汤姆孙原子结构模型

依据电学基本知识很难理解汤姆孙提出的原子结构模型，正电荷与负电荷彼此相互吸引，它们怎么会不走到一起呢？向汤姆孙原子结构模型发起挑战的是卢瑟福的 α 粒子(带正电荷的氦原子核)散射实验。1906 年，α 粒子被原子散射的现象引起了卢瑟福的注意。他发现，用小孔校直了的 α 粒子束穿过空气时在照相底板上留下了轮廓十分清晰的光斑，但是，如果在它的传播途中放置一块厚度大约 20 微米的云母片，这时形成的 α 粒子束斑的边缘变模糊了，显然有一些 α 粒子偏离了原来的飞行路径，偏离的角度大约为 2°。卢瑟福计算出引起 α 粒子偏转这个角度需要的电场强度是 10^8 伏/厘米。因此，他断定物质的原子内部聚集了强大静电作用力。

1909 年，卢瑟福在曼彻斯特大学进行另外一项研究工作时，α 粒子散射实验出现的现象又勾起了他的回忆。他把这个实验现象告诉他的助手盖革 (H. Geiger) 和马士登 (E. Marsden)，由他们重新做进一步的实验研究。他们俩设计的实验装置的主要部分是一根长度大约 2 米、直径 4 厘米的玻璃管，内装有放置在小玻璃器皿中的放射性物质镭，由它提供实验使用的 α 粒子。从镭发射出的快速运动 α 粒子射向一块金箔，他们通过一张涂有硫化锌的闪烁屏观察 α 粒子穿透金箔后的落脚点，考查 α 粒子飞行方向的变化。实验发现，大多数 α

粒子穿过金箔后的飞行轨迹沿原来的直线方向，少数发生小角度偏转，这表示 α 粒子在通过金箔时基本上没有受到什么影响。然而，也有个别 α 粒子的飞行轨迹发生大角度偏转，大约每 8 000 个 α 粒子中有一个的飞行角度变化达到 180°，即该 α 粒子被金原子弹了回来。这种现象显然不是原子内部的电子所为，因为 α 粒子的质量比电子大 7 300多倍，电子与 α 粒子之间的相互作用力不会使 α 粒子的运动轨迹发生角度如此大的偏转。由此推断，这主要是由金原子里那部分正电荷的排斥力造成的。根据汤姆孙原子结构模型的描述，均匀分布的正电荷对 α 粒子的排斥力不会很强，因此不会出现大角度偏转飞行的 α 粒子，更别说被弹回的 α 粒子。只有假定原子内部的正电荷是全部集中在一个很小的体积内，它们之间的排斥力才会引起 α 粒子发生大角度偏转。

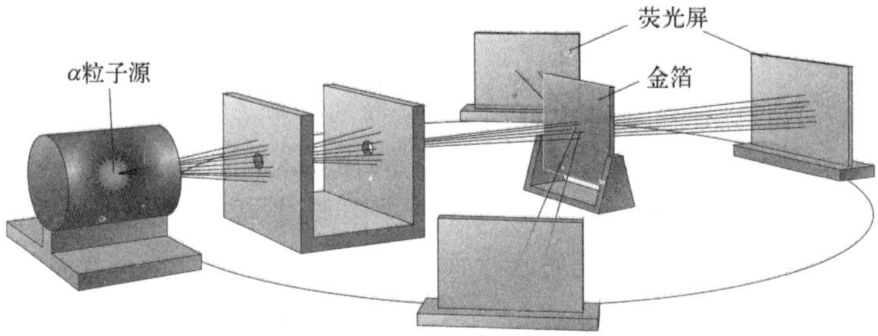

盖革和马士登的 α 粒子散射实验

根据上述分析，1912 年卢瑟福提出一个原子有核结构的模型：原子的质量和电荷集中在原子内部一个很小的“核”上，这个原子核的质量占原子质量的绝大部分，但它的体积只有整个原子体积的亿万分之一左右。原子其余大部分空间是真空的，电子在这个空间内围绕着原子核不停地做旋转运动，就像行星绕着太阳转动一样。所以，卢瑟福原子结构模型又称为原子的行星模型。

卢瑟福还把氢原子核命名为质子，即它是携带原子质量的带电粒子，其他元素原子核的质量大约是质子质量的整数倍。卢瑟福的原子模型能够很好地解释 α 粒子散射现象。设想原子像一只大气球，而原子核小如一粒放在里面的芝麻，很显然，α 粒子碰上原子核的几率很小，而电子的质量非常小，它对 α 粒子运动轨迹的影响也非常小，所以大多数 α 粒子通过金箔后保持了原先的直线路径，只有在原子核附近

通过的 α 粒子受到了原子核很强的斥力，运动轨迹才发生重大变化，若是碰巧撞上原子核就会被弹回来。

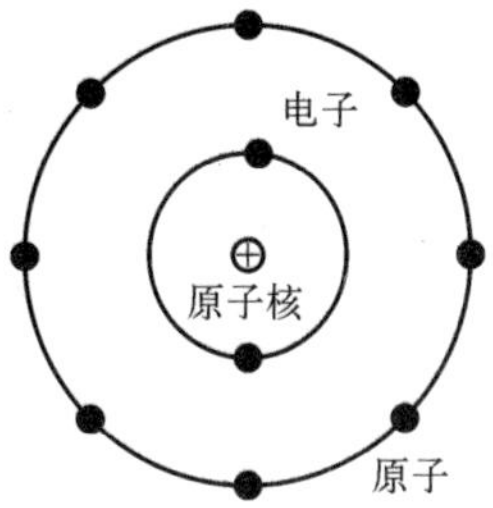

卢瑟福原子结构模型

在最初发现电子时，对于一个原子内部究竟有多少个电子，当时存在不同的看法。因为一个原子的重量比一个电子重千倍，所以有人认为，即使是最简单的氢原子，也可能包含着数以百计的电子。卢瑟福根据他的实验结果，断定原子中并没有成百上千个电子，最多也就百个左右。原子内部究竟有多少个电子，最终是由卢瑟福的学生莫斯莱用另外一种探测方法确定。莫塞莱对各种原子发射的 X 射线的特征进行研究，计算出原子核的正电荷。根据原子不带电的自然现象，原子内必定是包含同等数量的负电荷，氢原子核带有 1 个单位正电荷，应当只有 1 个电子围绕原子核运动才能保持氢原子的电中性。同样的，碳原子核带有 6 个单位正电荷，它就该有 6 个电子。

卢瑟福原子结构模型虽然能够成功解释 α 粒子的实验结果，且又被其后的一些实验结果所证实，但它不久又遇到了新挑战。首先，因为绕着原子核旋转运动的电子有向心加速度，根据经典的电磁场理论，凡是做加速度运动的电荷都会产生电磁波辐射，因此，绕着原子核不断旋转的电子将不断向周围发射电磁波，这么一来，电子的能量就会不断减少，最后，将落到原子核上，这意味着原子是不稳定的，而事实上的原子十分稳定。其次，因为电子的能量是连续减少的，因此，电子辐射的电磁波频率应该连续变化，相应得到的原子发射光谱也应该是连续谱，但实际得到的原子光谱却是线状光谱。显然，卢瑟福的原子结构模型与实际的原子结构也并不符合。1913 年，丹麦物理学家玻尔在卢瑟福原子结构模型的基础上，结合普朗克的量子论思想，提出一个新的原子结构模型，即玻尔原子结构模型。

玻尔 1885 年出生在丹麦哥本哈根，早在大学时就因精确测定水的表面张力，获得了丹麦皇家文理科学院的金质奖章。1911 年，他获得物理学博士后不久到英国卢瑟福原子结构研究小组工作。玻尔认为，电子绕原子核旋转运动的轨道不是任意的，而只能在那些满足量子化条件的特定轨道上运动。电子在这些特定的轨道上运动时具有一定的能量，并且不向周围辐射能量，电子的这种运动状态称为定态。由于电子的运动轨道是不连续的，所以电子在原子里拥有的能量也是

玻尔

不连续的，这些不连续的能量状态称为原子的能级，其中能量值最低的是基态能级，其余的统称为激发态能级。

在原子物理学上，通常用多条平行的水平线表示原子内部的各个能级，最下面的水平线表示基态能级，在它上面的各条水平线代表激发态能级。电子只能以跃迁的方式从一个能级跳到另外一个能级，而且原子只有在发生这种跃迁时才能与外界进行能量交换。如果电子从基态能级跃迁到激发态能级或者从能量较低的能级跃迁到能量较高的能级，原子需要从外界吸收能量；如果电子从激发态能级跃迁到基态能级或者从能量较高的能级跃迁到能量较低的能级，原子就会向外界释放能量，即产生光辐射，根据量子论，光辐射的频率 $\nu=(E_2-E_1)/h$。公式里的 E_2 和 E_1 代表原子的两个能级的能量，其中 E_2 能级居于 E_1 能级的上方，即能量 E_2 大于能量 E_1，h 是普朗克常数。再根据光辐射频率与光波长的关系 $\lambda=c/\nu$（这里的 c 是光速）进行换算，就可以得到原子发射的光辐射波长 λ。

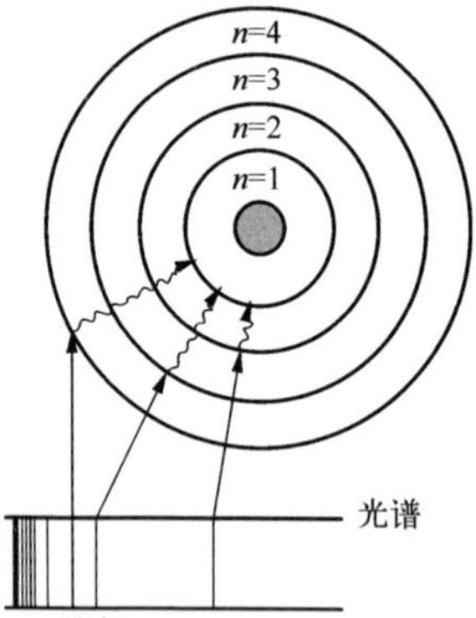

玻尔原子结构模型

玻尔原子结构模型能较圆满地解释原子发射的不是连续光谱而是线状光谱。因为原子内部的电子拥有的能量是不连续的，电子从一个能级跃迁到另外一个能级，前后的能量变化是不连续的，所以产生的光辐射的频率（或者波长）是不连续的，相应的光谱图即为线状谱。

玻尔原子结构模型完善地阐明了原子

是稳定存在以及原子发射的辐射是线状光谱的理由，利用他的公式计算出的光辐射波长与实验测量的数值相符合，玻尔在原子结构研究方面作出了重大贡献，荣获了 1922 年度诺贝尔物理学奖。不过，玻尔原子结构模型也面临着挑战，比如，较难解释结构比较复杂的原子发射的光谱；关于原子内部电子运动的假设与经典物理相抵触，而且所提出的假设——为什么电子只能在某一些特定的轨道上运动——只是一种硬性规定，谁也无法解释。在微观粒子的波动性和粒子性并存的特性被发现后，玻尔的原子结构模型暴露的问题就更明显了。在原子核外围运动的电子是微观粒子，它同时具有波动性和粒子性，但无法确切知道它在原子内部的位置，只能知道它在原子内部某个位置出现的几率，因此无法画出它的运动轨迹。

于是，科学家又提出新概念，以原子内部单位体积内电子出现的几率，即以电子在原子内部的几率密度分布来描述电子在原子内部的运动状况，通过原子内部一些小黑点的疏密来表示电子在原子内部的运动状态，小黑点密集之处表示电子出现的几率密度大，小黑点稀疏之处表示电子出现的几率密度小，看上去好像是一片带负电的云状物笼罩在原子核周围，因此形象地称此云状物为电子云。这就是现代的电子云原子结构模型。从量子力学观点看，玻尔用旧量子论假设原子内部电子运行的经典轨道，只不过是电子在这些地方出现的几率较大而已。电子轨道具有不同的形状，分别用 s、p、d、f 等表示。s 轨道

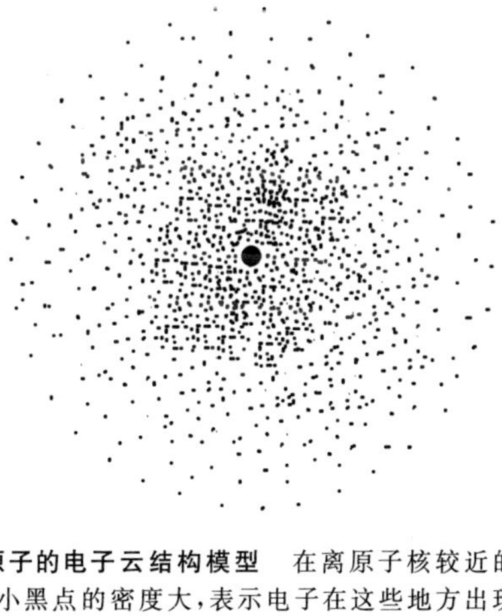

氢原子的电子云结构模型 在离原子核较近的地方，小黑点的密度大，表示电子在这些地方出现的机会多；在离原子核较远的地方，小黑点的密度小，表示电子在这些地方出现机会少。

电子云呈球形，在半径相同的球面上，电子出现的机会相同；p 轨道电子云呈纺锤形(或哑铃形)；d 轨道电子云是花瓣形；f 轨道电子云的形状很复杂。

原子核组成不简单

原先认为原子是组成物质的最小的不可分割的粒子，现在的实验证明原子也是由其他一些粒子构成的。按照卢瑟福原子结构模型，原子里面有一个原子核，那么这个原子核是不是最小的粒子，它会不会也是由其他的粒子组成呢？

科学家又开始进一步考察原子核。卢瑟福用金属材料做了一只箱子，里面放置了能够发射 α 粒子的镭，把箱子里的空气抽干净后放入了其他一些气体，在正对 α 粒子流的方向放置了一扇表面涂有硫化锌的窗口。实验发现，在箱子里充入氢气时会见到涂有硫化锌的窗口闪光，但产生的闪光与 α 粒子直接射到窗口时出现的情况不太一样，而箱子里充入氧气时，则见不到闪光。这意味着 α 粒子轰击氢原子核后产生的不是 α 粒子，而是一种未知粒子。接着，卢瑟福又利用与汤姆孙当年发现电子相类似的实验装置，考察实验中产生的新粒子的性质，他发现该新生粒子是氢原子核。至于箱子里充入氧气时没有见到闪光，卢瑟福认为可能是由于氧元素的原子核比较重，用来轰击的 α 粒子能量不够大，推不动它。卢瑟福改充进氮气，并加大了 α 粒子的能量，这回在窗口又见到了闪光。经过研究，这次引起窗口发光的粒子还是氢原子核。这究竟是怎么回事？当箱子里充氢气产生氢原子核时，尚且可以认为这是 α 粒子把氢原子核推到窗口引起闪光，然而现在出现的情况只能这样解释，α 粒子把氮原子核轰破之后产生了新粒子。情况是不是真的如此？

卢瑟福使用威耳逊云室来考察 α 粒子轰击氮原子产生的粒子。威耳逊云室是由英国物理学家威耳逊研制的、以他名字命名的、用于探测辐射粒子的仪器，是一个装有活塞的玻璃容器，里面装满湿度达到饱和的蒸气。当往外拉活塞时，装在里面的饱和蒸气会突然膨胀而冷却成为过饱和蒸气。这时，如果有粒子快速穿过，在它飞行的路径上会产生离子，周围就凝结成细小的一串液滴，根据液滴痕迹状况，就可以知道穿行而过的粒子的性质，比如质量轻的电子留下的是细小、波纹状的痕迹，质量大一些的粒子留下的是直而粗的痕迹。根据威耳逊云室显示的结果，卢瑟福判断氮原子核真的被高能量 α 粒子轰破了，所有发射出来的新粒子还是氢原子核。卢瑟福接着又用 α 粒子轰击氖、镁、硅、硫、钾、氩等原子，结果都显示产生了氢原子核。于是卢瑟福认为，各种原子的原子核都含有类似氢原子核的粒子，他给这种粒子起名为质子。卢瑟福还确定，被轰击破裂的氮原子核失去一个质子后变成了氧原子核，也就是说，利用外来粒子轰击原子可以产生新原子。

正当卢瑟福他们庆贺新发现时，德国一位青年科学家博特(W. W. Bothe)对卢瑟福的实验结果提出质疑，为什么轰击的结果只有质子释放出来而没有别的粒子出现？因为当时已经知道镭、铀等放射性原子核在发射 α 粒子的同时，也发射了 β 粒子和 γ 粒子，同是原子核发生变迁，所以也应该出现诸如 β 粒子、γ 粒子等才合理。博特认真地分析了卢瑟福的实验装置，发现问题可能出自用来观察粒子使用的硫化锌荧光屏，因为硫化锌只对 α 粒子起作用，β 粒子、γ 粒子等射到它上面不会闪光。因此，即便氮原子核被轰击时会同时释放出其他一些粒子，卢瑟福的实验装置也发现不了。于是，博特等人采用电子计数器做探测器来探测粒子，重复了卢瑟福的实验。他们使用 α 粒子轰击铍原子，果然观察到一种新的射线，它有着非常奇怪的特性：有很强的穿透能力，能够穿透 2 厘米厚的铅板；不受电场和磁场的影响，在电场或者磁场中的飞行路径都不出现偏转，这意味着它不带电。博特发现神奇新射线的消息引起了约里奥-居里夫妇的浓厚兴趣，考虑到钋只发射 α 粒子，不发射 β 粒子和 γ 粒子，他们就采用钋产生的 α 粒子重复进行实验，这样能简化实验条件，只需考虑 α 粒子的作用，不用考虑 β 粒子和 γ 粒子可能带来的影响。他们夫妇用钋发射的 α 粒子轰击铍原子，然后用产生的神奇新粒子射线再去轰击石蜡，结果发现产生大量的质子。

查德威克

在英国一直从事研究用 α 粒子轰击各种元素原子、探索原子核性质的查德威克(J. Chadwick)看到这个实验结果后，立刻设计了几个实验继续进行研究。查德威克是英国物理学家，他在 1923 年起在卡文迪什实验室与卢瑟福一起工作。查德威克在他的实验中发现，产生的那种神奇射线不是 γ 射线，它的质量与质子差不多，不带电荷，飞行速度很高。他猜想，该粒子可能就是卢瑟福曾经设想的、组成原子核的一种粒子。因为这种粒子是中性的，卢瑟福曾建议将这种粒子命名为中子。查德威克因为发现中子，获得了1935年度诺贝尔物理学奖。

随着中子的发现，原子核的组成问题也就自然获得了解决。1932年，德国物理学家海森伯(W. K. Heisenberg)以及俄国科学家伊凡宁柯(D. Iwanenko)提出了原子核的质子-中子模型，原子核由Z个质子和N个中子组成，原子核的质量数是$Z+N$。海森伯是德国著名的物理学家，矩阵力学的创立者，1932年度诺贝尔物理学奖获得者。他1901年出生于德国维尔茨堡，1924年到哥本哈根大学，在玻尔的指导下研究原子的行星模型。1927年，他提出著名的测不准原理，阐明了由量子力学解释的理论极限性：某些成对的物理变化都是相互影响的，虽然它们都可以被测量，但不可能同时得出精确值。

还有一些核物理学家则采用类似于电子壳层结构的概念，建立了原子核的壳层结构模型理论。此外，根据核结合能和中子俘获截面等实验数据，发现含有2、8、20、50、82、126个质子(或中子)的原子核特别稳定，这些原子核都被认为具有闭壳层的结构。

至此，原子核的结构问题似乎都已解决，可是不久又出现许多问题亟待解决，例如：既然原子核是由质子和中子组成的，质子带正电荷，质子之间产生排斥力，而中子不带电荷，它们怎样能够组成一个稳固的原子核呢？原子核内并没有电子，但镭、铀等原子核为什么会发射出β射线的电子？这个电子从哪里而来？为了寻求这些答案，不期又引来了重大的科学发现。

汤川秀澍

回答第一个问题的是日本物理学家汤川秀澍(Yukawa Hideki)，他1907年出生于日本东京，1938年获大阪大学科学博士学位，1949年因对亚原子粒子理论研究的成就荣获诺贝尔物理学奖。他在1935年大胆提出，质子与中子之间存在一种非常特殊且非常强大的核力——强相互作用力，它比质子之间的相互排斥力还强，把质子和中子紧紧捆在一起，形成稳定的原子核。他并且预言，质子和中子之间是通过交换某种未知的粒子传递核力，大体上与原子内的原子核和电子通过电磁场结合到一起相似。汤川秀澍根据原子核的大小估计这种未知粒子的电荷应该与质子相当，质量则介于质子与电子之间，大约是电子的200～300倍。因此，他把这种粒子称为介子。

1936年，美国科学家安德森(C. D. Anderson)在高空探测宇宙射线时发现一种新粒子，它的质量是电子的207倍，正好与汤川秀澍预言的介子质量相吻合，后来证实它就是μ介子。安德森1905年出生于美国纽约，1930年获哲学博士学位，因发现正电子获1936年度诺贝尔物理学奖。1947年，英国物理学家鲍威尔(C. F. Powell)将装有曝光照片的高空气球放到高空记录宇宙射线，在所得到的记录中发现了π介子，它的质量是电子的273倍，π介子还可以衰变成μ介子和中微子，μ介子的来源也得到了说明。鲍威尔1903年出生于英国肯特郡的汤布里奇，1927年获哲学博士学位，1950年获得诺贝尔物理学奖。

在回答第二个问题之前，先再介绍一下中子发现后科学家对它的看法。海森伯、汤川秀澍等认为，原子核中的质子和中子尽管在电性上不同，一个带正电荷，一个呈中性，但它们有许多共同之处，似乎是同一种性质的粒子，彼此之间可以转换，即中子可以转变成质子，质子也可以转变为中子。原子核受到外来粒子轰击时，原子核内的中子可能被击中飞出原子核，原子核内的组成便会相应发生变化，核力失去平衡。这时为了保持平衡，一个质子就会转变成中子。原子核也会自动发生衰变，核内部的一个中子转变成一个质子，同时发射β射线，即发生以下过程：$n \rightarrow p + e$。式中，n代表中子，p代表质子，e代表电子。该反应式两边的电荷量一样，均为零，但两边粒子的自旋量不相等，中子、质子和电子的自旋都是1/2，式右边的总自旋量是1/2，式左边的总自旋量是1，这违背了量子力学的自旋守恒规则。此外，实验也发现上述反应前后能量不一样，反应前的能量是反应后的1.5倍，同样也违背了能量守恒定律。

针对出现的这些矛盾，奥地利著名理论物理学家泡利(W. Pauli)在1931年提出，原子核发生β衰变时，会随电子一起发射另外一种粒子，它携带了一部分能量和自旋。这个粒子很特别，既没有质量，也不带电荷，只有能量和自旋，自旋为1/2。1934年，费米进一步研究了泡利的假设，并把泡利提出的那个粒子命名为中微子，不过直到1956年在核反应堆中才找到它。于是，中子转变的过程应该用下式表示：$n \rightarrow p + e + \nu$。$\nu$代表中微子，它有特别强的穿透力，可以从地球的一极穿到另一极。

基本粒子并非基本

质子带正电荷，电子带负电荷，它们的电荷量是电量的最基本单位；质子是所有原子核质量的最基本单位。质子、中子和电子的性质很稳定，人们称它们为基本粒子。那么，电子、质子和中子是否是不可再分的、构成物质的最小微粒？一些间接证据也显示它们并非是基本的、不可再分的，它们同样是由更基本的微粒组成。比如，对中子做进一步研究后发现它有磁矩，这说明中子有内部结构，是含有正电荷、负电荷结构复杂的粒子。质子和中子相互转化过程中会释放出电子和中微子，这表明质子、电子和中子都不是最基本的粒子。1968 年，使用运动速度接近光速的高能电子轰击氢靶的质子和中子，发现很多电子从中穿过去，少量电子被反射回来，情形很像当年卢瑟福用 α 粒子轰击原子的实验结果。这个结果说明质子和中子具有一定的内部结构，而且结构很松散。分析被质子、中子弹回的电子的飞行轨迹，发现在质子、中子内部存在一些坚硬的、半径更小的粒子，而且这些硬粒子带分数电荷。

又如重子、介子，可以按它们的自旋、电荷以及其他性质排列成类似化学元素周期表的表，这意味着这些基本粒子也并非是最基本的，它们都有内部结构，里面含有更基本的粒子。

科学家按照粒子参与相互作用的不同性质把它们分三类：第一类是具有强相互作用的粒子，称为强子，它按自旋可分两类，一类称为介子，其自旋为整数，另外一类称为重子，其自旋为半整数。强子是个大家族，目前已经知道的质子、中子、π 介子、k 介子、超子等都属于强子。第二类是没有强相互作用只有弱相互作用的粒子，称为轻子，如电子、μ 介子、μ 中微子、正电子等，它们的自旋是半整数。第三类是传递相互作用的媒介子，如传递电磁相互作用的光子，传递弱相互作用的 W_+、W_-、Z_0 中间玻色子，传递强相互作用的胶子，传递引力相互作用的引力子等。

盖尔曼

1964 年，美国科学家盖尔曼(M. Gell-mann)提出基本粒子的夸克模型。盖尔曼 1929 年出生于美国纽约，22 岁便获得麻省理工学院哲学博士学位，1969 年获诺贝尔物理学奖。他在 1964 年提出，一切强子都是由更基本的三种亚粒子组成。盖尔曼给他的亚粒子起了个怪名字——夸克(Quark，这是一种海鸟的叫声)。夸克带分数电荷，上夸克带+2/3 电荷，用符号 u 代表；下夸克带-1/3 电荷，用符号 d 代表；奇夸克则带-1/3电荷，用符号 s 代表。所有的介子由夸克和反夸克组成，所有的重子由三个夸克组成，质子由两个上夸克和一个下夸克组成，电荷量为(+2/3)+(+2/3)-1/3=1。那么，夸克是否真的存在？

1969 年，美国斯坦福大学的物理学家利用他们的直线加速器产生的高能粒子轰击质子，发现在质子内部碰撞上一些小小的微粒，这些微粒的性质与盖尔曼所设想的夸克性质相同，印证了夸克的存在。在 20 世纪 70 年代，科学家又发现一个新问题，一些强子没有办法用上夸克、下夸克、奇夸克以及它们的反夸克来构造，为此，科学家又增添了三种新夸克和对应的反夸克：粲夸克，用 c 代表；顶夸克，用 t 代表；底夸克，用 b 代表。夸克模型在解释强子的种种特性及对它们的分类方面很成功，但是始终没有办法像利用高能粒子轰击原子核或质子、中子获得其他粒子那样，从强子中把夸克打飞出来，获得单独的夸克。后来发现，在用高能粒子轰击强子时，强子内部还存在一种新粒子，它被称为胶子，正是它把夸克牢牢胶住，不让夸克飞离强子的"怀抱"。现已查明的胶子共有 8 种，它们都不带电，也没有静止质量，自旋为 1，这几方面的性质与光子相同，而不同之处在于胶子不能单独出现，只能两个或几个束缚在一起构成胶子球。

与外国科学家提出的夸克理论相对应，我国科学家提出层子模型，认为一切强子由层子组成，层子也有层子和反层子，此处谈及的层子类似盖尔曼的夸克。

众所周知，每种粒子都有对应的反粒子，这个发现源于英国科学家狄拉克(P. A. Dirac)的预见。狄拉克是量子力学的奠基者之一，他 1902 年出生于英国港口城市布列斯托尔，1923 年到剑桥大学读研究生，在当时最杰出的理论物理学家福勒(R. H. Fowler)的指导下，从事理论物理中最富挑战性的课题——原子结构量子理论的研究。

1930 年，他对量子力学理论做了系统总结，提出了完整的数学方法，以简洁的方式描述了量子力学。他把爱因斯坦关于高速运动的狭义相对论思想和量子力学原理引入薛定谔波动方程。在狄拉克看来，薛定谔推导波动方程用的物理量的运动速度一般为低速，而微观粒子

狄拉克

的运动速度非常快，按照爱因斯坦的狭义相对论，高速运动物体的运动状态与低速运动时的不一样，所以狄拉克决定对薛定谔波动方程做些修改，把粒子高速运动的因素考虑进去。狄拉克发现，经过这么修改，薛定谔波动方程有正的解，也有负的解。开始时，狄拉克打算按照通常处理数学方程解的习惯，把其中负的解去掉。但经过思考，狄拉克觉得这个负的解也许包含某种特殊意义。经过反复考虑，他想到自然界是对称的，原子中有带正电荷的质子、带负电荷的电子，难道就没有带负电荷的质子，带正电荷的电子吗？于是，他提出了惊人的想法：那个负的解不是属于电子的，而是属于某种电性与电子电性相反的粒子，这种粒子很可能就是反电子，即正电子。1932 年，安德森在研究宇宙射线的性质时，在威耳逊云室中发现一种奇怪现象，有一条与电子痕迹相似、但其弯曲方向相反的痕迹。经过反复测量研究，确定这是由一种质量和电荷量都与电子相同但电性与电子相反，即带正电荷的粒子所产生的，当年狄拉克所预言的正电子终于被找到了。不过正电子的寿命非常短，大约经过千万分之一秒就与周围的一个电子结合，相互抵消，发生湮灭，两者全部转换成高能 γ 射线。

其后，各种粒子的反粒子也被相继发现。1955 年，美国科学家塞格雷(E. G. Segrè)和张伯伦(O. Chamberlain)等在美国加利福尼亚大学用从质子同步加速器发射出来的高能质子轰击铜靶时，发现了带负电荷的质子，即反质子。1957 年，他们在加利福尼亚大学让一束反质子通过物质时，又发现反中子。为此，他们获得 1959 年度诺贝尔物理学奖。现在，科学家们在高能物理实验中先后发现了 300 多种粒子的反粒子，它们具有相同的质量、相同的自旋，就是彼此的电荷符号相反，粒子和它们的反粒子在数量上几乎相同。

到目前为止,人们认为构成物质的最小微粒是夸克、轻子和媒介子,它们是不是真正不可再分,是否也有内部结构,科学家们还在研究和探索,对基本粒子的挑战仍在继续。

轰击基本粒子的“炮弹”

1919年,卢瑟福用天然放射性物质释放的天然粒子轰击原子核,结果引发了原子核人工核反应,导致原子核结构发生变化,激起了针对原子核内部结构的研究热潮。要研究电子、原子核、中子等粒子的内部结构,最有效的办法是使用一些粒子做“炮弹”轰击它们,把它们击碎就可以看出里面有些什么。被轰击的粒子尺寸越小,“炮弹”所要求的能量也就越高。在研究原子内部结构时,使用能量为10电子伏的粒子就能够从原子中轰击出电子,而自然放射性物质通常就可以释放出这个能量水平的粒子。在研究原子核的结构时,要从原子核中打出质子或者中子,就需要能量达到约800万电子伏的粒子。要研究更为“基本”的粒子诸如质子、中子、电子等的内部结构,轰击所需的能量就更高,比轰击原子核需要的能量大约高几百到几千倍。显然,由放射性物质释放的粒子是不具备如此高的能量的,这时就需要由高能加速器提供高能粒子。

1929年,英国物理学家考克饶夫(J. D. Cockcroft)与爱尔兰物理学家瓦尔顿(E. T. Walton)一起在卢瑟福领导下的卡文迪什实验室工作时,设计了一种以他们名字命名的装置——考克饶夫-瓦尔顿起电机,它是最早的实验室用核粒子加速器,他们用由它加速的质子轰击锂原子,使之发生人工蜕变,这是第一次不用放射性物质的人工核反应尝试,证明采用这种形式的加速器是研究原子核结构的有效工具。他们两人也因此荣获1951年度的诺贝尔物理学奖。此后,各种类型的粒子加速器应运而生。粒子加速器的基本原理是利用一定形式和强度的电磁场对诸如电子、质子或者重离子等带电粒子施加作用力,使它们获得加速运动,速度可高达每秒几千米、几万米,甚至接近光速,从而获得千电子伏(Kev)、兆电子伏(Mev)、吉电子伏(Gev)的高能量粒子。

粒子加速器的主要组成有三部分:① 粒子源,用以提供需要加速的粒子,如电子、正电子、质子、反质子、重离子等。② 真空加速系统。在真空室安装诸如加速管、加速腔等加速设备。粒子加速系统必须保持高真空，以避免粒子与空气分子碰撞而被散射出局。③ 产生加速作用的电场以及引导并约束被加速的粒子使之沿预定轨道运动的电磁场。

现在使用粒子加速器主要有如下几种。

① 直线共振加速器，它采用射频电压进行加速。驻波直线加速器用来加速重离子，行波直线加速器用来加速电子。直线共振加速器又可分电子直线加速器、质子直线加速器和重离子加速器三类。

② 回旋加速器，它包括同步回旋加速器和扇形聚焦回旋加速器，被加速的带电粒子在加速磁场沿扇形轨道运动，并被射频交变电场多次加速。为了获得多次有效加速，需要让带电粒子的运动周期与射频电场的相位保持一致。

③ 电子感应加速器，电子在其中保持圆形轨道连续加速。

④ 同步加速器，它的磁场强度随粒子的速度同步变动，射频加速场的频率也保持与带电粒子回旋运动的频率同步，维持带电粒子运动轨道半径固定。

还有其他一些类型的加速器，如储存环对撞机、脉冲加速器、激光加速器等。对撞机是使带电粒子在其中累积、加速并对撞的加速器，它是粒子物理研究中的重要装置。按照对撞的粒子类型，又可分正-负电子对撞机、质子-(反)质子对撞机、电子-质子对撞机、重离子对撞机等。

粒子加速器结构示意图

世界上最大的粒子加速器是欧洲大型强子对撞机(LHC)，它位于瑞士和法国边境地区地下 100 米深处的环形隧道中，隧道全长 26.659 公里。2003 年开始修建，近 80 个国家和地区的 2 000 多名科学家参与这一研究项目。对撞机“开足马力”后，能把数以百万计的粒子加速至接近光速(约每秒 30 万公里)。粒子流每秒可在隧道内狂飙 11 245 圈，单束粒子流能量可达 7 万亿电子伏特。

欧洲核子研究中心在 2008 年 9 月 10 日启动该台装置，向对撞机注入第一批质子，并开始加速测试。运行方向相反的两束高速粒子流一旦对撞，碰撞点将产生极端高温，最高相当于太阳中心温度的 10 万倍。

我国重要的粒子加速器有兰州重离子加速器、北京正负电子对撞机等。兰州重离子加速器是我国自行研制的第一台重离子加速器，同时也是我国到目前为止能量最高、可加速的粒子种类最多、规模最大的重离子加速器，是继法国、日本之后世界第三台同类大型回旋加速器，1989 年投入正式运行。北京正负电子对撞机是一台可以使正、负两个电子束在同一个环里沿着相反方向加速，并在指定的地点发生对头碰撞的高能物理实验装置，于 1988 年 10 月建成。

粒子加速器是人类挑战微粒世界的得力工具，借助于它，科学家们探测到各种原子核和“基本”粒子内部的许多秘密，深入了解了原子核的基本结构，大大加深了人类对物质世界的了解，开拓并发展了一门新学科——高能物理。依靠粒子加速器，上百种“基本”粒子包括重子、介子、轻子、各种共振态粒子等以及绝大部分新超铀元素被发现。粒子加速器还合成了上千种人工放射性核素，它们在科学研究、生产建设和保障人们身体健康方面发挥了重大作用。今后，还将建造性能更优秀、能量更高的粒子加速器，挑战微粒世界一定会获得更辉煌的成就。